全国高等院校规划教材

C语言程序设计

● 赵喜清　李思广　主编

中国农业科学技术出版社

图书在版编目（CIP）数据

C语言程序设计/赵喜清，李思广主编．—北京：中国农业科学技术出版社，2008.8
ISBN 978-7-80233-637-7

Ⅰ.C… Ⅱ.①赵…②李… Ⅲ.C语言-程序设计 Ⅳ.TP312

中国版本图书馆CIP数据核字（2008）第087395号

责任编辑 朱 绯
责任校对 贾晓红 康苗苗

出 版 者 中国农业科学技术出版社
北京市中关村南大街12号 邮编：100081
电　　话 (010)82106632(编辑室)
传　　真 (010)82106626
网　　址 http://www.castp.cn
经 销 者 新华书店北京发行所
印 刷 者 北京科信印刷有限公司
开　　本 787 mm×1 092 mm 1/16
印　　张 17.75
字　　数 415千字
版　　次 2008年8月第1版 2016年8月第4次印刷
定　　价 35.00元

《C语言程序设计》编委会

主　编　赵喜清　李思广

副主编　钱冬云　杨晓波
　　　　　丁丽英　李忠哗

编　者　丁丽英（黑龙江生物科技职业学院）
　　　　　王凤利（河北北方学院）
　　　　　王永乐（许昌职业技术学院）
　　　　　卢凤伟（黑龙江畜牧兽医职业学院）
　　　　　张文英（河北北方学院）
　　　　　张艳慧（河北北方学院）
　　　　　李向前（周口职业技术学院）
　　　　　李忠哗（河北北方学院）
　　　　　李思广（周口职业技术学院）
　　　　　杨晓波（西藏民族学院）
　　　　　肖桂云（河北北方学院）
　　　　　赵喜清（河北北方学院）
　　　　　钱冬云（浙江工贸职业技术学院）
　　　　　康振华（山东工商学院）

主　审　郭喜凤（河北北方学院）

前　　言

C 语言程序设计是高等学校普遍开设的一门计算机基础课程，在大学生现代思维训练、创新能力培养、计算机素质教育等方面发挥着重要作用。无论是计算机专业还是非计算机专业学习 C 语言已经成为广大青年学生的迫切需求，也是国内各类计算机考试的必考内容。

本书的作者都是多年从事计算机科学与技术教育的优秀教师，对基础课教学规律、计算机语言课教学特点，有深刻的认识和系统的研究，在教材建设方面也进行了许多有益的探索。本书是作者在吸收和借鉴已有教材长处的基础上，融入多年的教学实践经验和教学研究成果而编著完成的。

突破传统计算机语言教材编写方法，以教师教学实践为根基，以普及学生书写程序为目标，第一次把书写程序与作文写作类比起来，讲究“词汇段落积累”学习法，从而彻底解放编程思想，为编程大众化走出关键性一步。

C 语言是用自然语言来书写程序的，用数学语言表达解题意图，用英语来描述计算机能够接受的指令。遵循 C 语言的内涵、规律，本书以“基本符号→数据→表达式→语句→程序”流程为线索，按照熟悉的自然语言语法规则学习 C 语言，从而做到“统观全局，突出主干，脉络清晰”的目的和效果。

在对 C 语言程序设计知识点进行系统分析论证的基础上，合理取舍每个教学单元的知识内容，将主干知识列入教学目标，放在首位；将分支知识作次要介绍；对不利于课程主体内容教学的“末叶”知识放在后面。实际上，许多问题要在潜移默化中解决。

以大量翔实的图表展示知识及其内在联系是本书实施教学的突出特点。收集整理了过去多年来教学和实践所创造的智慧结晶，把抽象的理论、复杂的运算和深层的本质与内涵通过图表展示出来，通俗易懂。书中所列例题大多是经典编程范例，内容不仅涉及了许多计算机典型语句，更容纳了大量编程思想和编程技术，如经典数学问题解决方案，计算机枚举、递归和模拟仿真等技术。为了更好地强化 C 语言知识，编者精心筛选了近年来全国计算机等级考试部分标准试题列入习题，供大家练习。

本书由赵喜清、李思广主编。钱冬云、丁丽英、杨晓波、李忠哗副主编。全书编写分工如下：第一章、第四章由河北北方学院赵喜清、王凤利编写，第二章、第三章由周口职业技术学院李思广、李向前编写，第五章由山东工商学院康振华、河北北方学院张文英编写，第六章由浙江工贸职业技术学院钱冬云编写，第七章由黑龙江畜牧兽医职业学院卢凤伟编写，第八章、第九章由黑龙江生物科技职业学院丁丽英编写，第十章、第十一章由西藏民族学院杨晓波、许昌职业技术学院王永乐编写，第十二章、第十三章由河北北方学院李忠哗、张艳慧、肖桂云编写。

本书由河北北方学院郭喜凤教授主审，全程指导，并付出了不少心血。编著的整个过程中，得到天津大学任长明教授、天津师范大学李凤来教授的支持和帮助，在此特表感谢。

目　录

目　录

第一章　C 程序设计概述

1.1　程序设计语言

计算机的诞生，是科学发展史上的 1 个重要里程碑，使人类部分脑力劳动进入自动化，扩展了人类的认识能力，丰富了人类的精神财富。在科学技术飞速发展的今天，计算机的广泛应用是这个时代的重要标志。

计算机硬件提供了对数据计算问题解决的可能性。要使计算机按照人们的意图完成一项任务，就必须向它发出命令。能使计算机动作的命令叫指令，若干条指令的有序排列叫程序，把解决一项任务的思路、方法和步骤最终落实为计算机程序的过程就是程序设计。用于书写计算机程序的语言叫程序设计语言，它是人与计算机之间进行信息交流的工具。

在现代计算机中，信息是以二进制的形式来表示、存储和处理的，即用二进制数码 0 或 1 来表示机器指令。这种由 0 或 1 来描述机器指令的计算机语言叫机器语言，可以直接为计算机所接受，不必经过翻译，执行的速度快，效率高。但是，采用机器语言编制程序，要求程序员熟练地记忆所有机器指令的二进制代码、数据单元地址和指令地址，工作量大，容易出错。此外，由于写出来的程序不直观，可读性很差，也给程序的检查和分析带来很大的困难。

人类日常用来交流思想的语言称为自然语言，如汉语、英语、法语、俄语等，计算机一般不能直接理解这些语言。人们探求用更接近自然语言的语言来书写程序，并能为计算机接受，这种语言被称为高级语言。高级语言用一些符号来描述解题意图，很接近于数学公式的自然描述，不必了解实际计算机的机型、内部结构及其 CPU 的指令系统，只要掌握某种高级语言本身所规定的语法和语义，便可直接用该语言来编程，大幅度降低了编程的劳动强度，提高了编程效率。当然，计算机也不能直接识别和执行用高级语言编写的程序，必须将高级语言翻译成机器语言后，才能被计算机接受并运行。这个翻译过程是由计算机系统软件中的翻译程序完成的。翻译方式有解释和编译两种形式。编译方式是先编译，后执行；解释方式是边解释，边执行。

计算机解题的过程可归结为：

①程序员用高级语言编写程序；

②将程序与数据输入计算机，并由计算机将程序翻译成机器语言程序，保存在计算机的存储器中；

③运行程序，输出结果。

以上解题的过程建立在“存储程序和程序控制原理”之上，此原理是计算机自动连续工作的基础，在 1964 年由冯·诺依曼所领导的研究小组正式提出并论证，其基本思想如下：

①采用二进制形式表示数据和指令。二进制信号在物理上最容易实现，例如用高、低

两个电位表示“1”和“0”，或用脉冲的有无、脉冲的正负极性来表示。二进制数码的编码、计数、加减运算规则简单，可用开关电路实现。

②将程序（包括数据和指令序列）事先存入主存储器中，使计算机能够自动高速地从存储器中取出指令并执行。

1.2 程序设计的基本步骤

程序是计算机能够识别、执行的一组指令。人们正是通过编写程序来让计算机帮助我们解决各种各样的问题。这个过程一般可以分为以下 4 个步骤。

1.2.1 需求分析

设计程序要有的放矢，首先确定程序要解决的实际问题，然后要认真分析研究，弄清楚我们的核心任务是什么，输入是什么，输出是什么等。假设我们要编写 1 个程序，实现从华氏温度到摄氏温度的转换。显然，对于这个问题来说，输入是 1 个华氏温度，输出是相应的摄氏温度，而我们的核心任务就是如何来实现这种转换。

1.2.2 算法（algorithm）设计

对于给定的问题，采用分而治之的策略，把它进一步分解为若干个子问题，然后对每个子问题逐一进行求解，将问题分析的思路进一步明确化、详细化，建立解决问题的数学模型或者物理模型。把解题的步骤和方法一步一步地详细写下来，最后得到的结果通常是流程图或伪代码的形式，也就是提出算法，以便为下一步用计算机语言表达这些算法奠定基础。

例如，对于上述的温度转换问题，可以设计出如下的算法：

（1）输入 1 个华氏温度 F；

（2）利用公式：$C = 5 \times (F - 32) \div 9$，计算出相应的摄氏温度 C；

（3）显示计算出来的结果。

1.2.3 编码实现

在计算机上，使用某种程序设计语言，把算法转换成相应的程序，然后交给计算机去执行。如前所述，我们只能使用计算机能够看懂的语言来跟它交流，而不能用人类的自然语言来命令它。

1.2.4 测试与调试

编写完程序后，要将程序输入到计算机中进行调试，调试的目的是发现程序编写中的语法错误和程序设计算法上的逻辑错误，并将这些错误排除。一般在测试时，要选择一些有代表性的典型数据或者模拟某些特定的环境，对程序进行测试。1 个好的程序，还要求具备良好的人机交互界面，并且具备一定的容错功能，能发现输入数据中的错误，并给予提示，所有的这些都要通过程序调试加以解决。

1.2.5 运行与维护

程序经过调试，纠正其中的错误后，就可以正式投入运行，实现程序设计的功能。由于实际的应用问题和客户的需求不是一成不变的，程序正式投入运行后，可能因为应用环境的变化（包括所使用硬件的更新）和客户需求的变化，要不断地进行维护、修改其中存在的漏洞，开发新增功能。当对某1个软件进行较大程度的修改，新增了较多功能，就称为软件的版本升级。一般而言，每1个软件都有1个版本号，版本号的变化反映了该软件产品的升级情况。

1.3 算法及其表示

1.3.1 算法

算法就是对问题求解方法和步骤的精确描述。在进行程序设计时，最关键的问题是算法的提出。因为它直接关系到程序的正确性、可靠性。如果没有认真地研究实际问题，就草率地提出一些不成熟的算法，那么编写出来的程序就可能出现错误。

算法作为对解题步骤的精确描述，应具备以下特点：

（1）有穷性　1个算法必须在有限步骤之后结束，而不能无限制地进行下去。因此在算法中必须给出1个结束的条件。

例如：不能指望计算机算出圆周率的精确值，因为它是1个无穷不循环小数，无法求出它的精确值。

（2）明确性　1个算法中的任何步骤都必须意义明确，不能模棱两可、含混不清，即不允许有二义性，不能在计算机中使用诸如“老张对老李说：他的儿子考上了清华大学”这种歧义的表达方法。到底是老张的儿子上了大学还是老李的儿子上了大学？无法确定。

（3）可执行性　所采用的算法必须能够在计算机上执行，在算法中所有的运算必须是计算机能够执行的基本运算。要计算机执行的步骤，计算机应该能够实现，不能提出像“让计算机去煮饭，煮完饭之后再炒菜”之类的算法，至少它在目前无法实现。

（4）有一定的输入与输出　要计算机解决问题时，总是需要输入一些原始的数据，计算机向用户报告结果时，总是要输出一些信息。

1.3.2 算法的表示

算法可以用任何形式的语言和符号来描述，通常有自然语言、程序语言、流程图、N-S图、PAD图、伪代码等。无论采用那种工具来描述算法，都体现了程序控制流程。

早在1966年，Bohm和Jacopin就证明了程序设计语言中只要有3种形式的控制结构就可以表示任何复杂程序结构，这3种基本控制结构是顺序、选择和循环。顺序结构表示程序中的各操作是按照它们出现的先后顺序执行的；选择结构表示程序的处理步骤出现了分支，它需要根据某一特定的条件选择其中1个分支执行；循环结构表示程序反复执行某个或某些操作，直到某条件为假（或为真）时才可终止循环。

（1）文字描述　例如，我国数学家秦九韶在《数书九章》一书中曾记载了求两个正整数 m 和 n（m≥n）最大公约数的方法，即采用辗转相除法（也称欧几里德算法）。

计算机中这种思想如何实现？其计算方法用文字描述如下：

①将两个正整数存放到变量 m 和 n 中；

②求余数：用 m 除以 n，将所得余数存放到变量 r 中；

③判断余数 r 是否为 0：若 r 为 0 则执行第⑤步，否则执行第④步；

④更新被除数和除数：将 n 的值存放到 m 中，将 r 的值存放到 n 中，并转向第②步继续循环；

⑤输出 n 的当前值，算法结束。

（2）流程图描述　流程图又称为框图，它用规定的一系列图形、流程线及文字说明来表示算法中的基本操作和控制流程，形象直观，简单易懂，便于修改和交流。表 1.1 中是各种流程图符号。

表 1.1　标准流程图符号

符号名称	符号	功能
起止框	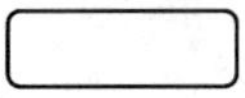	表示算法开始和结束
输入/输出框	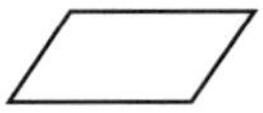	表示算法的输入/输出操作，框内填写需输入/输出的各项
处理框	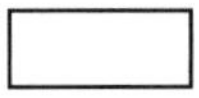	表示算法中的各种处理操作，框内填写各种说明
判断框	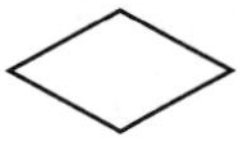	表示算法中的条件判断操作，框内填写判断条件
注释框	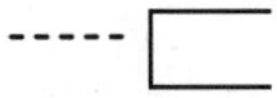	表示算法中某操作的说明信息
流程线		表示算法的执行方向
连接点	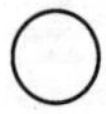	表示流程图的延续

最大公约数算法流程图如图 1.1 所示。

（3）N-S 图描述　N-S 图是另一种算法表示法，是由美国人 I. Nassi 和 B. Shnei derman 共同提出的。在 N-S 流程图中，完全去掉了带有方向的流程线，程序的 3 种基本结构分别用 3 种矩形框表示，将这 3 种矩形框进行组装就可表示全部算法。在 N-S 图中，1 个算法就是 1 个大的矩形框，框内包含若干个基本框，3 种基本结构的 N-S 图描述如下。

①顺序结构 N-S 图如图 1.2 所示，执行顺序为先 A 后 B；

②选择结构 N-S 图如图 1.3 所示。条件成立时执行 A，条件不成立时执行 B；

③ while 型循环的 N-S 图如图 1.4 所示，条件为真时一直循环执行循环体 A，直到条件为假时才跳出循环；

④ do-while 型循环的 N-S 图如图 1.5 所示，一直循环执行循环体 A，直至条件为假时

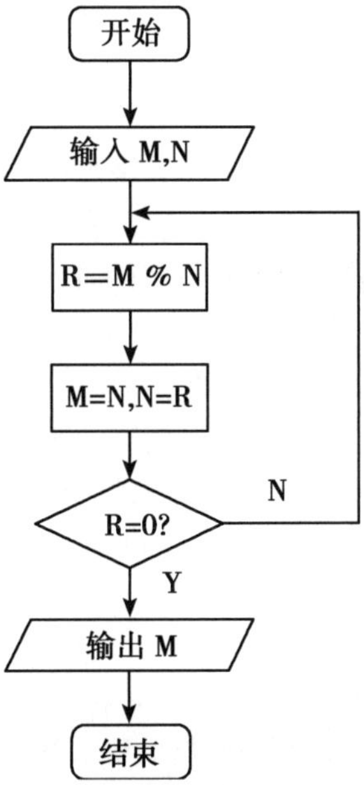

图 1.1　最大公约数算法流程图

才跳出循环。

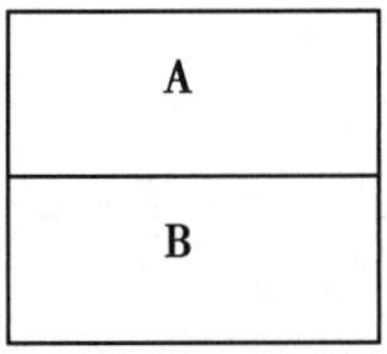

图 1.2　顺序结构 N-S 图

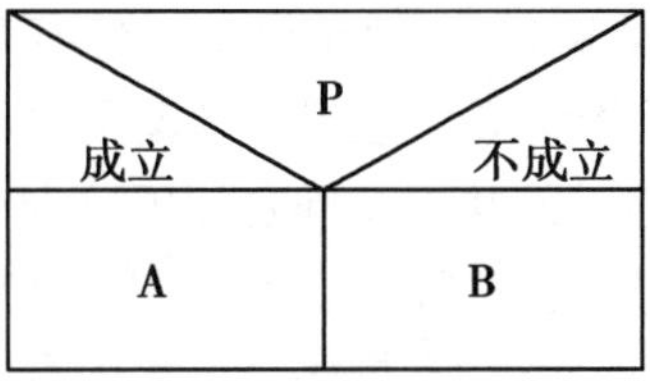

图 1.3　选择结构 N-S 图

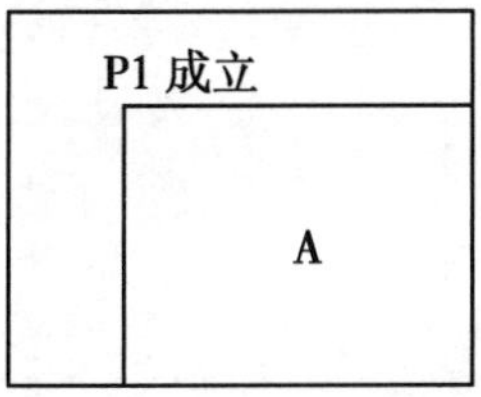

图 1.4　while 型循环 N-S 图

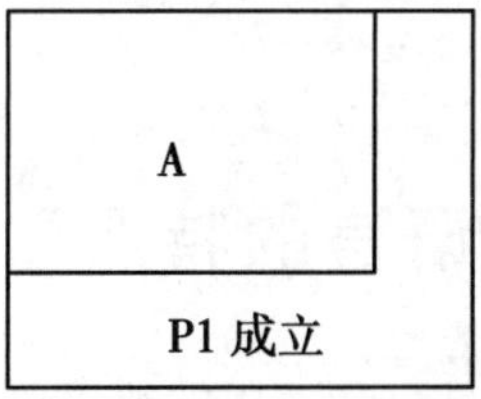

图 1.5　do-while 循环 N-S 图

1.4　C 语言的发展

C 语言是 UNIX 操作系统的主流语言，它与该系统有着互相依存、休戚与共的紧密关系。近年来，随着 UNIX 操作系统在国际上的广泛流行，C 程序设计语言在软件工程领域也越来越引人注目，无论是设计系统软件，还是开发图形处理、数据分析、数值计算等应用软件，都要用到 C 语言。

早先的操作系统（包括 UNIX 在内）主要是用汇编语言编写的。由于汇编语言还没有完全摆脱机器语言的束缚，仍然过分依赖于计算机硬件，因此不仅编程工作量大，难于实现复杂的科学计算和数据处理，而且程序的可读性和可移植性都比较差。为了提高程序的可读性和可移植性，从 1954 年开始陆续出现了接近人们熟悉的自然语言的高级语言。但一般的高级语言难以兼顾汇编语言的一些优点（如直接访问物理地址、操作 I/O 端口、进行位操作、目标代码执行效率高等），人们期待着一种既具有一般高级语言特性，又具有低级语言优点的新型语言出现，于是 C 语言就应运而生了。

C 语言的产生可以追溯到 1960 年出现的 ALGOL60，因为它离计算机硬件比较远，所以不宜用于编写系统程序。1963 年，英国剑桥大学在 ALGOL60 的基础上推出了 CPL，它比较接近硬件，但规模太大难以实现，因此将其简化，于 1967 年推出了 BCPL。1970 年，美国贝尔实验室将 BCPL 进一步简化为更接近硬件的 B 语言（取 BCPL 的第一个字母），并将其用于书写 UNIX 操作系统。后来又感到 B 语言功能有限，便在 B 语言的基础上设计出了 C 语言（取 BCPL 的第二个字母）。C 语言既保持了 BCPL 和 B 语言的优点（语言精炼、接近硬件），又克服了二者的缺点（过于简单、数据无类型等）。1973 年，UNIX 操作系统的 90% 以上的代码都用 C 语言改写。1975 年公布了 UNIX6，C 语言的突出优点引起世人普遍关注。随着 UNIX 操作系统的广泛应用，C 语言也得到了迅速推广。1978 年以后，C 语言已经先后移植到大、中、小、微型机上，且在现在的单片机上也可以使用 C 语言开发程序。

C 语言反映了当前计算机的能力，它在各种计算机上的快速推广产生了许多版本，这些版本虽然相似，但通常情况下并不完全兼容，人们希望开发出的代码能够在各种平台上运行，为了解决这个问题，1983 年美国国家标准学会（ANSI）制定了 C 语言的标准草案（83ANSIC）。1987 年又推出了 87ANSIC。此后，又在 1989 年公布了 C89 标准。20 世纪 90 年代期间，尽管有许多人热衷于 C + +，但 C 语言并没有停滞不前，新的标准仍在不断推出，最终形成了 1999 年的 C99 标准。C99 保留了 C89 的全部特性，并增加了一些数据库函数和开发一些创新软件的新功能，这些改进再次把 C 语言推到了计算机语言应用的前沿。

1.5　C 语言的特点

C 语言是一种通用的编程语言，从诞生到现在的 30 多年间，取得了长足的发展。可以毫不夸张地说，C 语言是迄今为止人类发明的最为成功的计算机语言之一，它对计算机科学和软件产业的发展起着广泛而深刻的影响。在 Windows 如此普及、一些面向对象的专业语言方兴未艾的今天，依然有大量专业程序员、计算机爱好者及工程技术人员在使用 C 语言。C 语言作为世界上应用最广泛的计算机语言之一，之所以具有如此魅力，自然有其不可替代的、吸引人的特点。C 语言的主要特点如下：

（1）简单　C 语言的语法简洁、紧凑，是 1 个规模比较小的语言。不管是关键字的命名、变量的定义、运算符的设置，还是程序的结构，处处体现出简洁、紧凑的风格，压缩了一切不必要的成分。例如，在 C 语言中，在描述整型数据类型的时候，使用的是单词的缩写 int，而不是完整的英语单词 integer；在定义 1 个数组的时候，使用的是数组符号

[ ]，而不是英语单词 array。另外，C 语言不支持对组合对象的直接操作。例如，在 C 语言当中，并没有 1 个运算符来比较两个字符串的大小，也没有 1 个运算符来计算 1 个数组的长度。总之，C 语言的基本思路就是能省则省，连专门的输入输出运算符都没有。由于 C 语言的这种简短、精练的特点，使得人们在学习的时候比较容易入门，只要知道很少的东西就可以开始编程。

（2）实用　C 语言的语法虽然简洁、紧凑，但表达能力强，使用灵活、方便。当初 Ritchie 先生在发明 C 语言的时候，也正是为了编写 UNIX 操作系统的实际需要。C 语言共有 32 个关键字（见附录 A）、9 种控制语句，主要用小写字母表示，减少了编译系统的开销；程序书写形式自由，既可以一行一句，也可以一行多句，甚至一句可分写在多行上。C 语言有 34 种运算符，运算丰富，涵盖范围广，可以实现在其他高级语言中难以实现的运算。数据类型丰富。C 语言的数据类型有 13 种，特别是它具有数据类型构造能力，可以在基本类型（如字符型、整型、实型等）的基础上构造各种构造类型（如数组、结构体、共用体等），用于实现各种复杂的数据结构（堆栈、链表、队列、树、图等）的运算。尤其是指针类型数据的功能强大，恰当地使用它不仅可以简化程序结构，源程序更短一些，而且可以节省存储空间，提高运算速度。C 语言还提供了一组标准的库函数，能够帮助程序员完成各种各样的功能，如文件的访问、格式化输入输出、内存分配和字符串操作等。C 语言的语法简明扼要，对程序员的限制很少，从理论上来说，程序员几乎可以做他们想做的任何事情。

（3）高效　如前所述，C 语言是一种高级程序设计语言，但是从某种意义上来说，C 语言又是一种“低级”语言，是一种接近于机器硬件的语言。因为从数据类型来看，C 语言处理的都是基本的数据类型，如字符、整数、实数和地址等，而计算机硬件一般都能直接处理这些数据对象；从运算符来看，C 语言的运算符大都来源于真实的机器指令。例如，对于算术运算符、关系运算符、赋值运算符、指针运算符、位（bit）运算符、自增运算符和自减运算符等，在一般的计算机硬件上，都有与它们相对应的机器指令；从硬件访问来看，C 语言可以直接去访问内存地址单元，也可以直接去访问 I/O（输入/输出）接口。总之，C 语言与硬件的关系非常密切，可以把它看成是汇编语言之上的一层抽象，凡是汇编语言能实现的功能，C 语言基本上都能实现。事实上，甚至可以在 C 语言程序当中直接嵌入汇编语言程序。基于这些原因，人们很容易用 C 语言来编写出在时间上和空间上效率都很高的程序。根据一项统计，C 语言程序生成的目标代码的效率只比汇编语言低 10%。

（4）可移植性好　可移植是指程序从 1 个环境中不加或稍加改动就可搬到另 1 个不同的环境中运行。虽然 C 语言与机器硬件的关系非常密切，但它并不依赖于某一种特定的硬件平台。事实上，小至 PC 机、大至超级计算机，几乎在所有的硬件平台和操作系统上都有 C 语言的编译器。这就使得用 C 语言编写的程序具有很好的可移植性，基本上不做修改就能在另 1 个不同型号的计算机上运行。

1.6　C 语言的应用领域

如前所述，C 语言是一种偏向于机器硬件的高级语言，因此，它比较适合于底层的系统软件的开发。例如，在操作系统领域，UNIX 和 Linux 的绝大部分代码都是用 C 语言编写的，只有少量的与硬件直接打交道的代码是用汇编语言编写的，如系统引导程序、底层的设备驱动程序等。对于 Windows 操作系统，它的大部分代码也是用 C 语言来编写的，而一些图形用户界面方面的代码则是用 C + + 编写的。在系统软件领域，数据库管理系统、磁盘管理工具乃至一些病毒程序，都是用 C 语言编写的，尤其是在嵌入式系统领域，根据一项统计，81% 的嵌入式系统开发都要用到 C 语言，远远超过其他的任何一种编程语言。在商业应用领域，例子就更多了，如多媒体播放软件、游戏软件、专家系统软件和绘图软件等。C 语言在工业界获得了广泛的应用和好评，根据 2003 年的一项统计，在企业招聘的软件工程师职位当中，有 22. 7% 的职位要求使用 C/C + + 编程，在所有的编程语言中排名第二。在教学领域，著名的数学软件工具 MATLAB 就是用 C 语言来编写的。在数字信号处理领域，也经常用 C 语言来编程。另外，像数据结构这样的基础课程，以前都是用 Pascal 语言来教学，现在也都改成了 C 语言。所以说，学好了 C 语言，不管是对今后的其他一些后继课程，还是对将来的职业发展，都会带来很大的帮助。

1.7 C 程序的结构

为了说明 C 语言源程序结构的特点，先看以下几个程序。这几个程序由简到难，表现了 C 语言源程序在组成结构上的特点。虽然有关内容还未介绍，但可从这些例子中了解到组成 1 个 C 源程序的基本部分和书写格式。

例 1. 1

```
main ( )
{
printf ("2008 北京奥运会！ \ n") ;
}
```

main 是主函数的函数名，表示这是 1 个主函数。每 1 个 C 源程序都必须有且只能有 1 个主函数（main 函数）。花括号中的语句是函数调用语句，printf 函数的功能是把要输出的内容送到显示器中去显示。printf 函数是 1 个由系统定义的标准函数，可在程序中直接调用。

例 1. 2

```
#include "stdio. h"
                    /* include 称为文件包含命令，扩展名为 . h 的文件也称为头文件或首部文件 */
#include "math. h"
main ( )
{
double x, s;                    /* 定义两个实数变量，以便被后面程序使用 */
printf ("input number: \ n") ; /* 显示提示信息 */
scanf ("%lf", &x) ;             /* 从键盘获得 1 个实数 x */
s = sin (x) ;                   /* 求 x 的正弦，并把它赋值给变量 s */
```

```
printf ("sine of %lf is %lf\n", x, s);  /* 显示程序运算结果 */
}                                       /* main 函数结束 */
```

程序的功能是从键盘输入 1 个数 x，求 x 的正弦值，然后输出结果。在 main（ ）之前的两行称为预处理命令（详见第六章）。预处理命令还有其他几种，这里的#include 称为文件包含命令，其意义是把尖括号 < >或双引号“”内指定的文件包含到本程序中来，成为本程序的一部分。被包含的文件通常是由系统提供的，其扩展名为 . h，也称为头文件或首部文件。C 语言的头文件中包括了各个标准库函数的函数原型，凡是在程序中调用 1 个库函数时，都必须包含该函数原型所在的头文件。在本例中，使用了 3 个库函数：输入函数 scanf，正弦函数 sin，输出函数 printf。sin 函数是数学函数，其头文件为 math. h，因此，在程序的主函数前用#include 命令包含了 math. h 文件。scanf 和 printf 是标准输入输出函数，其头文件为 stdio. h，在主函数前也用#include 命令包含了 stdio. h 文件。

需要说明的是，C 语言规定对 scanf 和 printf 这两个函数可以省去对其头文件的包含命令。所以在本例中也可以删去第二行的包含命令#include。同样，在例 1. 1 中使用了 printf 函数，也省略了包含命令。

在例 1. 1 中的主函数体中又分为两部分，一部分为说明部分；另一部分是执行部分。说明是指变量的类型说明。例题中未使用任何变量，因此无说明部分。C 语言规定，源程序中所有用到的变量都必须先说明，后使用，否则将会出错。这一点是编译型高级程序设计语言的 1 个特点，与解释型的 BASIC 语言是不同的。说明部分是 C 源程序结构中很重要的组成部分。例 1. 2 中使用了两个变量 x 和 s，用来表示输入的自变量和 sin 函数值。由于 sin 函数要求这两个量必须是双精度浮点型，故用类型说明符 double 来说明这两个变量。说明部分后的 4 行为执行部分或称为执行语句部分，用以完成程序的功能。执行部分的第一行是输出语句，调用 printf 函数在显示器上输出提示字符串，请操作人员输入自变量 x 的值。第二行为输入语句，调用 scanf 函数，接受键盘上输入的数并存入变量 x 中。第三行是调用 sin 函数并把函数值送到变量 s 中。第四行是用 printf 函数输出变量 s 的值，即 x 的正弦值。程序结束。

运行例 1. 2 程序时，首先在显示器屏幕上给出提示串“input number:”，这是由执行部分的第一行完成的。用户在提示下从键盘上键入某 1 个数，如 5，按下回车键，接着在屏幕上给出计算结果。

在前两个例子中用到了输入和输出函数 scanf 和 printf，在第三章中我们要详细介绍。这里我们先简单介绍一下它们的格式，以便下面使用。

scanf 和 printf 这两个函数分别称为格式输入函数和格式输出函数。其意义是按指定的格式输入输出值。因此，这两个函数在括号中的参数表都由“格式控制串”和“参数列表”组成。格式控制串是 1 个字符串，必须用双引号括起来，它表示了输入输出量的数据类型。各种类型的格式表示法可参阅第三章。在 printf 函数中还可以在格式控制串内出现非格式控制字符，它在显示屏幕上将原文打印。参数表中给出了输入或输出的量。当有多个量时，用逗号间隔。例如：printf（“sine of %lf is %lf\n”，x，s）；语句中%lf 为格式字符，表示按双精度浮点数处理。它在格式串中出现 2 次，对应了 x 和 s 两个变量。其余字符为非格式字符则照原样输出在屏幕上。

例 1.3

```
#include "stdio.h"
#include "math.h"
int max (int a, int b);    /* 函数说明，此函数的功能是输入两个整数，输出其中的大数。*/
main ( )                        /* 主函数 */
{
int x, y, z;                    /* 变量说明 */
printf ("input two numbers: \n");
scanf ("%d%d", &x, &y);         /* 输入 x, y 值 */
z = max (x, y);                 /* 调用 max 函数 */
printf ("maxmum = %d", z);      /* 输出 */
}
int max (int a, int b)          /* 定义 max 函数 */
{
if (a > b) return a;            /* 把结果返回主调函数 */
else return b;
}
```

上面例 1.3 中程序的功能是由用户输入两个整数，程序执行后输出其中较大的数。本程序由两个函数组成，主函数和 max 函数。函数之间是并列关系。可在主函数中调用其他函数。max 函数的功能是比较两个数，然后把较大的数返回给主函数。max 函数是 1 个用户自定义函数，因此在主函数中要给出说明（程序第三行）。可见，在程序的说明部分中，不仅可以有变量说明，还可以有函数说明。关于函数的详细内容将在第五章介绍。在程序的每行后用/*和*/括起来的内容为注释部分，程序不执行注释部分。

本例中程序的执行过程是，首先在屏幕上显示提示串，请用户输入两个数，回车后由 scanf 函数语句接收这两个数并送入变量 x，y 中，然后调用 max 函数，并把 x，y 的值传送给 max 函数的参数 a，b。在 max 函数中比较 a 和 b 的大小，把大者返回给主函数的变量 z，最后在屏幕上输出 z 的值。

C 源程序的结构特点：

（1）1 个 C 语言源程序可以由 1 个或多个源文件组成。

（2）每个源文件可由 1 个或多个函数组成。

（3）1 个源程序不论由多少个文件组成，都有 1 个且只能有 1 个 main 函数，即主函数。

（4）源程序中可以有预处理命令（include 命令仅为其中的一种），预处理命令通常应放在源文件或源程序的最前面。

（5）每 1 个说明和每 1 个语句都必须以分号结尾。但预处理命令，函数头和花括号“}”之后不能加分号。

（6）标识符与关键字之间必须至少加 1 个空格以示间隔。若已有明显的间隔符，也可不再加空格来间隔。

从书写清晰，便于阅读、理解和维护的角度出发，在书写程序时，应遵循以下规则：

(1) 1 个说明或 1 个语句占一行。

(2) 用 { 和 } 括起来的部分，通常表示了程序的某一层次结构。{ 和 } 一般与该结构语句的第一个字母对齐，并单独占一行。

(3) 低一层次的语句或说明可比高一层次的语句或说明缩进若干个空格后书写，以便看起来更加清晰，增加程序的可读性。在编程时应力求遵循这些规则，以养成良好的编程风格。

第二章　C 语言基础

C 语言是用自然语言来书写程序的，用数学语言表达解题意图，综合英语语言来描述计算机能够接受的指令，本章以下列流程为线索，按照容易接收的自然语言语法规则学习 C 语言。

基本符号———→数据——函数/运算符——→表达式——命令动词——→语句——控制格式——→程序

2.1　C 语言符号

2.1.1　基本符号集

字符是组成语言的最基本的元素。C 语言基本符号集由字母，数字，空格，标点和特殊字符组成。在字符、字符串和注释中还可以使用汉字或其他可表示的图形符号。

（1）字母　小写字母 a ~ z 共 26 个，大写字母 A ~ Z 共 26 个；

（2）数字　0 ~ 9 共 10 个；

（3）空格　多用于语句内各单词之间，做间隔符。在关键字与标识符之间必须要有 1 个以上的空格符作间隔，否则将会出现语法错误，例如把 “int a;” 写成 “inta;” C 编译器会把 “inta” 当成 1 个标识符处理，其结果必然出错。空格符也可以作为 1 个字符常量或字符串常量的一部分，而在其他地方出现时，只起间隔作用，编译程序对它们忽略。因此，在程序中使用空格符与否，对程序的编译不发生影响，但在程序中适当的地方使用空格符将增加程序的清晰性和可读性；

（4）标点和特殊字符　部分符号有特殊的用途，如逗号用在类型说明和函数参数表中，分隔各个变量，又是 1 个分隔符。

2.1.2　关键字

关键字是由 C 语言规定的具有特定意义的字符串，通常也称为保留字。用户定义的标识符不应与关键字相同。C 语言的关键字分为以下几类：

（1）类型说明符　用于定义说明变量、函数或其他数据结构的类型。如 int，double 等。

（2）语句定义符　用于表示 1 个语句的功能。if 和 else 就是条件语句的语句定义符。

（3）预处理命令字　用于表示 1 个预处理命令。如 include。

下面表 2.1 列出 ANSI 标准定义的 32 个 C 语言的关键字，这些关键字在以后的学习中基本上都会用到，以后再介绍它们的各自用法。

表 2.1　C 语言的关键字

auto	do	goto	signed	unsigned
break	double	if	sizeof	void
case	else	int	static	volatile
char	enum	long	struct	while
const	extern	register	switch	
continue	float	return	typedef	
default	for	short	union	

2.1.3　标识符

在程序中使用的变量名、函数名、标号等统称为标识符。除了库函数的函数名由系统定义外，其余都由用户自定义。

标识符的命名有一定的规则：

(1) 标识符只能由字母、数字和下划线 3 类字符组成。

(2) 第一个字符必须是字母（第一个字符也可以是下划线，但被视作系统自定义的标识符）。

(3) 标识符不能是 C 语言的关键字。

下列标识符是合法的：

a, x, _3x, BOOK_1, sum5

下列标识符是非法的：

3s　　　　/* 以数字开头 */

s*T　　　　/* 出现非法字符 */

-3x　　　　/* 以减号开头 */

bowy-1　　　/* 出现非法字符-（减号） */

在使用标识符时还必须注意以下几点：

(1) 标准 C 不限制标识符的长度，但它受各种版本的 C 语言编译系统限制，同时也受到具体机器的限制。例如在某版本 C 中规定标识符前八位有效，当两个标识符前八位相同时，则被认为是同 1 个标识符。

(2) 在标识符中，大小写是有区别的。例如 BOOK 和 book 是两个不同的标识符。

(3) 标识符虽然可由程序员随意定义，但标识符是用于标识某个量的符号。因此，命名应尽量有相应的意义，以便阅读理解。

2.2　C 语言基本数据类型

2.2.1　数据类型

在现代计算机当中，采用二进制形式表示数据和指令。二进制数码的编码、计数、加减运算规则简单，可用开关电路实现。每 1 个单元可由二进制数“1”或“0”表示，每 1 个“1”或“0”叫做 1 个“位（bit）”，以 8 个连续的位为一小节，组成 1 个“字节

(Byte)”。对于程序员来说，整个内存就是由 1 个个字节所组成的，每个字节都用 1 个唯一的编号来标识，这些编号就称为内存的地址。

在编写程序时，可能会用到不同类型的数据，它们需要占用不同长度的存储空间。在这种情形下，必须知道两个信息：一是该存储数据的起始地址，二是该数据的长度，只有知道了这两个信息，才能正确地去访问这个数据。

那么怎样才能知道 1 个数据的长度呢？解决之道就是数据类型。也就是说，可以把所有的数据归纳为有限的几种类型，而同一种类型的数据具有相同的长度，占用相同大小的内存空间。这样，当我们要去访问某 1 个数据时，首先根据它的内存地址找到相应的存储位置，然后再根据它的类型来确定它的长度，接着就能够正确地访问这个数据。

在 C 语言中，只有 3 种基本的数据类型，即整数类型（int）、字符类型（char）和实数类型（浮点类型），其中，浮点类型又可以分为单精度浮点类型（float）和双精度浮点类型（double）。除了这几种基本的数据类型，C 语言还有一些类型修饰符，如 short、long 和 unsigned 等，它们可以作用于这些基本的数据类型，得到新的类型。基本数据类型如表 2.2 所示。

表 2.2　基本数据类型

数据类型	常量表示	类型标识符	数据存储长度	格式转换符
整数	D（十进制） 0（八进制） 0x（十六进制）	unsigned（short，long） int	2，4	%d，%o，%x， %u，%m. nd
实数	1. 十进制形式： 数字、小数点	单精度数：float	4	%f %e %g
	2. 指数形式：e 或 E 连接数	双精度数：double	8	
字符型	1. 单引号括起来 的单个字符	char（unsigned）	1	%c
	2. 双引号括起来的多 个字符（字符串）	数组、指针	字符数 +1	%s

2.2.2　整数类型

（1）整数在内存的存放形式　数据在内存中以二进制形式存放，一般计算机中用 16 位或 32 位来表示整数，位数越多，能表示数的范围就越大。整数有正负之分，可以用 1 个二进制位作为符号位，一般总是最高位，当符号位为“0”时表示正数，符号位为“1”时表示负数。例如，用 16 位来表示 1 个整数时，有：

0000 0000 0010 1011 = +43

1000 0000 0010 1011 = -43

上述表示法，称为整数的原码表示法。

整数也可采用反码表示法，对于负整数来说，符号位为“1”，但绝对值部分正好与原码相反（即 0 变为 1，1 变为 0）。因此：

（-43）原 =1000 0000 0010 1011

（-43）反 =1111 1111 1101 0100

而实际上，整数在机器内大多用补码表示，对负整数而言，符号位仍为 1，但绝对值部分却是反码的最低位加 1 得到的结果，十进制数 20 的二进制形式为 10100，1 个整型变量在内存中占两个字节。图 2.1（a）是数据存放的示意图。图 2.1（b）是数据在内存中实际存放情况。

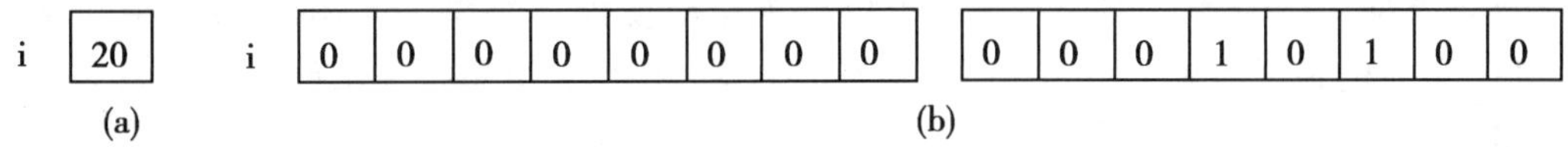

图 2.1　数据存放

注意，对正整数而言，其原码、反码、补码均相同。

（2）整型数据的类别　基本的整数类型只有一种，用 int 表示，但可以使用修饰符 short 和 long 来构造两种新的类型，也就是短整型和长整型。短整型用 short int 来表示，或者略写为 short；长整型用 long int 来表示，或者略写为 long。

在现实生活中，有一些数据值永远是非负的，例如学生的学号、某件商品的库存量、某个人的年龄等，它们都是大于或等于 0 的，不可能小于 0。对于这一类的数据，如果还是采用通常的整数类型，负数这块区域就永远不会使用，这样就会造成浪费。自然而然的想法就是我们能不能把负数区域去掉，把它加到正数区域上。修饰符 unsigned 可以把各种整数类型设定为无符号类型。这样，整型就变成了无符号整型，短整型就变成了无符号短整型，而长整型就变成了无符号长整型。相应地，这些无符号整数类型的取值范围也就发生了变化，如表 2.3 所示。

表 2.3　整型数据类型

类型	字节数	数的范围
[signed] int	2	$-2^{15} \sim (2^{15}-1)$
unsigned int	2	$0 \sim (2^{16}-1)$
[signed] short [int]	2	$-2^{15} \sim (2^{15}-1)$
unsigned short int	2	$0 \sim (2^{16}-1)$
long [int]	4	$-2^{31} \sim (2^{31}-1)$
unsigned long [int]	4	$0 \sim (2^{32}-1)$

（3）数据的溢出　在了解了整数的编码方式和取值范围后，就可以明白数据的溢出问题。所谓的数据溢出，好比用 1 个木桶来装水，由于桶的容量是有限的，如果水装的太多，就会溢出来。

例如，假设我们定义了 1 个短整型的变量 X，并将其初始化为 32767，那么如果把 X 加 1，结果是多少？短整型数据的取值范围是 -32768 ~ +32767，它所能表示的最大正数是 32767。如果把变量 X 再加 1，那么结果并不是 32768，而是 -32768。

因为 32767 的编码是 0111111111111111，如果再把它加 1，就变成了 1000000000000000，而这正好就是 -32768 的补码形式。反之，如果变量 X 的当前值为

-32768，然后把 X 减 1，那么结果也不是 -32769，而是正的 32767。数据溢出是计算机系统所特有的问题，在数学中并不存在此问题。当发生数据的溢出时，计算机并不会给出“出错信息”，这就增大了程序调试的难度，所以在编写程序时，要特别小心这个问题。

2.2.3 实数类型

实数类型又称为浮点类型，一般可以分为单精度浮点类型 float 和双精度浮点类型 double，前者的长度为 4 个字节，后者为 8 个字节。在计算机系统中是如何来存储 1 个实数？如前所述，计算机内部采用二进制形式，它既无法存正负符号，也无法存小数点。事实上，实型数据是按照指数形式来存储的。系统把 1 个实型数据分成小数部分和指数部分，分别存放。

以单精度为例，长度为 4 个字节共 32 个位。其中，第一位用来表示符号，接下来的 8 位表示指数，用 E 来表示，最后的 23 位是小数位，用 F 来表示。当 $0 < E < 255$ 时，相应的数据值为：$(-1)^{S} * 2^{(E-127)} * (1.F)$，其中，S 是符号位（0 或 1），E 是指数部分的值（十进制），F 是小数部分的值（二进制）。例如，实数 6.5 的二进制形式是：

$$0\ 10000001\ 10100000000000000000000 = +1 \times 2^{(129-127)} \times (1.101)_2 = 4 \times 1.625 = 6.5$$

2.2.4 字符类型

字符是计算机中使用最多的信息形式之一，是人与计算机通信、交互作用的重要媒介。但是，对于 1 个最简单的英文字母 A 计算机也不能直接识别它，为了把各种字符转化为机器语言，人为地进行编码，从而为每个字符指定 1 个确定的编码，作为识别与使用这些字符的依据。这些编码的值是用一定位数的二进制数码排列。使用最多的、最普通的是 ASCII 码，即：American Standard Code for Information Interchange。

每个字符类型的数据只占用 1 个字节的存储空间。在 C 语言中，字符类型实际上具有双重属性，即整数属性和字符属性。

（1）整数属性　可以把字符类型看成只有 1 个字节的整数类型，因此，它具有整数类型的各种性质，也可以作为 1 个普通的整数来参与各种运算。例如，它的取值范围为 $-2^7 \sim (2^7-1)$，也可以使用 unsigned 修饰符，把它设定为无符号类型，从而使取值范围变为：$0 \sim (2^8-1)$。

（2）字符属性　从字符属性来看，1 个字符型数据的值，就是相应字符的 ASCII 码。例如，字母 A 的 ASCII 值为 65，字母 a 的 ASCII 值为 97。

2.3 常量

所谓常量，就是在程序运行过程中，其值不会被改变的量。不同的数据类型，有不同的常量。根据常量的表示方法，可以把它分为如下两类：

（1）字面常量（也称直接常量）　这一类常量可以从它们的字面形式来判别，如 12、4.6、‘a’等；

（2）符号常量　即用 1 个标识符来代表 1 个常量。

如　#define　PI　3.1415926

符号常量的定义格式：

#define　符号常量　表达式

使用符号常量的好处是：含义清楚、见名知意、修改方便、一改全改；

说明：符号常量名常用大写，以区别于变量，关于符号常量，本书后面在介绍编译预处理时，还会详细讨论，这里只考虑字面常量。

2.3.1　整型常量

在 C 语言中，整型常量有以下 3 种表示形式。

（1）十进制形式　如 123、-456、0 等，这也是最常用的一种表示形式。

（2）八进制形式　以 0（零）开头的整数是八进制数。

注意，在日常生活中，如果在 1 个数字前面加上 1 个或多个 0，是没有任何关系的，并不会影响到该数字的值。但在 C 语言中，加 0 就表示它是 1 个八进制数，其值就完全不同了。

（3）十六进制形式　以 0x 开头的数是十六进制数。

2.3.2　实型常量

实型常量即为实数，它有两种表示形式。

（1）十进制小数形式　它由数字和小数点组成，如 0.124、124.0、0.0。注意，如果小数点的左边或右边为 0，那么这个 0 可以省略，但小数点一定不能省略，否则编译器就会把它当成是 1 个整型常量。

例如，.124 其实就是 0.124。124. 其实就是 124.0。

（2）指数形式　由 3 个部分组成，第一部分是 1 个实数，第二部分是字母 e 或 E，第三部分是 1 个指数。

例如，321.54e6，它的含义就是 391.54×10^{6}。

在使用指数形式时，需要注意：

（1）字母 e 或 E 之前必须有数字　字母 e 或 E 后面的指数必须为整数，字母 e 或 E 的前后及数字之间不得有空格。

例如：例：2.3e5、500e-2、.5E3、4.5e0 均为合法表示形式 e3、2.1e3.5、.e3、e 都不是合法的指数形式。

（2）1 个实数最好采用规范化的指数形式　规范化的指数形式是指在字母 e 或 E 之前的小数部分中，小数点左边应当有且只能有一位非 0 数字。

如 123.456 可以表示为 123.456e0，12.3456e1，1.23456e2，0.123456e3，0.0123456e4 等，只有 1.23456e3 称为规范化的指数形式。用指数形式输出时，是按规范化的指数形式输出的。

（3）实型常量都是双精度　如果要指定它为单精度或长双精度，可以加后缀 f（F）或 l（L）。如 356f，356F。

（4）实型数据的舍入误差　实型变量是用有限的存储单元存储的，因此，提供的有效数字是有限的，在有效位以外的数字将被舍去，由此可能会产生一些误差。

例 2.1　实型数据的舍入误差（单精度型变量只能保证 7 位有效数字，后面的数字无

意义）

```
main ( )
{
  float a, b;
  a = 123456.789e5;
  b = a + 20;
  printf ("a = %f, b = %f\n", a, b);
}
```

程序运行结果：

a = 12345678848.000000，b = 12345678848.000000

由于实数存在舍入误差，使用时要注意：

（1）不要试图用 1 个实数精确表示 1 个大整数，记住：浮点数是不精确的。

（2）实数一般不判断“相等”，而是判断接近或近似。

（3）避免直接将 1 个很大的实数与 1 个很小的实数相加、相减，否则会“丢失”小的数。

（4）根据要求选择单精度、双精度。

2.3.3 字符常量

字符常量就是用单引号括起来的 1 个字符，如，‘a’、‘A’和‘#’等。如前所述，字符类型具有两种属性，整数属性和字符属性。因此，1 个字符常量既可以进行字符之间的操作，又可以把它当成 1 个普通的整数来用。例如，语句“printf（“%c”，‘A’）；”可以在屏幕上输出 1 个字符 A，而语句“num = ‘Z’ - ‘A’ +1；”则用来计算英文字母的个数。在这两个例子中，1 个是利用了字符的字符属性，另 1 个是利用了字符的整数属性，字符 A 的 ASCII 码为 65，字符 Z 的 ASCII 码为 90。

大部分的字符都是可显示的，如英文字母、数字、冒号、分号、加号和减号等，程序员可以把它们从键盘直接输入计算机，并在屏幕上显示出来。但也有另外一些字符，是无法直接显示的。例如，在 1 个文本编辑器中，无法直接在屏幕上显示“←”、“↑”、“→”、“↓”这些箭头符号，也无法显示退格（Backspace）、回车等字符，因为编辑器把这些字符当成了特殊的功能键，用来实现相应的编辑功能。当用户在键盘上按下左箭头“←”时，编辑器并不会在屏幕上显示“←”这个字符，而是把光标左移 1 个字符。另外，还有一些字符在键盘上根本找不到，如响铃字符（当打印该字符时，计算机的喇叭就会发出“嘟”的一声，如何来处理上述这些字符呢？这就需要用到一种特殊的字符形式，即转义字符。转义字符是一种特殊的字符常量。1 个转义字符用 1 个反斜杠（\）加 1 个字母来表示，表 2.4 列出了常见的一些转义字符。

广义地讲，C 语言字符集中的任何 1 个字符均可用转义字符来表示。表中的 \ddd 和 \xhh 正是为此而提出的。ddd 和 hh 分别为八进制和十六进制的 ASCII 代码。如 \101 表示字母“A”，\102 表示字母“B”，\134 表示反斜线，\x0A 表示换行等。

表 2.4　转义字符

种类	转义字符	转义字符的意义	ASCII 代码
1	\ n	回车换行	10
	\ t	横向跳到下一制表位置	9
	\ b	退格	8
	\ r	回车	13
	\ f	走纸换页	12
2	\ \	反斜线符“\”	92
	\ ’	单引号符	39
	\ ”	鸣铃	34
3	\ ddd	1~3 位八进制数所代表的字符	
	\ xhh	1~2 位十六进制数所代表的字符	

例 2.2　下面程序练习转义字符的使用。

```
void main ( )
{
int a, b, c;
a =5; b =6; c =7;
printf ("%d\n\t%d  %d\n  %d  %d\t\b%d\n", a, b, c, a, b, c);
}
```

本例中 a、b、c 为整数，执行 printf 语句显示程序运行结果。程序在第一列输出 a 值 5 之后接着就是“\ n”，故换行；接着又是“\ t”，于是跳到下一制表位置（设制表位置间隔为 8），再输出 b 值 6；空二格再输出 c 值 7 后又是“\ n”，因此再换行；再空二格之后又输出 a 值 5；再空三格又输出 b 的值 6；再次遇到“\ t”跳到下一制表位置（与上一行的 6 对齐），但下一转义字符“\ b”又使退回一格，故紧挨着 6 再输出 c 值 7。

转义字符的通常形式是反斜杠加 1 个字母，但这种方式的表达能力有限。例如，它无法表示箭头符号。因此，在表 2.4 中，有两个特殊的转义字符，“\ ddd”和“\ xhh”，它们的基本思路就是用字符的 ASCII 码来描述它。这样，对于任何 1 个字符，只要知道其 ASCII 码值，就可以写出相应的转义字符形式。两者的区别在于：“\ ddd”采用的是八进制，而“\ xhh”采用的是十六进制。由于 1 个字节只有 8 位，因此，仅需要 3 位八进制数或 2 位十六进制数即可。例如，字符“→”的 ASCII 码值是 26，如果用八进制的转义字符来表示，即为“\ 32”，如果用十六进制的转义字符来表示，即为“\ xlA”。

在 C 语言中，除了字符常量外，还允许使用字符串常量。所谓字符串常量，就是用一对双引号括起来的一串字符序列，如“How do you do.”、“China”、“a”和“$123.45”等。字符串在内存中用一组连续存储单元保存，每个字符各占用 1 个字节，最后再增加 1 个字符串结束标志即空操作字符“\ 0”（即整数 0）来结尾，如图 2.2 所示。

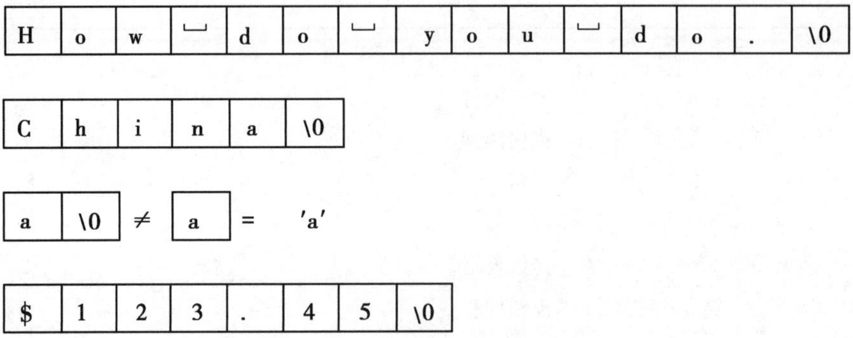

图 2.2　字符串在内存的存储方式

从图 2.2 可以看出，假设字符串本身的长度为 N，总共包含了 N 个字符，那么它所占用的字节数为 N +1。例如，“China”字符串自身的长度是 5 个字符，但它所占用的空间是 6 个字节。另外，字符串常量“a”和字符常量‘a’是不同的。字符‘a’只占用 1 个字节的存储空间，而字符串“a”虽然只包含单个字符，但它占用的存储空间是两个字节，两者的实现机理是完全不同的。

2.4　变量

2.4.1　基本概念

所谓变量，顾名思义，就是其值可变的量，1 个变量首先要有名字，这个名字是由程序员给出的。每个变量都会在内存中占用一小段存储空间，存储空间可大可小，它是由编译程序来分配的，用于保存该变量的值。例如，对于字符型变量，这段存储空间是 1 个字节，而对于整型变量，这段存储空间是 4 个字节。每段存储空间都会有相应的起始地址。打个比方来说，在一家宾馆里，有各种各样的房间，有单人间、双人间，还有 4 个人合住的大房间。每个房间都有个编号，如 101、102 等，有了这些编号，就可以知道谁住在哪 1 个房间。同样，在程序当中，可以通过变量的名字来找到相应的存储空间的起始地址，即房间的编号，这时变量的名字叫符号地址，可以对它的内容（即变量的值）进行访问，如图 2.3 所示。

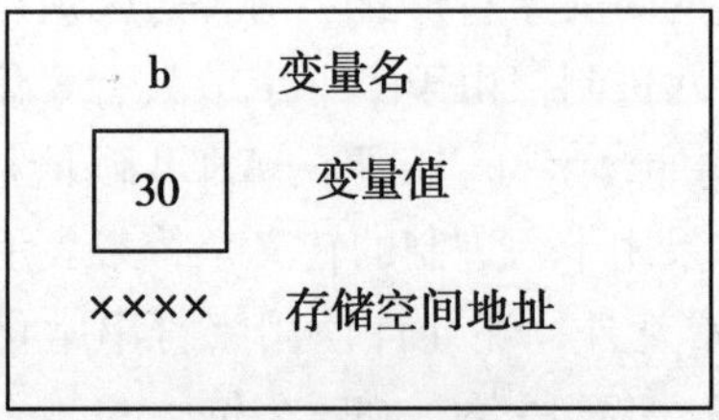

图 2.3　变量名字和值

2.4.2　变量的命名

如何来给变量命名呢？从语法上来说，变量的命名规则与标识符的命名规则一样。

（1）变量名中只能包含字母、数字和下划线（“_ ”）这三种类型的字符，不能出现其他的字符；

（2）变量名的第一个字符必须是字母或下划线，不能是数字；

（3）不能使用 C 语言保留的“关键字”作为变量名，如 int、float、switch 等；

（4）变量名是与大小写有关（case sensitive）的，因此，小写的 mum 和大写的 SUM 是两个不同的变量名。

以下是一些合法的变量名：

sum、result、_ num、Stu_ name、Vl、s123

以下是一些不合法的变量名：

float&variable、Mr. John、12a、if、a > b

2.4.3　变量的定义

在 C 语言中，所有的变量在使用之前都必须先定义，也就是“先定义，后使用”。

变量的定义方式为：

数据类型　变量 1，变量 2，…，变量 N；

例如：

int lower，upper，step；/ * 定义了 3 个整型变量 * /

char c，line［1000］；/ * 定义了 1 个字符变量和 1 个字符数组 * /

为什么变量在使用之前必须先定义呢？原因主要有以下两个：

（1）每个变量在内存中都会占用一小段存储空间，这段存储空间的大小是由变量的数据类型来确定的。因此，在定义 1 个变量时，由程序员来指定该变量的类型，然后编译程序就知道应该为它分配多大的存储空间。

（2）指定每 1 个变量属于某种类型，这样就便于在编译时，据此检查该变量所进行的运算是否合法。例如，整型变量 a 和 b 可以进行求余操作：a% b，若将 a、b 指定为实型变量，则不允许该操作，在编译时会给出有关的“出错信息”。

图 2.4 给出了个例子，显示了变量的定义与相应的内存分布。

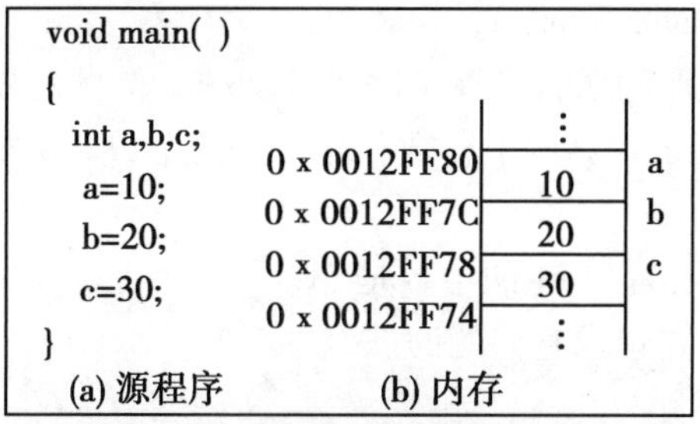

图 2.4　变量的定义与内存分布

图 2.4（a）是源程序，定义了 3 个整型变量 a、b、c，并对它们进行了赋值。图 2.4（b）是相应的内存分布，可以看出，变量 a 的起始地址是 0x0012FF7C，这说明该地址的长度是 4 个字节即 32 位。变量 b 的起始地址是 0x0012FF78，变量 c 的起始地址是 0x0012FF74。如果把这些地址两两相减，就可以推算出每个变量所占用的存储空间大小。

例如，变量 b 所占用的存储空间大小是 0x0012FF7C - 0x0012FF78 = 4，同样，变量 a 和 c 也分别占用了 4 个字节，这就验证了前面所说的：int 型数据的长度是 4 个字节。

2.4.4 变量的初始化

C 语言允许在定义变量的同时就给变量赋值，这个过程叫变量的初始化，例如：

```
char    esc ='\\';           /*定义1个字符变量，初始值为'\'  */
int   i = 0;                 /*定义1个整型变量，初始值为0  */
float eps = 1.0e-5;          /*定义1个实数变量，初始值为10^-5 */
int a = 3, b, c = 3;         /*定义3个整型变量，只初始化其中的a和c*/
```

需要说明的是，初始化并不是在编译阶段完成的，而是当程序运行到当前函数时才赋予初值，相当于有 1 个赋值语句。

2.5 运算符

C 语言的运算符范围很宽，除了控制语句和输入输出以外，几乎所有的基本操作都作为运算符来处理。

1. 算术运算符

在 C 语言中有两个单目和 5 个双目算术运算符，如表 2.5 所示。

表 2.5 算术运算符及功能对照表

符号	+	-	*	/	%	+	-
功能	单目正	单目负	乘法	除法	取模	加法	减法

下面是一些赋值语句的例子，在赋值运算符右侧的表达式中就使用了上面的算术运算符：

```
Area = Height * Width;
num = num1 + num2/num3 - num4;
```

运算符也有个运算顺序问题，先算乘除再算加减。单目正和单目负最先运算。

取模运算符（%）用于计算两个整数相除所得的余数。例如：

```
a =7%4;
```

最终 a 的结果是 3，因为 7%4 的余数是 3。

那么有人要问了，我要想求它们的商怎么办呢？

```
b =7/4;
```

这样 b 就是它们的商了，应该是 1。也许有人就不明白了，7/4 应该是 1.75，怎么会是 1 呢？这里需要说明的是，当两个整数相除时，所得到的结果仍然是整数，没有小数部分。要想也得到小数部分，可以这样写 7.0/4 或者 7/4.0，即把其中 1 个数变为非整数。那么怎样由 1 个实数得到它的整数部分呢？这就需要用强制类型转换了。例如：

```
a = (int)(7.0/4);
```

因为 7.0/4 的值为 1.75，如果在前面加上（int）就表示把结果强制转换成整型，这就得到了 1。那么思考一下 a = （float）（7/4）；最终 a 的结果是多少？

单目减运算符相当于取相反值，若是正值就变为负值，若是负数就变为正值。单目加运算符没有意义，纯粹是和单目减构成一对用的。

2. 关系运算符

关系运算符是对两个表达式进行比较，返回 1 个真/假值，下表 2.6 列出关系运算符及功能对照。

表 2.6　关系运算符及功能对照表

符号	>	<	> =	< =	= =	！ =
功能	大于	小于	大于等于	小于等于	等于	不等于

这些运算符大家都能明白，主要问题就是等于 = = 和赋值 = 的区别了。

一些刚开始学习 C 语言的人总是对这两个运算符弄不明白，经常在一些简单问题上出错，自己检查时还找不出来。看下面的代码：

if （Amount = 123） ……

很多新人都理解为如果 Amount 等于 123，就怎么样。其实这行代码的意思是先赋值 Amount = 123，然后判断这个表达式是不是真值，因为结果为 123，是真值，那么就执行后面的语句。如果希望当 Amount 等于 123 时才执行后面的语句，应该改为 if （A-mount == 123） ……

3. 逻辑运算符

逻辑运算符是根据表达式的值来返回真值或是假值。表 2.7 列出逻辑运算符及其功能。其实在 C 语言中没有所谓的真值和假值，只是认为非 0 为真值，0 为假值。

表 2.7　逻辑运算符及功能对照表

符号	&&	| |	！
功能	逻辑与	逻辑或	逻辑非

例如：

```
5&&3;
0| | -2&&5;
! 4;
```

当表达式进行 && 运算时，如果运算符两边表达式其中 1 个的值为假，则表达式的值就为假；只有当运算符两边表达式的值都为真时，运算结果才为真。当表达式进行| | 运算时，只要运算符两边表达式的值有 1 个为真，则运算结果就为真，只有当运算符两边表达式的值都为假时，结果才为假。逻辑非（！）运算是 1 个单目的运算符，就是把表达式的值进行相应的真/假值转换。若表达式的值原先为假，则逻辑非运算后值为真，若原先表达式的值为真，则逻辑非以后值为假。

还有一点很重要，当 1 个逻辑表达式的后一部分的取值不会影响整个表达式的值时，后一部分就不会进行运算了。例如：

```
a = 2, b = 1;
a | | b - 1;
```

因为 a = 2，a 的值为 2，为真值，所以不管 b - 1 是不是真值，总的表达式一定为真值，这时后面的表达式就不会再计算了。

4. 赋值运算符

赋值语句的作用是把某个常量、变量或表达式的值赋值给另 1 个变量。符号为“ = ”。这里并不是等于的意思，只是赋值，等于用“ == ”表示。

注意：赋值语句左边的变量在程序的其他地方必须要声明。

得以赋值的变量我们称为左值，因为它们出现在赋值语句的左边；产生值的表达式我们称为右值，因为它们出现在赋值语句的右边。常数只能作为右值。

例如：

```
count = 5;
total1 = total2 = 0;
```

第一个赋值语句大家都能理解。

第二个赋值语句表达了把 0 同时赋值给两个变量。这是因为赋值语句是从右向左运算的，也就是说从右端开始计算。这样它先执行“total2 = 0;”；然后执行“total1 = total2;”；那么我们这样行不行呢？

```
(total1 = total2) = 0;
```

这样是不可以的，因为先要算括号里面的，这时 total1 = total2 是 1 个表达式，而赋值运算符的左边是不允许表达式存在的。

5. 自增自减运算符

这是一类特殊的运算符，自增运算符 + + 和自减运算符—对变量的操作结果是增加 1 和减少 1。例如：

```
—Couter;
Couter—;
+ + Amount;
Amount + +;
```

从这些例子可以看出，运算符在变量的前面还是在后面对运算结果本身的影响都是一样的，都是加 1 或者减 1，但是当把它们作为其他表达式的一部分，两者就有区别了。运算符放在变量前面，那么在运算之前，变量先完成自增或自减运算；如果运算符放在变量的后面，那么自增自减运算是在变量参加表达式的运算后再自增或自减。这样讲可能不太清楚，看下面的例子：

```
num1 = 4;
num2 = 8;
a = + + num1;
b = num2 + +;
```

a = + + num1；这句总的来看是 1 个赋值，把 + + num1 的值赋给 a，因为自增运算符在变量的前面，所以 num1 先自增加 1 变为 5，然后赋值给 a，最终 a 也为 5。b = num2 + +；这是把 num2 + + 的值赋给 b，因为自增运算符在变量的后面，所以先把 num2 赋值给 b，b

应该为 8，然后 num2 自增加 1 变为 9。

那么如果出现这样的情况我们怎么处理呢？

c = num1 + + + num2；

到底是 c = （num1 + +） + num2；还是 c = num1 + （ + + num2）；这要根据编译器来决定，不同的编译器可能有不同的结果。所以我们在以后的编程当中，应该尽量避免出现上面复杂的情况。

6. 复合赋值运算符

在赋值运算符当中，还有一类 C 独有的复合赋值运算符。它们实际上是一种缩写形式，使得对变量的改变更为简洁。

Total = Total + 3；

乍一看这行代码，似乎有问题，这是不可能成立的。其实还是老样子，“ = ”是赋值不是等于。它的意思是本身的值加 3，然后再赋值给本身。为了简化，上面的代码也可以写成：

Total + = 3；

复合赋值运算符及功能如表 2. 8 所示。

表 2. 8　复合赋值运算符及功能对照表

符号	+ =	- =	* =	/ =	% =	< < =	> > =	& =	| =	^ =
功能	加法赋值	减法赋值	乘法赋值	除法赋值	模运算赋值	左移赋值	右移赋值	位逻辑与赋值	位逻辑或赋值	逻辑异或赋值

上面的 10 个复合赋值运算符中，后面 5 个我们以后介绍位运算时再说明。

那么看了上面的复合赋值运算符，有人就会问，到底 Total = Total + 3；与 Total + = 3；有没有区别？答案是有的，对于 A = A + 1，表达式 A 被计算了两次，对于复合运算符 A + = 1，表达式 A 仅计算了一次。一般来说，这种区别对于程序的运行没有多大影响，但是当表达式作为函数的返回值时，函数就被调用了两次（以后再说明），而且如果使用普通的赋值运算符，也会加大程序的开销，使效率降低。

7. 条件运算符

条件运算符（?:）是 C 语言中唯一的 1 个三目运算符，它是对第一个表达式进行真/假检测，然后根据结果返回两个表达式中的 1 个。

<表达式 1>? <表达式 2>: <表达式 3>

在运算中，首先对第一个表达式进行检验，如果为真，则返回表达式 2 的值；如果为假，则返回表达式 3 的值。

例如：

a = (b > 0)? b: - b;

当 b > 0 时，执行 a = b；当 b 不大于 0 时，执行 a = - b；这就是条件表达式。其实上面的意思就是把 b 的绝对值赋值给 a。

8. 逗号运算符

在 C 语言中，多个表达式可以用逗号分开，其中用逗号分开的表达式的值分别计算，但整个表达式的值是最后 1 个表达式的值。

假设 b =2,c =7,d =5;

a1 =(+ +b,c -- ,d +3);

a2 = + +b,c -- ,d +3;

对于第一行代码，有 3 个表达式，用逗号分开，所以最终的值应该是最后 1 个表达式的值，也就是 d +3，为 8，所以 a1 的值是 8。对于第二行代码，也有 3 个表达式，这时的 3 个表达式分别是 a2 = + +b、c - -、d +3，（这是因为赋值运算符比逗号运算符优先级高）所以最终表达式的值虽然也为 8，但 a2 的值是 3。

还有其他的如位逻辑运算符，位移运算符等等，我们等到讲位运算时再说明。

9. 优先级和结合性

从上面的逗号运算符那个例子可以看出，这些运算符计算时都有一定的顺序，就好像先要算乘除后算加减一样。优先级和结合性是运算符两个重要的特性，结合性又称为计算顺序，它决定组成表达式的各个部分是否参与计算以及什么时候计算。

表 2. 9 列出 C 语言中所使用的运算符的优先级和结合性。

表 2. 9　运算符优先级及结合性对照表

优先级	运算符	运算符功能	运算类型	结合方向
最高 15	() [ ] —> .	圆括号、函数参数表 数组元素下标指向结构体成员 结构体成员		自左至右
14	! ~ + +、-- + - * & （类型名） sizeof	逻辑非 按位取反 自增 1、自减 1 求正 求负 间接运算符 求地址运算符 强制类型转换 求所占字节数	单目运算	自右至左
13	* 、/、%	乘、除、整数求余	双目运算符	自左至右
12	+、-	加、减	双目运算符	自左至右
11	< <、> >	左移、右移	移位运算	自左至右
10	<、< = >、> =	小于、小于或等于 大于、大于或等于	关系运算	自左至右
9	= =、! =	等于、不等于	关系运算	自左至右
8	&	按位与	位运算	自左至右
7	^	按位异或	位运算	自左至右
6	|	按位或	位运算	自左至右
5	&&	逻辑与	逻辑运算	自左至右

（续表 2.9）

优先级	运算符	运算符功能	运算类型	结合方向
4	||	逻辑或	逻辑运算	自左至右
3	? :	条件运算	三目运算	自右至左
2	=、+=、-=、*=、/=、%=、&=、^=、|=、<<=、>>=	赋值、运算且赋值	双目运算	自右至左
最低 1	,	顺序求值	顺序运算	自左至右

在该表中，还有一些运算符我们没有介绍，如指针运算符、sizeof 运算符、数组运算符 [ ] 等等，这些在以后的学习中会陆续说明的。

习　　题

1. C 语言中，字符（char）型数据在微机内存中存储形式是

A. 反码　　B. 补码　　C. EBCDIC 码　　D. ASCII 码

2. C 语言中不合法的字符常量是

A. '\0xff'　　B. '\65'　　C. '&'　　D. '\028'

3. C 语言中不合法的字符串常量是

A. "\121"　　B. 'y='　　C. "\n\n"　　D. "ABCD\x6d"

4. 设有语句 char a='\72'；则变量 a

A. 包含 1 个字符　　B. 包含 2 个字符

C. 包含 3 个字符　　D. 说明不合法

5. 设 a、b、和 c 都是 int 型变量，且 a=3，b=4，c=5；　则以下的表达式中，值为 0 的表达式是

A. a&&b　　B. a<=b

C. a||b+c&&b-c　　D. !((a<b)&&!c||1)

6. 为表示关系　x>=y>=z，应使用的 C 语言表达式是

A. (x>=y)&&(y>=z)　　B. (x>=y)AND(y>=z)

C. (x>=y>=z)　　D. (x>=y)&(y>=z)

7. 判断 char 型变量 c 是否为大写字母的最简单且正确的表达式是

A. 'A'<=c<='Z'　　B. (c>='A')&(c<='Z')

C. ('A'<=c) AND('Z'>=c)　　D. (c>='A')&&(c<='Z')

8. 若 a、b、c、d 都是 int 类型变量且初值为 0，以下选项中不正确的赋值语句是

A. a=b=c=100;　　B. d++;

C. c+b;　　D. d=(c=22)-(b++);

9. 若变量已正确定义，要将 a 和 b 中的数交换，下面不正确的语句组是

A. a = a + b, b = a − b, a = a − b;　　B. t = a, a = b, b = t;

C. a = t; t = b; b = a;　　D. t = b; b = a; a = t;

10. 以下程序的输出结果是

A. 0　　B. 1　　C. 3　　D. 不确定的值

```
main( ){ int x = 10, y = 3; printf( "% d\n", y = x/y); }
```

11. 若有以下程序，输出结果是

A. 3, 0, −10　　B. 0, 0, 3　　C. −10, 3, −10　　D. 3, 0, 3

```
int   a =0,b =0,c =0; c =((a- =a -5),(a =b,c +3));
printf( "% d, % d, % d\n", a, b, c);
```

第三章　表达式和语句

3.1　表达式

3.1.1　表达式

表达式是由常量、变量、运算符组合而成，类似数学表达式，计算以后返回1个值。由单个常量、变量或标识符就组成了表达式，这样的表达式叫初等表达式，还有由标识符、初等表达式和函数调用等组合的初等表达式，由圆括号（ ）括起来的表达式也是初等表达式，其类型和值与未加括号的表达式完全一样。

C语言表达式可以从不同的角度分类，根据运算符的不同可分为算术运算表达式、关系运算表达式、逻辑运算表达式、赋值表达式等；根据运算符的运算对象个数可分为一元表达式、二元表达式和条件表达式。

（1）一元表达式　带有一元运算符的表达式称为一元表达式。结合方向为自右向左。

例如：+ +x，--x，! x

（2）二元表达式　二元表达式就是两个表达式在二元运算符的作用下所形成的式子。

例如：a+b，a>b，a‖b

（3）条件表达式　例如：a=(b>0)? b：-b；

当b>0时，a=b，当b不大于0时，a=-b，其实上面的意思就是把b的绝对值赋值给a。

对于由关系运算符和逻辑运算符连接的逻辑表达式，如果为真，则其值为1，如为假，其值为零。

如：n=c>='0'&&c<='9'；

如果c是1个数字符，置n为1，否则为0。

每1个表达式的返回值都具有逻辑特性。如果返回值为非0，则该表达式返回值为真，否则为假。这种逻辑特性可以用在程序流程控制语句中。

有时表达式也不参加运算，如：

if(a||b)…………

当a为真时，b就不参加运算了，因为不管b如何，条件总是真。

3.1.2　表达式类型转化

（1）隐式转换　表达式返回的结果值是有类型的，在表达式中出现不同类型的操作数时，要按规则将其转换成相应的类型，表达式隐含的数据类型取决于组成表达式的变量和常量的类型。

类型转化的原则是从低级向高级自动转化，转换顺序是这样的：

字符型→整型→长整型→浮点型→单精度型→双精度型

当字符型和整型在一起运算时，结果为整型，如果整型和浮点型在一起运算，所得的结果就是浮点型，如果有双精度型参与运算，那么结果类型就是双精度型了。

（2）赋值语句的转换　对于赋值语句的转换，将赋值号右边的值转换成左边的类型，其结果的类型与左端变量的类型一致。

例int i;

```
char c;
i = c;
c = i;
```

整型 int 转换成字符型 char 是容易的，将超出的高阶位丢掉就行。

例float　x;

```
int     i;
x = i;
i = x;
```

浮点型 float 转换成整型 int 时将截去小数部分，双精度型 double 转换成浮点型 float 将进行四舍五入。通过丢掉超出的高位将较长的 int 转换成较短的 int 或字符型 char。

因为函数的参数是表达式，因此，当参数传送给函数时也会发生类型转换。具体地说，字符型 char 和短整型 short 转换为整型 int，浮点型 float 转换为双精度型 double。这就是为什么我们要把函数参数说明为整型 int 和双精度型 double，尽管调用函数时用字符型 char 和浮点型 float。

（3）强制转换　可以在表达式中用一种强制类型运算进行显式类型转换，格式如下：

（类型名）表达式

表达式根据上述转换规则转换成指定的类型。强制类型的含义是将 1 个表达式赋给 1 个指定类型的变量，然后用该变量代替整个结构。

例 sqrt ((double)n)

如果 n 是整数，在把参数传送给 sqrt 之前，要先将 n 转换成双精度型。这个过程只是产生指定类型的 n 值，并不改变 n 的实际内容。强制类型运算符与其他一元运算符具有相同的优先级。

3.2　语句

1. *声明语句*

变量的定义形式如下：

数据类型　变量 1，变量 2，…，变量 n　;

以上形式又叫变量声明语句。

如　char c;

2. *表达式语句*

当 1 个表达式后面跟着 1 个分号时，就构成了 C 语言的 1 个表达式语句，执行表达式语句就是计算表达式的值。

表达式语句的一般形式为：

表达式 ；

在 C 语言中，分号是语句的结束标志，不能省去。根据表达式的不同形成了各种各样的语句，其中，赋值语句是应用最广的语句之一，由赋值表达式再加上分号构成。

其一般形式为：

变量 = 表达式 ；

在赋值语句的使用中需要注意以下几点：

（1）由于在赋值符“ = ”右边的表达式也可以又是 1 个赋值表达式，因此，下述形式：

变量 =（变量 = 表达式）；

是成立的，从而形成嵌套的情形。其展开之后的一般形式为：

变量 = 变量 = … = 表达式；

例如：

a = b = c = d = e = 5；按照赋值运算符的右结合性，实际上等效于：

e = 5；

d = e；

c = d；

b = c；

a = b；

（2）注意在变量说明中给变量赋初值和赋值语句的区别。给变量赋初值是变量说明的一部分，赋初值后的变量与其后的其他同类变量之间仍必须用逗号间隔，而赋值语句则必须用分号结尾。在变量说明中，不允许连续给多个变量赋初值。如下述说明是错误的：int a = b = c = 5；必须写为 int a = 5，b = 5，c = 5；而赋值语句允许连续赋值。

（3）注意赋值表达式和赋值语句的区别。赋值表达式是一种表达式，它可以出现在任何允许表达式出现的地方，而赋值语句则不能。

下述语句是合法的：if((x = y + 5) > 0) z = x；语句的功能是，若表达式 x = y + 5 大于 0 则 z = x。下述语句是非法的：if((x = y + 5;) > 0) z = x；因为“x = y + 5;”是语句，不能出现在表达式中。

也许你会发现，这些赋值语句很像代数方程，在某些情况下，的确可以这样理解，但有时它们是不一样的。看下面：

c = c + 1；

这显然不是 1 个等式。

3. 函数调用语句

由函数名、实际参数表加上分号“;”组成，其一般形式为：

函数名（实际参数表）；

执行函数语句就是调用函数体并把实际参数赋予函数定义中的形式参数，然后执行被调函数体中的语句，求取函数值。（在第五章函数中再详细介绍）

例如 printf ("C Program")；

调用库函数，输出字符串。

4. 空语句

只有分号“;”组成的语句称为空语句。空语句是什么也不执行的语句。在程序中空语句可用来做空循环体。

例如 while (getchar ( )! ='\ n');

本语句的功能是，只要从键盘输入的字符不是回车则重新输入。这里的循环体为空语句。

5. 复合语句

用花括号 {} 把若干个说明和语句组合在一起，构成了 1 个复合语句或称为分程序。复合语句在语法上等价 1 个简单语句，但结束 1 个复合语句的右半边花括号“}”之后不要加分号。采用复合语句代替多个单语句的能力是 C 语言的特点之一，它使 C 语言具有更大的灵活性，同时复合语句也是程序结构化的方法。如果其中有变量说明并组成分程序时，则是促进变量局部化的简便方法。

如
```
{   x = y + z;
  a = b + c;
  printf ("% d% d", x, a);
  }
```

是一条复合语句。复合语句内的各条语句都必须以分号“;”结尾，在括号“}”外不能加分号。

6. 控制语句

控制语句用于控制程序的流程，以实现程序的各种结构方式，由特定的语句定义符组成。C 语言有九种控制语句，可分成以下 3 类：

(1) 条件判断语句

if 语句，switch 语句

(2) 循环执行语句

do while 语句，while 语句，for 语句

(3) 转向语句

goto 语句，break 语句，continue 语句，return 语句

7. C 语言语句及其一般形式对照表

表 3.1　C 语言句及形式

名　称	一般形式
简单语句	表达式语句表达式
空语句	;
复合语句	{语句}

条件语句	if (表达式) 语句;
	if (表达式) 语句 1; else 语句 2;
	if (表达式 1) 语句 1; else if (表达式 2) 语句 2…else 语句 n;

开关语句	switch (表达式) { case 常量表达式: 语句…default: 语句; }

（续表 3.1）

名　　称	一般形式
循环语句	while 语句 while（表达式）语句； for 语句 for（表达式 1；表达式 2；表达式 3）语句；
break 语句	break；
goto 语句	goto；
continue 语句	continue；
return 语句	return（表达式）；

3.3　输入输出语句

所谓输入输出是以计算机为主体而言的，在 C 语言中，所有的数据输入/输出都是由库函数完成的，都是函数语句，如标准输入输出库函数 scanf 和 printf，也称为格式输入输出函数，其关键字最末 1 个字母 f 即为格式（format）之意。使用以上标准输入输出库函数时要用到“stdio. h”文件，因此程序开头应有以下预编译命令：

#include < stdio. h >或

#include "stdio. h"

考虑到 printf 和 scanf 函数使用频繁，系统允许在使用这两个函数时可不加以上预编译命令；如果在 1 个函数中要调用 getchar 和 putchar 函数，必须在该函数的前面（或程序开头）加上以上预编译命令。

3.3.1　单字符输入输出

（1）putchar 函数　作用：putchar（ ）函数是字符输出函数，其功能是在显示器上输出单个字符。

格式：putchar（c）；

说明：它输出字符变量 c 的值。c 可以是字符型变量或整型变量。

也可以输出控制字符，如 putchar（'\ n'）输出 1 个换行符，使输出的当前位置移到下一行的开头。也可以输出其他转义字符，如：

```
putchar ('\ 101')      /* 输出字符 A */
putchar ('\ ')         /* 输出单引号字符 ' */
putchar ('\ 015')      /* 输出回车，不换行，使输出的当前位置移到本行开头 */
```

例 3.1　输出单个字符。

```
#include <stdio. h>
main ( ) {
  char a = 'B', b = 'o', c = 'k';
  putchar (a); putchar (b); putchar (b); putchar (c); putchar ('\ t');
  putchar (a); putchar (b);
```

```
    putchar ('\n');
    putchar (b); putchar (c);
}
```

(2) getchar 函数　作用：此函数的作用是从键盘上（或系统隐含指定的输入设备）输入 1 个字符。

格式：getchar ( )

说明：getchar 函数没有参数，函数的返回值就是从输入设备得到的字符。通常把输入的字符赋予 1 个字符变量，构成赋值语句，如：

```
char c;
c = getchar ( );
```

例 3.2　输入单个字符。

```
#include <stdio.h>
void main ( ) {
    char c;
    printf ("input a character\n");
    c = getchar ( );
    putchar (c);
}
```

使用 getchar 函数还应注意几个问题：

① getchar 函数只能接受单个字符，输入数字也按字符处理。输入多于 1 个字符时，只接收第一个字符。

②使用本函数时，程序开头应有以下预编译命令：

```
#include < stdio.h >
```

③在 Turbo C（简称 TC）屏幕下运行包含本函数的程序时，将退出 TC 屏幕进入用户屏幕等待用户输入，输入完毕再返回 TC 屏幕。

3.3.2　格式输入输出语句

(1) 格式输出函数 printf

功能：按格式控制所指的格式向终端输出若干个任意类型的数据。

格式：printf ("格式控制串", 输出列表);

说明：

① "输出列表" 是需要输出的一些数据，可以是常量、变量或表达式。输出列表中给出了各个输出项，要求格式控制串与各输出项在数量和类型上应该一一对应。

② "格式控制串" 是用双引号括起来的字符串，也称 "转换控制字符串"。它包括 "格式字符串" 和 "普通字符" 两种信息。普通字符在显示中起提示作用，按照原样输出；格式字符串是以% 开头的字符串，在% 后面跟有各种格式字符，以说明输出数据的类型、形式、长度、小数位等。

在 Turbo C 中格式字符串的一般形式为：

%[-][m][.n][l]格式符

其中，方括号［ ］中的项为可选项，组成了printf函数的附加符号（又称修饰符），对应的可以理解为：

%［标志］［输出最少宽度］［. 精度］［长度］格式符

各项的意义介绍如下：

①格式符表示输出数据的类型，其意义如下。

表3.2 输出格式符及其意义

格式字符	意 义
d	以十进制形式输出带符号整数（正数不输出符号）
o	以八进制形式输出无符号整数（不输出前缀0）
x，X	以十六进制形式输出无符号整数（不输出前缀0x）
u	以十进制形式输出无符号整数
f	以小数形式输出单、双精度实数
e，E	以指数形式输出单、双精度实数
g，G	以%f或%e中较短的输出宽度输出单、双精度实数
c	输出单个字符
s	输出字符串

② 标志：标志字符为 -、+、#、空格4种，其意义下表3.3所示。

表3.3 标志字符及其意义

标 志	意 义
-	结果左对齐，右边填空格
+	输出符号（正号或负号）
空格	输出值为正时冠以空格，为负时冠以负号
#	对c，s，d，u类无影响；对o类，在输出时加前缀o；对x类，在输出时加前缀0x；对e，g，f类当结果有小数时才给出小数点

③输出最小宽度：用十进制整数来表示输出的最少位数。若实际位数多于定义的宽度，则按实际位数输出，若实际位数少于定义的宽度则补以空格或0。

④精度：精度格式符以“.”开头，后跟十进制整数。本项的意义是：如果输出数字，则表示小数的位数；如果输出的是字符，则表示输出字符的个数；若实际位数大于所定义的精度数，则截去超过的部分。

⑤长度：长度格式符为h和l两种，h表示按短整型量输出，l表示按长整型量输出。

例3.3

```
main ( )
{
  int a =88, b =89;
```

```
    printf ("%d %d\n", a, b);
    printf ("%d,%d\n", a, b);
  printf ("%c,%c\n", a, b);
  printf ("a=%d, b=%d", a, b);
  }
```

本例中 4 次输出了 a 和 b 的值，但由于格式控制串不同，输出的结果也不相同。第四行的输出语句格式控制串中，两格式串%d 之间加了 1 个空格（非格式字符），所以输出的 a 和 b值之间有 1 个空格。第五行的 printf 语句格式控制串中加入的是非格式字符逗号，因此输出的 a 和 b 的值之间加了 1 个逗号。第六行的格式串要求按字符型输出 a 和 b值。第七行中为了提示输出结果又增加了非格式字符串。

例 3.4

```
main ( )
{
  int a=15;
  float b=123.1234567;
  double c=12345678.1234567;
  char d='p';
  printf ("a=%d,%5d,%o,%x\n", a, a, a, a);
  printf ("b=%f,%lf,%5.4lf,%e\n", b, b, b, b);
  printf ("c=%lf,%f,%8.4lf\n", c, c, c);
  printf ("d=%c,%8c\n", d, d);
}
```

本程序第七行中以 4 种格式输出整型变量 a 的值，其中“%5d ”要求输出宽度为 5，而 a 值为 15 只有两位，故补 3 个空格。第八行中以 4 种格式输出实型量 b 的值。其中“%f”和“%lf ”格式的输出相同，说明“l”符对“f”类型无影响。“%5.4lf”指定输出宽度为5，精度为4，由于实际长度超过5，故应该按实际位数输出，小数位数超过4 位部分被截去。第九行输出双精度实数，“%8.4lf ”由于指定精度为4 位，故截去了少数部分超过4 位的部分。第十行输出字符量 d，其中“%8c ”指定输出宽度为8，故在输出字符 p 之前补加 7 个空格。

使用 printf 函数时还要注意 1 个问题，那就是输出表列中的求值顺序。不同的编译系统不一定相同，可以从左到右，也可从右到左。Turbo C 是按从右到左进行的。请看下面两个例子：

例 3.5

```
  main ( ) {
  int i=8;
  printf ("%d\n%d\n%d\n%d\n%d\n%d\n", ++i, --i, i++, i--,
-i++, -i--);
  }
```

例 3.6

```
main ( ) {
int i =8;
printf ("%d\n", ++i);
printf ("%d\n", --i);
printf ("%d\n", i++);
printf ("%d\n", i--);
printf ("%d\n", -i++);
printf ("%d\n", -i--);
}
```

这两个程序的区别是用 1 个 printf 语句和多个 printf 语句输出。但从结果可以看出是不同的。为什么结果会不同呢？就是因为 printf 函数对输出表中各量求值的顺序是自右至左进行的。在例 3.5 中，先对最后一项“-i--”求值，结果为 -8，然后 i 自减 1 后为 7。再对“-i++”项求值得 -7，然后 i 自增 1 后为 8。再对“i--”项求值得 8，然后 i 再自减 1 后为 7。再求“i++”项得 7，然后 i 再自增 1 后为 8。再求“--i”项，i 先自减 1 后输出，输出值为 7。最后才求输出列表中的第一项“++i”，此时 i 自增 1 后输出 8。

但是必须注意，求值顺序虽是自右至左，但是输出顺序还是从左至右。

（2）格式输入 scanf 函数

作用：按格式控制所指的格式从标准输入设备（键盘）输入数据给指定的变量。

格式：scanf（“格式控制串”，地址列表）

说明：

①“地址列表”是由若干个地址组成的列表，可以是变量的地址，地址是由地址运算符“&”后跟变量名组成的，或字符串的首地址。

例如：

&a，&b

分别表示变量 a 和变量 b 的地址。

这个地址就是编译系统在内存中给 a、b 变量分配的地址。在 C 语言中，使用了地址这个概念，这是与其他语言不同的。应该把变量的值和变量的地址这两个不同的概念区别开来。变量的地址是 C 编译系统分配的，用户不必关心具体的地址是多少。

在赋值表达式中给变量赋值，如：

a =567

a 为变量名，567 是变量的值，&a 是变量 a 的地址。但在赋值号左边是变量名，不能写地址，而 scanf 函数在本质上也是给变量赋值，但要求写变量的地址，如 &a。这两者在形式上是不同的。& 是 1 个取地址运算符，&a 是 1 个表达式，其结果得到变量的地址。

例 3.7

```
main ( ) {
  int a, b, c;
  printf ("input a, b, c\n");
```

```
    scanf ("%d%d%d", &a, &b, &c);
    printf ("a=%d, b=%d, c=%d", a, b, c);
}
```

在本例中，由于scanf函数本身不能显示提示串，故先用printf语句在屏幕上输出提示，请用户输入a、b、c的值。执行scanf语句，则退出TC屏幕进入用户屏幕等待用户输入。用户输入7 8 9后按下回车键，此时，系统又将返回TC屏幕。在scanf语句的格式串中由于没有非格式字符在“%d%d%d”之间作输入时的间隔，因此在输入时要用1个以上的空格或回车键作为每两个输入数之间的间隔。如：

7 8 9

或

7

8

9

②“格式控制串”的含义同printf函数，以%开始，以1个格式字符结束，中间可以插入附加字符。格式控制串的一般形式为：

% [*] [输入数据宽度] [长度] 格式符

a. 格式符表示输入数据的类型，其意义如下。

表3.4 输入格式符及其意义

格式字符	字符意义
d	输入十进制整数
o	输入八进制整数
x	输入十六进制整数
u	输入无符号十进制整数
f或e	输入实型数（用小数形式或指数形式）
c	输入单个字符
s	输入字符串

b. “*”符：用以表示*所对应的输入项读入后不赋予相应的变量，即跳过该输入值。如：

scanf ("%d %*d %d", &a, &b);

当输入为：1 2 3时，把1赋予a，2被跳过，3赋予b。

c. 宽度：用十进制整数指定输入的宽度（即字符数）。例如：

scanf ("%5d", &a);

输入：12345678

只把12345赋予变量a，其余部分被截去。又如：

scanf ("%4d%4d", &a, &b);

输入：12345678

将把1234赋予a，而把5678赋予b。

d. 长度：长度格式符为 l 和 h，l 表示输入长整型数据（如% ld）和双精度浮点数（如% lf）。h 表示输入短整型数据。

使用 scanf 函数还必须注意以下几点：

① scanf 函数中没有精度控制，如：scanf（"% 5. 2f"，&a）；是非法的。不能企图用此语句输入小数为 2 位的实数。

② scanf 中要求给出变量地址，如给出变量名则会出错。如 scanf（"% d"，a）；是非法的，应改为 Scanf（"% d"，&a）；才是合法的。

③在输入多个数值数据时，若格式控制串中没有非格式字符作输入数据之间的间隔则可用空格、TAB 或回车作间隔。C 编译在碰到空格、TAB、回车或非法数据（如对"% d" 输入"12A"时，A 即为非法数据）时即认为该数据结束。

④在输入字符数据时，若格式控制串中无非格式字符，则认为所有输入的字符均为有效字符。

例如：

```
scanf（"% c% c% c"，&a，&b，&c）；
```

输入为：

d　e　f

则把'd'赋予 a，空格赋予 b，'e'赋予 c。

只有当输入为：

def

时，才能把'd'赋于 a，'e'赋予 b，'f'赋予 c。

如果在格式控制中加入空格作为间隔，

如：

```
scanf（"% c % c % c"，&a，&b，&c）；
```

则输入时各数据之间可加空格。

例 3. 8

```
main（）{
  char a，b；
  printf（"input character a，b \ n"）；
  scanf（"% c% c"，&a，&b）；
  printf（"% c% c \ n"，a，b）；
}
```

由于 scanf 函数"% c% c" 中没有空格，输入 a　b，结果输出只有 a，而输入改为 ab 时则可输出 ab 两字符。

例 3. 9

```
main（）{
  char a，b；
  printf（"input character a，b \ n"）；
  scanf（"% c % c"，&a，&b）；
  printf（" \ n% c% c \ n"，a，b）；
```

```
}
```

本例表示 scanf 格式控制串"%c %c" 之间有空格时，输入的数据之间可以有空格间隔。

①如果格式控制串中有非格式字符则输入时也要输入该非格式字符。

例如：

```
scanf ("%d,%d,%d", &a, &b, &c);
```

其中用非格式符“,”作间隔符，故输入时应为：

```
5, 6, 7
```

②又如：

```
scanf ("a=%d, b=%d, c=%d", &a, &b, &c);
```

则输入应为：

```
a=5, b=6, c=7
```

如输入的数据与输出的类型不一致时，虽然编译能够通过，但结果将不正确。

例 3.10

```
main () {
  int a;
  printf ("input a number\n");
  scanf ("%d", &a);
  printf ("%ld", a);
}
```

由于输入数据类型为整型，而输出语句的格式串中说明为长整型，因此，输出结果和输入数据不符。如改动程序如下：

例 3.11

```
main () {
  long a;
  printf ("input a long integer\n");
  scanf ("%ld", &a);
  printf ("%ld", a);
}
```

运行结果为：

```
input a long integer
1234567890
1234567890
```

当输入数据改为长整型后，输入输出数据相等。

例 3.12

```
main () {
  char a, b, c;
  printf ("input character a, b, c\n");
  scanf ("%c %c %c", &a, &b, &c);
```

```
  printf ("%d,%d,%d\n%c,%c,%c\n", a, b, c, a-32, b-32, c-32);
}
```

输入 3 个小写字母，输出其 ASCII 码和对应的大写字母。

例 3.13

```
main ( ) {
  int a;
  long b;
  float f;
  double d;
  char c;
  printf("\nint:%d\nlong:%d\nfloat:%d\ndouble:%d\nchar:%d\n",sizeof(a),sizeof
  (b),sizeof(f),sizeof(d),sizeof(c));
}
```

输出各种数据类型的字节长度。

3.4　程序的顺序结构

程序的执行是自上而下，自左向右的，这自然形成了程序的顺序性，这就要求在写程序时遵循程序的顺序结构。

例 3.14　输入三角形的三边长，求三角形面积。

已知三角形的三边长 a，b，c，则该三角形的面积公式为：

$$area = \sqrt{s(s-a)(s-b)(s-c)}$$

其中 s = (a + b + c)/2

源程序如下：

```
#include <math.h>
main ( )
{
  float a,b,c,s,area;
  scanf("%f, %f, %f",&a,&b,&c);
  s=1.0/2*(a+b+c);
  area=sqrt(s*(s-a)*(s-b)*(s-c));
  printf("a=%7.2f, b=%7.2f, c=%7.2f, s=%7.2f\n",a,b,c,s);
  printf("area=%7.2f\n",area);
}
```

例 3.15　求 $ax^2+bx+c=0$ 方程的根，a，b，c 由键盘输入，设 $b^2-4ac>0$。

求根公式为：

$$x_1=\frac{-b+\sqrt{b^2-4ac}}{2a} \qquad x_2=\frac{-b-\sqrt{b^2-4ac}}{2a}$$

令 $p=\frac{-b}{2a}$ $q=\frac{\sqrt{b^2-4ac}}{2a}$,

则 $x_1=p+q, x_2=p-q$

源程序如下:

```
#include <math.h>
main ( )
{
  float a,b,c,disc,x1,x2,p,q;
  scanf("a = %f, b = %f, c = %f",&a,&b,&c);
  disc = b * b - 4 * a * c;
  p = - b/(2 * a);
  q = sqrt(disc)/(2 * a);
  x1 = p + q;x2 = p - q;
  printf("\nx1 = %5.2f\nx2 = %5.2f\n",x1,x2);
}
```

习　　题

1. 以下选项中不是 C 语句的是

A. {int i; i++; printf ("%d \ n", i);}　　B. ;

C. a=5, c=10　　D. {;}

2. 以下合法的 C 语言赋值语句是

A. a=b=58　　B. k=int (a+b)

C. a=58, b=58　　D. ++i;

3. 若变量已正确说明为 float 类型，要通过以下赋值语句给 a 赋予 10、b 赋予 22、c 赋予 33，以下不正确的输入形式是

A. 10
22
33　　B. 10.0, 22.0, 33.0　　C. 10.0
22.0 33.0　　D. 10　22
33

scanf ("%f%f%f", &a, &b, &c);

4. 以下程序的输出结果是

A. 因输出格式不合法，无正确输出　　B. 65, 90

C. A, Y　　D. 65, 89

main ( ) { char c1 = 'A', c2 = 'Y'; printf ("%d, %d \ n", c1, c2);}

5. 以下程序的输出结果是

A. A　　B. a　　C. Z　　D. z

main( ){char　x = 'A';x = (x >= 'A'&&x <= 'Z') ? (x + 32) : x;printf("%c\n",x);}

6. 以下程序的输出结果是

A. 67, C　　B. B, C　　C. C, D　　D. 不确定的值

main( ){ char ch1,ch2;ch1 = 'A' +'5' -'3'; ch2 = 'A' +'5' -'3';

printf("%d,%c\n",ch1,ch2);}

7. 若变量已正确说明，要求用以下语句给 c1 赋予字符%、给 c2 赋予字符#、给 a 赋予 2.0、给 b 赋予 4.0，则正确的输入形式是（u 代表空格）

A. 2.0u%u4.0u#<CR>　　B. 2.0%4.0u#<CR>

C. 2.0%uu4#<CR>　　D. 2u%u4u<CR>

scanf("%f%c%f%c",&a,&c1,&b,&c2);(<CR>代表 Enter 键)

8. 变量已正确定义，以下程序的输出结果是

A. 输出格式说明与输出项不匹配，输出无定值

B. 5.17

C. 5.168

D. 5.169000

x=5.16894; printf("%f\n",(int)(x*1000+0.5)/(float)1000);

9. 若变量已正确说明为 int 类型，要给 a、b、c 输入数据，以下正确的输入语句是

A. read (a, b, c);　　B. scanf ("%d%d%d", a, b, c);

C. scanf ("%D%D%D", &a, &b, &c);　　D. scanf("%d%d%d",&a,&b,&c);

10. 当运行以下程序时，在键盘上从第一列开始输入 9876543210<CR>（此处<CR>代表 Enter），则程序的输出结果是

A. a=98, b=765, c=4321　　B. a=10, b=432, c=8765

C. a=98, b=765.000000, c=4321.000000　　D. a=98, b=765.0, c=4321.0

main( ){int a; float b,c; scanf("%2d%3f%4f",&a,&b,&c);

printf("\na=%d,b=%f,c=%f\n",a,b,c);}

11. 程序的输出结果是

A. a=%2, b=%5　　B. a=2, b=5

C. a=%%d, b=%%d　　D. a=%d, b=%d

main( ){int a=2,b=5; printf("a=%d,b=%d\n",a,b);}

12. 若 int 类型占两个字节，则以下程序的输出是

A. -1, -1　　B. -1, 32767

C. -1, 32768　　D. -1, 65535

int a= -1; printf("%d,%u\n",a,a);

13. 则以下程序的输出是

A. *496 *　　B. *496 *

C. *000496*　　D. 输出格式符不合法

int x=496; printf("*%-06d*\n",x);

14. 以下程序的输出是

A. |3.1415|　　B. | 3.0|

C. | 3|　　D. | 3.|

float a=3.1415; printf("|%6.0f|\n",a);

15. 以下程序的输出是

A. | 2345. 67800 |　　B. | 12345. 6780 |

C. | 12345. 67800 |　　D. | 12345. 678 |

printf("|%10.5f|\n",12345.678);

16. 以下程序的输出是

A. *0000057.66 *　　B. *　　57.66 *

C. *0000057.67 *　　D. *　　57.67 *

float a = 57.666; printf("*%010.2f*\n",a);

17. 若从终端输入以下数据，要给变量 c 赋以 283.19，则正确的输入语句是

A. scanf ("%f", c);　　B. scanf ("%8.4f", &c);

C. scanf ("%6.2f", &c);　　D. scanf ("%8f", &c);

283.1900 <CR>　　<CR>表示 Enter

18. 若变量已正确说明，有以下语句给 a 赋予 3.12、给 b 赋予 9.0，则正确的输入形式是（u 代表空格）

A. 3.12u u9.0 <CR>　　B. a = u u 3.12b = u u u9 <CR>

C. a = 3.12, b = 9 <CR>　　D. a = 3.12u u, b = 9 u u u u <CR>

scanf("a=%f,b=%f",&a,&b); <CR>表示 Enter

19. 以下程序的输出是

A. 9　8　　B. 8　9　　C. 6　6　　D. 以上 3 个都不对

```
#include "math.h"
main(){double a = -3.0,b = 2;
printf("%3.0f  %3.0f\n",pow(b,fabs(a)),pow(fabs(a),b));}
```

第四章　C 语言程序的控制结构

在程序中经常需要比较两个量的大小关系，以决定程序下一步的工作。比较两个量的运算符称为关系运算符，由它形成的式子叫关系表达式，它的值是“真”和“假”，用“1”和“0”表示。很多情况下问题解决的前提是多个条件组合，这样就引入了逻辑运算与或非，逻辑运算的值也为“真”和“假”两种，用“1”和“0”来表示。但反过来在判断 1 个量是为“真”还是为“假”时，“0”代表“假”，非“0”数值代表“真”。以此为前提，探讨 C 语言程序的控制结构。

4.1　分支结构

4.1.1　if 语句

用 if 语句可以构成分支结构。它根据给定的条件进行判断，以决定执行某个分支程序段。C 语言的 if 语句有 3 种形式。

（1）第一种形式为基本形式

格式：if（表达式）语句；

执行过程：如果表达式的值为真，则执行其后的语句，否则不执行该语句。

例 4.1　输入两个整数，输出其中的大数。

分析：输入两个数保存在 a，b 两变量中。把 a 先赋予变量 max，再用 if 语句判别 max 和 b 的大小，如 max 小于 b，则把 b 赋予 max。因此 max 中总是大数，最后输出 max 的值。

```
void main ( ) {
  int a, b, max;
  printf ("\n input two numbers: ");
  scanf ("%d%d", &a, &b);
  max = a;
  if (max < b) max = b;
  printf ("max = %d", max);
}
```

（2）第二种形式为 if-else 形式

```
if（表达式）
    语句 1;
else
    语句 2;
```

执行过程：如果表达式的值为真，则执行语句 1，否则执行语句 2 ，如图 4.1。

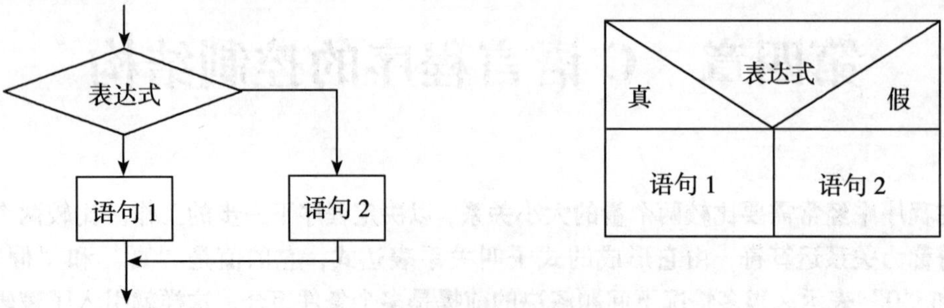

图 4.1　if－else 语句流程图及 N-S 图

例 4.2　从键盘输入 3 个数，求出绝对值最大者并显示输出。

分析：可将输入的 3 个数存放于变量 a，b，c 中，先用 a 和 b 比较（绝对值比较），将大数存放于临时变量 max 中，再用 max 和 c 比较，再将大数存放于 max 中，这样进行比较之后得到的 max 一定为 a，b，c 中绝对值最大的数。

程序如下：

```
#include  <stdio.h>
#include  <math.h>
main ( )
{  float a , b , c ;
   float max ;
   printf (" Enter 3 numbers \n");
   scanf ("%f , %f , %f ", &a, &b, &c);
   if (fabs (a)  > fabs (b))
     max = fabs (a);
   else
     max = fabs (b);
   if (max < fabs (c))
     max = fabs (c);
   printf ("  Max = %f\n", max);
}
```

（3）第三种形式为 if-else-if 形式　前两种形式的 if 语句一般都用于两个分支的情况。当有多个分支选择时，可采用 if-else-if 语句，其一般形式为：

```
if (表达式 1)
  语句 1;
else if (表达式 2)
  语句 2;
else if (表达式 3)
  语句 3;
```

```
  …
else if (表达式 m)
  语句 m;
else
  语句 m+1;
```

执行过程：依次判断表达式的值，当出现某个值为真时，则执行其对应的语句，然后跳到整个 if 语句之外继续执行程序。如果所有的表达式均为假，则执行语句 m+1 。然后继续执行后续程序。

if-else-if 语句的执行过程如图 4.2 所示。

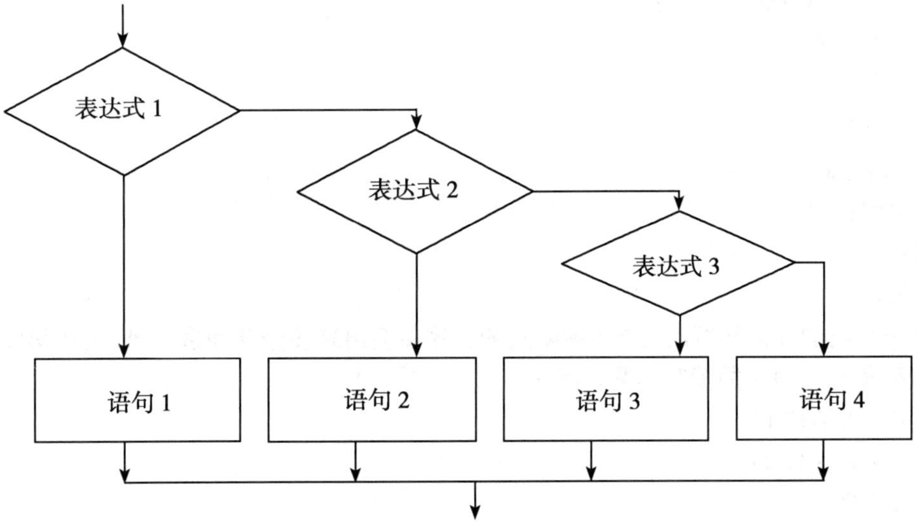

图 4.2　if-else-if 语句的执行过程

例 4.3　判别键盘输入字符的类别。

分析：可以根据输入字符的 ASCII 码来判别类型。由 ASCII 码表可知，ASCII 值小于 32 的为控制字符，在“0”和“9”之间的为数字，在“A”和“Z”之间为大写字母，在“a”和“z”之间为小写字母，其余则为其他字符。这是 1 个多分支选择的问题，用 if-else-if 语句编程，判断输入字符的 ASCII 码所在范围，分别给出不同的输出。例如输入为“g”，输出显示它为小写字母。

```
#include "stdio.h"
void main ( ) {
  char c;
  printf ("input a character: ");
  c = getchar ( );
  if (c <32)
    printf ("This is a control character \n");
  else if (c >='0'&& c <='9')
    printf (" This is a digit \n");
```

```
    else if (c >='A'&&'c <='Z')
      printf ("This is a capital letter\n");
    else if (c >='a'&& c <='z')
      printf ("This is a small letter\n");
    else
      printf ("This is an other character\n");
}
```

(4) if 语句的嵌套　当 if 语句中的执行语句又是 if 语句时，则构成了 if 语句嵌套的情形。

其一般形式可表示如下：

if（表达式）

if 语句；

或者为

if（表达式）

if 语句；

else

if 语句；

在嵌套内的 if 语句可能又是 if-else 型的，这将会出现多个 if 和多个 else 的情况，这时要特别注意 if 和 else 的配对问题。例如：

```
if (表达式 1)
if (表达式 2)
语句 1;
else
语句 2;
```

其中的 else 究竟是与哪 1 个 if 配对呢？

应该理解为：	还是应理解为：
if（表达式 1）	if（表达式 1）
{if（表达式 2）	{if（表达式 2）
语句 1；	语句 1；}
else	else
语句 2；}	语句 2；

为了避免这种二义性，c 语言规定，else 总是与它前面的最近的且未配对的 if 相配对，因此对上述例子应按前一种情况理解。

比较两个数的大小关系。

```
void main () {
    int a, b;
    printf ("please input A, B: ");
    scanf ("%d%d", &a, &b);
    if (a! =b)
```

```
    if (a>b) printf ("A>B\n");
    else printf ("A<B\n");
    else printf ("A=B\n");
}
```

本例中用了 if 语句的嵌套结构。采用嵌套结构实质上是为了进行多分支选择，实际上有 3 种选择即 A > B、A < B 或 A = B。这种问题用 if-else-if 语句也可以完成。而且程序更加清晰。因此，在一般情况下较少使用 if 语句的嵌套结构。以使程序更便于阅读理解。

```
void main () {
    int a, b;
    printf ("please input A, B: ");
    scanf ("%d%d", &a, &b);
    if (a==b) printf ("A=B\n");
    else if (a>b) printf ("A>B\n");
    else printf ("A<B\n");
}
```

（5）使用 if 语句时还应注意以下问题

①在 3 种形式的 if 语句中，在 if 关键字之后均为表达式。该表达式通常是逻辑表达式或关系表达式，但也可以是其他表达式，如赋值表达式等，甚至也可以是 1 个变量。例如 if（a=5）语句；if（b）语句；都是允许的。只要表达式的值为非 0，即为“真”。如在 if（a=5）…；中表达式的值永远为非 0，其后的语句总是要执行的，当然这种情况在程序中不一定会出现，但在语法上是合法的。

又如，有程序段：

```
if (a=b)
  printf ("%d", a);
else
printf ("a=0");
```

本语句的语义是，把 b 值赋予 a，如为非 0 则输出该值，否则输出“a=0”字符串。这种用法在程序中是经常出现的。

②在 if 语句中，条件判断表达式必须用括号括起来，在语句之后必须加分号。

③在 if 语句的 3 种形式中，所有的语句应为单个语句，如果要想在满足条件时执行一组（多个）语句，则必须把这一组语句用 { } 括起来组成 1 个复合语句。但要注意的是在} 之后不能再加分号。

例如：

```
  if (a>b) {
  a++;
  b++;
  }
  else {
  a=0;
```

```
  b = 10;
  }
```

4.1.2 条件运算符和条件表达式

条件运算符为“？:，”它是1个三目运算符，即有3个参与运算的量。由条件运算符组成条件表达式的一般形式为：

表达式1？表达式2：表达式3，

运值规则：如果表达式1的值为真，则以表达式2的值作为条件表达式的值，否则以表达式3的值作为整个条件表达式的值。

条件表达式通常用于赋值语句之中，不但使程序简洁，也提高了运行效率。

例如条件语句：

```
if (a > b) max = a;
else max = b;
```

可用条件表达式写为 max = （a > b）？ a：b；执行该语句的语义是：如 a > b 为真，则把 a 赋予 max，否则把 b 赋予 max。

使用条件表达式时，还应注意以下几点：

①条件运算符的运算优先级低于关系运算符和算术运算符，但高于赋值符。因此 max = (a > b)？ a：b 可以去掉括号而写为 max = a > b？ a：b 。

②条件运算符？和：是一对运算符，不能分开单独使用。

③条件运算符的结合方向是自右至左。

例如：

a > b？ a：c > d？ c：d 应理解为 a > b？ a：(c > d？ c：d)，这也就是条件表达式嵌套的情形，即条件表达式中的表达式3又是1个条件表达式。如果 a = 1，b = 2，c = 3，d = 4，则条件表达式的值等于4。

4.1.3 switch 语句

C 语言还提供了另一种用于多分支选择的 switch 语句（开关语句），其一般形式为：

```
switch (表达式) {
  case 常量表达式1: 语句1;
  case 常量表达式2: 语句2;
  …
  case 常量表达式n: 语句n;
  default: 语句n+1;
  }
```

执行过程：计算表达式的值，并逐个与其后的常量表达式值相比较，当表达式的值与某个常量表达式的值相等时，就执行其后的语句，然后不再进行判断，继续执行后面所有 case 后的语句。如表达式的值与所有 case 后的常量表达式均不相同时，则执行 default 后的语句。

说明：

（1）开关语句是条件语句的一种延伸，在本章利用一串 if-else-if 来解决多路分支问题。现在用开关语句 switch 来解决多路分支问题更有其特色，它是根据表达式的值来检测一些常数值中是否有符合的值，并作相应的转移。

（2）这里常量表达式必须是 int 类型的。在同 1 个 switch 语句中不允许有两个常量表达式具有同样的值。1 个 switch 语句中只可能出现一次 default。

（3）若没有任何相匹配的情况，又没有 default，那么 switch 语句就什么也不干，相当于 1 个空语句。

（4）case 常量表达式和 default 前缀本身并不改变控制流程，如果要在中间离开 switch 语句，则一定要用 break 语句。这是与条件语句不同之处。

例 4.4　输入 1 个百分制成绩，输出对应的等级。

分析：解决本题的关键是如何将输入的百分制成绩与 case 常量联系起来，不难想到将百分制成绩（用 score 表示）除以 10 之后再取整，即可得到 0 到 10 之间的数。9、10 对应 'a'，8 对应 'b'，……，5、4、3、2、1、0 对应 'e'，即不及格。

```
#include <stdio.h>
main()
  {
char grade;
float   score;
printf("please input   a score \n");
scanf("%f", &score);
switch((int)(score/10.0))
{ case 10:
  case 9: grade = 'a'; break;
  case 8: grade = 'b'; break ;
  case 7: grade = 'c'; break ;
  case 6: grade = 'd';  break;
  default: greade = 'e';
}
printf("score = %f, grade = %c", score, grade);
}
```

例 4.5　计算器程序。

分析：用户输入运算数和四则运算符，switch 语句用于判断运算符，然后输出运算值。当输入运算符不是 +，-，*，/时给出错误提示。

```
void main( ) {
  float a, b, s;
  char c;
  printf("input expression: a+(-, *, /)b \n");
  scanf ("%f%c%f", &a, &c, &b);
  switch(c) {
    case '+': printf("%f\n", a+b); break;
```

```
        case '-': printf("%f\n", a-b); break;
        case '*': printf("%f\n", a*b); break;
        case '/': printf("%f\n", a/b); break;
        default: printf ("input error\n");
    }
}
```

从以上两例的解决办法看，使用 switch 语句编写程序的关键是如何构造 switch 后的常量表达式和 case 常量表。

在使用 switch 语句时还应注意以下几点：

（1）在 case 后的各常量表达式的值不能相同，否则会出现错误。

（2）在 case 后，允许有多个语句，可以不用 { } 括起来。

（3）各 case 和 default 子句的先后顺序可以变动，而不会影响程序执行结果。

（4）default 子句可以省略不用。

4.2 循环结构

在编写程序时，遇到一些有规律的重复操作，往往采用循环结构来实现。在 C 语言中，循环语句有 3 种形式，下面分别介绍它们的形式与作用。

4.2.1 while 循环语句

while 语句的形式为：

while（表达式）

  语句;

其中，表达式是重复执行的条件，叫循环条件。在给定条件成立时，反复执行的语句叫循环体。

执行过程：若表达式的值非零，则执行随后的语句，然后再计算表达式的值，判断循环条件是否成立？只要表达式的值是非零，就重复地执行随后的语句部分。此循环一直继续到表达式的值为零，循环终止，程序从循环语句之后的语句继续执行。其执行过程可用流程图及 N-S 图表示如图 4.3 所示。

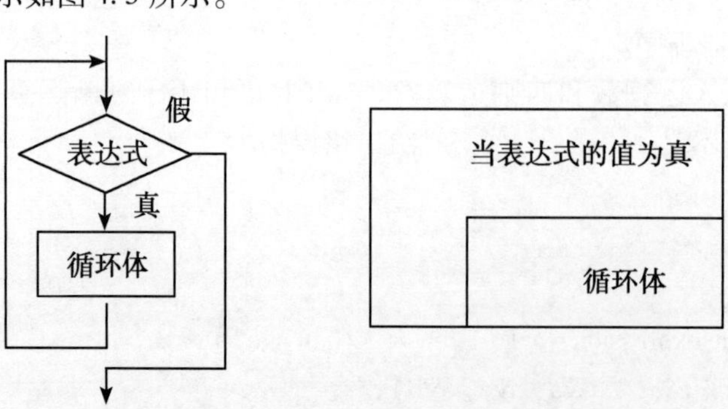

图 4.3　while 语句流程图及 N-S 图

例 4.6　从键盘输入一行字符，统计个数。

分析：用 getchar（ ）接收键盘输入的字符，用循环条件 getchar（ ）！ ='\ n'做判断，只要从键盘输入的字符不是回车就继续循环。循环体中 c + + 是计数器，完成对输入字符个数计数。

```
#include <stdio.h>
void main ( ) {
    int c =0;
    printf ("input a string: \ n");
    while (getchar ( )! ='\ n') c + +;
    printf ("%d", c);
}
```

使用 while 语句应注意以下几点：

（1）while 语句中的表达式是关系表达式或逻辑表达式，只要表达式值为真（非 0）即可继续循环。

```
void main ( ) {
    int a =0, n;
    printf ("\ n input n: ");
    scanf ("%d", &n);
    while (n --)
    printf ("%d ", a + + *2);
}
```

本例程序将执行 n 次循环，每执行一次，n 值减 1。循环体输出表达式 a + + *2 的值，该表达式等效于（a*2，a + +）。

（2）循环体如包含 1 个以上的语句，则必须用｛｝括起来，组成复合语句。

如“求 1 +2 +3 +… +99 +100 的和”参考程序如下：

```
main ( )
{ int i, sum =0;
  i =1;
  while(i < =100)
     { sum = sum + i;
      i + +;     }
printf ("sum = %d \ n", sum);     }
```

（3）应注意循环条件的选择以避免死循环。

```
void main ( ) {
    int a, n =0;
    while (a =5)
      printf ("%d ", n + +);
    }
```

本例中 while 语句的循环条件为赋值表达式 a =5，因此该表达式的值永远为真，而循环体中又没有其他中止循环的手段，因此，该循环将无休止地进行下去，形成死循环。

4.2.2 do-while 循环语句

一般格式：

```
do
语句;
while (表达式);
```

其中，语句是循环体，可以是复合语句；表达式是循环条件，句子末一定加分号。

执行过程：先执行循环体语句一次，再判断表达式的值，若为真（非 0）则继续循环，否则终止循环。do-while 语句和 while 语句的区别在于 do-while 是先执行后判断，因此 do-while 至少要执行一次循环体；而 while 是先判断后执行，如果条件不满足，则一次循环体语句也不执行，如图 4.4 所示。

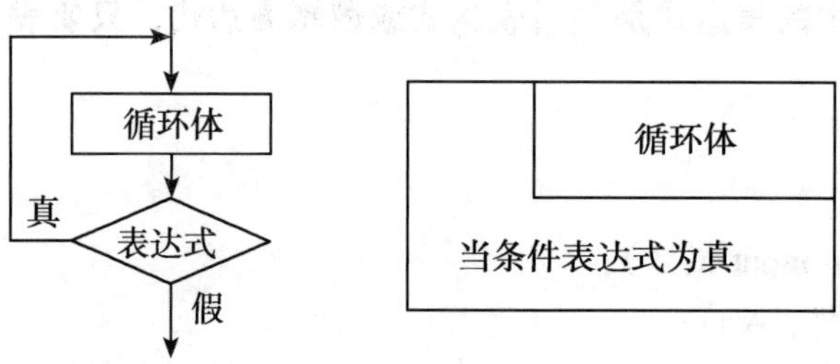

图 4.4　do-while 循环流程图及 N-S 图

while 语句和 do-while 语句一般都可以相互改写。

```
void main ( ) {
  int a =0, n;
  printf ("\ n input n: ");
  scanf ("%d", &n);
  do printf ("%d ", a++ *2);
  while (--n);
}
```

在本例中，循环条件改为 - -n，否则将多执行一次循环。这是由于先执行后判断而造成的。

对于 do-while 语句还应注意以下几点：

①在 if 语句和 while 语句中，表达式后面都不能加分号，而在 do-while 语句的表达式后面则必须加分号。

② do-while 语句也可以组成多重循环，而且也可以和 while 语句相互嵌套。

③在 do 和 while 之间的循环体由多个语句组成时，也必须用 {} 括起来组成 1 个复合语句。

④ do-while 和 while 语句相互替换时，要注意修改循环控制条件。

⑤不论是 while 还是 do-while 语句构成的循环，在循环体中都应有修改循环控制变量值的语句，否则程序会进入无限循环状态。

⑥ do-while 循环先执行循环体，后判断表达式的“当型”循环（因为当条件满足时才执行循环体）。但用它可以方便地实现如第一章图 1.5 所示的典型的“直到型”循环结构。

4.2.3　for 循环语句

一般格式：

for（表达式 1；表达式 2；表达式 3）

　　循环体语句；

说明：

（1）表达式 1 通常用来给循环变量赋初值，一般是赋值表达式。也允许在 for 语句外给循环变量赋初值，此时可以省略该表达式。

（2）表达式 2 通常是循环条件，一般为关系表达式或逻辑表达式。

（3）表达式 3 通常可用来修改循环变量的值，一般是赋值表达式。

（4）3 个表达式之间用分号分隔，可以是逗号表达式，即每个表达式都可由多个表达式组成。3 个表达式都是任选项，都可以省略。

（5）循环体语句可以是单个语句，也可是复合语句或空语句。

执行过程如图 4.5 所示。

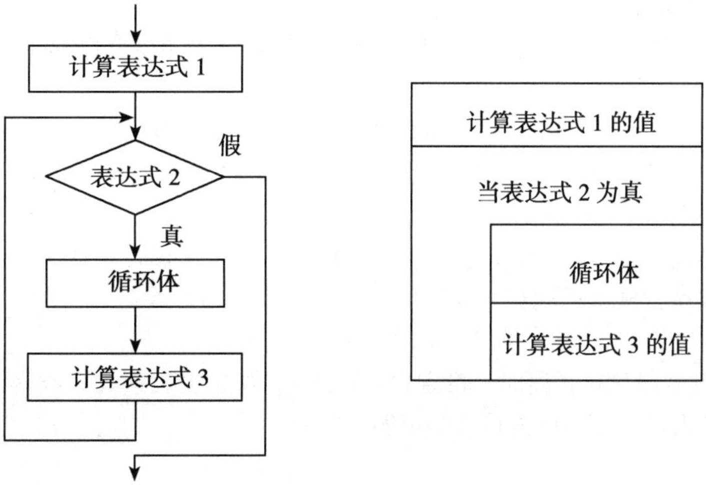

图 4.5　流程图及 N-S 图

（1）首先计算表达式 1 的值。

（2）再计算表达式 2 的值，若值为真（非 0）则执行循环体一次，否则跳出循环。

（3）然后再计算表达式 3 的值，转回第 2 步重复执行。在整个 for 循环过程中，表达式 1 只计算一次，表达式 2 和表达式 3 则可能计算多次。循环体可能多次执行，也可能一次都不执行。

如用 for 语句计算 s = 1 + 2 + 3 + … + 99 + 100 程序如下：

```
void main ( ) {
        int n, s = 0;
```

```
    for (n=1; n<=100; n++)
      s=s+n;
    printf ("s=%d\n", s);
}
```

本例 for 语句中的表达式 3 为 n++，实际上也是一种赋值表达式，相当于 n=n+1，以改变循环变量的值。

从 0 开始，输出 n 个连续的偶数的程序如下：

```
void main () {
    int a=0, n;
    printf ("\n input n: ");
    scanf ("%d", &n);
    for (; n>0; a++, n--)
    printf ("%d,", a*2);
}
```

本例的 for 语句中，表达式 1 已省去，循环变量的初值在 for 语句之前由 scanf 语句取得，表达式 3 是 1 个逗号表达式，由 a++和 n--两个表达式组成。每循环一次 a 自增 1，n 自减 1。a 的变化使输出的偶数递增，n 的变化控制循次数。

在使用 for 语句中要注意以下几点：

（1）for 语句中的各表达式都可省略，但分号间隔符不能少。以 for(i=1; i<=100; i++)语句为例：

①省略表达式 1，语句格式为：i=1; for (; i<=100; i++)

②省略表达式 2，语句格式为：for (i=1 ; ; i++) { if (i<=100) ……}

③省略表达式 3，语句格式为：for (i=1 ; i<=100;) { ……i++; }

④省略表达式 1 及 3，语句格式为：i=1; for (; i<=100;) { ……i++; }

⑤省略 3 个表达式，语句格式为：

i=1; for (; ;) { if (i<=100) ……i++; }

（2）在循环变量已赋初值时，可省去表达式 1，如省去表达式 2 或表达式 3，则将造成无限循环，这时应在循环体内设法结束循环。如：

```
void main () {
    int a=0, n;
    printf ("\n input n: ");
    scanf ("%d", &n);
    for (; n>0;)
      { a++; n--;
    printf ("%d ", a*2);} }
```

本例中省略了表达式 1 和表达式 3，由循环体内的 n--语句进行循环变量 n 的递减，以控制循环次数。又如：

```
void main () {
    int a=0, n;
```

```
    printf ("\ n input n: ");
    scanf ("%d", &n);
    for (  ;   ;   ) {
    a++; n--;
    printf ("%d ", a*2);
    if (n==0) break; }}
```

本例中 for 语句的表达式全部省去。由循环体中的语句实现循环变量的递减和循环条件的判断。当 n 值为 0 时，由 break 语句中止循环，转去执行 for 以后的程序。在此情况下，for 语句已等效于 while（1）语句。如在循环体中没有相应的控制手段，则造成死循环。

（3）循环体可以是空语句。

```
#include "stdio. h"
void main () {
    int n=0;
    printf ("input a string: \ n");
    for( ; getchar ()! ='\ n'; n++);
    printf ("%d", n);
    }
```

本例中，省去了 for 语句的表达式 1，表达式 3 也不是用来修改循环变量，而是用作输入字符的计数。这样，就把本应在循环体中完成的计数放在表达式中完成了。因此循环体是空语句。应注意的是，表示空语句的分号不可少，如缺少此分号，则把后面的 printf 语句当成循环体来执行。反过来说，如循环体不为空语句时，决不能在表达式的括号后加分号，这样又会认为循环体是空语句而不能反复执行。这些都是编程中常见的错误，要十分注意。

（4）for 语句也可与 while、do-while 语句相互嵌套，构成多重循环。以下形式都是合法的嵌套。

① for ( ) {… while ( ) {…} … }

② do { …for ( ) {…} … } while ();

③ while ( ) { … for ( ) {…} …}

④ for ( ) { … for () { … } }

例 4.7　给出下列程序运行结果

```
void main () {
    int i, j, k;
    for (i=1; i< =3; i++)
     { for (j=1; j< =3-i+5; j++)
        printf (" ");
       for (k=1; k< =2*i-1+5; k++)
     {
      if (k< =5) printf (" ");
```

```
        else printf ("*");
    }
    printf ("\n");   }   }
```

4.3 转移控制语句

程序中的语句通常总是按顺序或按语句功能所定义的方向执行的。如果需要改变程序的正常流向，可以使用本小节介绍的转移语句。在 C 语言中提供了 4 种转移语句：goto，break，continue 和 return。

其中的 return 语句只能出现在被调函数中，用于返回主调函数，我们将在函数一章中具体介绍。本小节介绍前 3 种转移语句。

1. goto 语句

goto 语句也称为无条件转移语句，其一般格式如下：

goto 语句标号;

其中语句标号是按标识符规定书写的符号，放在某一语句行的前面，标号后加冒号(:)。语句标号起标识语句的作用，与 goto 语句配合使用。

如：label：i++;

loop：while(x<7);

C 语言不限制程序中使用标号的次数，但各标号不得重名。goto 语句的语义是改变程序流向，转去执行语句标号所标识的语句。

goto 语句通常与条件语句配合使用。可用来实现条件转移、构成循环和跳出循环体等功能。但是，在结构化程序设计中一般不主张使用 goto 语句，以免造成程序流程的混乱，使理解和调试程序都产生困难。

例 4.8 从键盘输入一行字符，统计个数。

```
#include "stdio.h"
void main () {
    int n=0;
    printf ("input a string\n");
    loop: if (getchar ()!='\n')
      {  n++;
         goto loop;
      }
    printf ("%d", n);
}
```

本例用 if 语句和 goto 语句构成循环结构。当输入字符不为'\n'时就执行 n++进行计数，然后转移至 if 语句循环执行，直至输入字符为'\n'才停止循环。

2. break 语句

break 语句只能用在 switch 语句或循环语句中，其作用是跳出 switch 语句或跳出本层循环，转去执行后面的程序。由于 break 语句的转移方向是明确的，所以不需要语句标号与之配合。break 语句的一般形式为：

break；

上面例题中分别在 switch 语句和 for 语句中使用了 break 语句作为跳转。使用 break 语句可以使循环语句有多个出口，在一些场合下使编程更加灵活、方便。

3. continue 语句

continue 语句只能用在循环体中，其一般格式是：

continue；

其语义是：结束本次循环，即不再执行循环体中 continue 语句之后的语句，转入下一次循环条件的判断与执行。应注意的是，本语句只结束本层本次的循环，并不跳出循环。

例 4.9　输出 100 以内能被 7 整除的数。

```
void main ( ) {
  int n;
  for(n =7; n < =100; n + +)
   {
    if(n%7!  =0)
    continue;
    printf ("%d ", n);
  }
}
```

本例中，对 7 ~ 100 的每 1 个数进行测试，如该数不能被 7 整除，即模运算不为 0，则由 continue 语句转去下一次循环。只有模运算为 0 时，才能执行后面的 printf 语句，输出能被 7 整除的数。

例 4.10　检查从键盘输入的一行字符中相邻两字符是否有相同的。

```
#include "stdio. h"
 void main ( ) {
  char a, b;
  printf ("input a string: \ n");
  b = getchar ( );
  while ( (a = getchar ( ))!  ='\ n') {
    if (a =  =b) {
      printf ("same character\ n");
    break;
    }
    b = a;
  }
}
```

本例程序中，把第一个读入的字符送入 b。然后进入循环，把下一字符读入 a，比较 a 与 b 是否相等，若相等则输出提示串并终止循环，若不相等则把 a 中的字符赋予 b，输入下 1 个字符。

例 4.11 输出 100 以内的素数。

分析：素数是只能被 1 和本身整除的数。可用穷举法来判断 1 个数是否是素数。

```
void main ( ) {
  int n, i;
  for(n =2; n< =100; n+ +) {
    for(i =2; i<n; i+ +)
      if(n%i ==0) break;
  if(i> =n) printf ("\t%d", n);
  }
}
```

本例程序中，第一层循环表示对 2 ~ 100 这 99 个数逐个判断是否是素数，共循环 99 次，在第二层循环中则对数 n 用 2 ~ n - 1 逐个去除，若某次除尽则跳出该层循环，说明不是素数。如果在所有的数都是未除尽的情况下结束循环，则为素数，此时有 i > = n，故可经此判断后输出素数。然后转入下一次大循环。实际上，2 以上的所有偶数均不是素数，因此可以使循环变量的步长值改为 2，即每次增加 2，此外只需用 2 ~ $\sqrt{n}$ 去除 n 就可判断该数是否是素数。这样将大大减少循环次数，减少程序运行时间。程序修改如下：

```
#include "math.h"
void main ( ) {
  int n, i, k;
  printf("\t%2d", 2);     /*2 是素数，输出 2*/
  for(n =3; n< =100; n+ =2) {      /*n 从 3 开始，步长值改为 2*/
    k = sqrt(n);
    for(i =2; i< =k; i+ +)
      if(n%i = =0) break;
    if(i>k) printf("\t%2d", n);
  }
}
```

习　　题

一、选择题

1. 以下程序的输出结果是

A. 0　　B. 1　　C. 2　　D. 3

main( ){ int a=2,b= -1,c=2; if(a<b) if(b<0) c=0; else c+=1; printf("%d\n",c);}

2. 以下程序的输出结果是

A. 1　　B. 2　　C. 3　　D. 4

main( ){ int w=4,x=3,y=2,z=1; printf("%d\n",(w<x? w:z<y? z:x)); }

3. 若执行以下程序时从键盘上输入 3 和 4，则输出结果是

A. 14　　B. 16　　C. 18　　D. 20

main( ){ int a,b,s;　scanf("%d %d",&a,&b);　s=a;　if(a<b)s=b; s*=s; printf("%d\n",s);}

4. 以下程序段的输出结果是

A. 9　　B. 1　　C. 11　　D. 10

int　k ,j, s; for(k=2;k<6;k++,k++)　{s=1; for(j=k;j<6;j++)　s+=j;}
printf (“%d\n”,s);

5. 以下程序段的输出结果是

A. 12　　B. 15　　C. 20　　D. 25

int　i ,j, m=0; for(i=1;i<=15;i+=4)　for(j=3;j<=19;j+=4)m++　;
printf ("%d\n",m);

6. 以下程序段的输出结果是

A. 1　　B. 3　0　　C. 1　-2　　D. 死循环

int　x=3; do {　printf ("%3d",x-=2);}　while(! (--x));

7. 以下程序段的输出结果是

A. 15　　B. 14　　C. 不确定　　D. 0

main( ){int　i ,sum; for(i=1;i<6;i++)sum+=sum;　printf ("%d\n",sum);

8. 以下程序段的输出结果是

A. 741　　B. 852　　C. 963　　D. 875421

main( ){int y=10;
for(　;　y>0;　y--)　if (y%3　=　=0)printf ("%d",　--y); }

9. 以下程序段的输出结果是

A. *#*#*#$　　B. #*#*#* $　　C. *#*#$　　D. #*#* $

main( ){int i=1;
for(i=1; i<=5;　i++){ if (i%2)printf ("*");　else　continue; printf("#");}
printf(" $\n");}

二、编程题

1. 编程判断闰年。

地球绕太阳运行周期为 365 天 5 小时 48 分 46 秒（合 365.24219 天），即一回归年（tropical year）。公历的平年只有 365 日，比回归年短约 0.2422 日，所余下的时间约为 4 年累计 1 天，于第四年加于 2 月，使当年的历年长度为 366 日，这一年就为闰年。

计算闰年的方法：公历纪年法中，能被 4 整除的大多是闰年，能被 100 整除而不能被 400 整除的年份不是闰年，能被 3 200 整除的也不是闰年，如 1900 年是平年，2000 年是闰年，3200 年不是闰年。

2. 企业发放的奖金根据利润提成。利润（I）低于或等于 10 万元时，奖金可提 10%；利润高于 10 万元，低于 20 万元时，低于 10 万元的部分按 10% 提成，高于 10 万元的部分可提成 7.5%；20 万到 40 万元之间时，高于 20 万元的部分可提成 5%；40 万到 60 万元之间时，高于 40 万元的部分，可提成 3%；60 万到 100 万之间时，高于 60 万元的部分可提成 1.5%；高于 100 万元时，超过 100 万元的部分按 1% 提成，从键盘输入当月利润 I，求应发放奖金总数？

3. 有一对兔子，从出生后第三个月起每个月都生一对兔子，小兔子长到第三个月后每个月又生一对兔子，假如兔子都不死，问每个月的兔子总数为多少？

4. 打印出所有的“水仙花数”，所谓“水仙花数”是指 1 个三位数，其各位数字立方和等于该数本身。例如：153 是 1 个“水仙花数”，因为 $153 = 1^3 + 5^3 + 3^3$。

5. 有 1、2、3、4 四个数字，能组成多少个互不相同且无重复数字的三位数？都是多少？

6. 一球从 100 米高度自由落下，每次落地后反跳回原高度的一半再落下，求它在第 10 次落地时，共经过多少米？第 10 次反弹多高？

7. 猴子吃桃问题：猴子第一天摘下若干个桃子，当即吃了一半，还不过瘾，又多吃了 1 个，第二天早上又将剩下的桃子吃掉一半，又多吃了 1 个。以后每天早上都吃了前一天剩下的一半零 1 个。到第十天早上想再吃时，见只剩下 1 个桃子了。求第一天共摘了多少。

8. 有一分数序列：2/1，3/2，5/3，8/5，13/8，21/13... 求出这个数列的前 20 项之和。

9. 打印出如下图案。

```
*
***
******
********
******
***
*
```

第五章　函　　数

在结构化程序设计中，函数是1个十分重要的概念，它有利于数据共享，节省开发时间，增强程序的可靠性。本章介绍函数的定义和调用以及变量的作用域等。

5.1　概述

“函数”这个名词是从英文function翻译过来的，其实function的原意是“功能”。顾名思义，1个函数就是1个功能。实际上，函数就是由一系列指令或语句组成的有特定功能的组合体。设计函数有两个目的：

（1）在设计1个大型程序时，如果将这个程序按功能划分成较小的功能模块，然后按这些较小的功能要求编写函数，那么不仅可以使程序更简单，同时也使程序调试更方便。

（2）在1个程序中，有些语句会复重出现在不同的地方。若能将这些重复的语句编写成1个函数，需要时再调用，不仅可以减少编辑程序的时间，同时可使程序简洁清晰。

1个C程序可由若干个函数组成，C语言被认为是面向函数的语言，程序中的各项操作基本上都可以由函数来实现的，程序编写者要根据需要编写1个个函数，每个函数用来实现某一功能。

在1个程序文件中可以包含若干个函数。无论把1个程序划分为多少个程序模块，只能有1个main函数。程序总是从main函数开始执行的。在程序运行过程中，由主函数调用其他函数，其他函数也可以互相调用。

在实际应用的程序中，主函数写得很简单，它的作用就是调用各个函数，程序各部分的功能全部都是由各函数实现的。主函数相当于总调度，调动各函数依次实现各项功能。

图5.1是1个程序中函数调用的示意图。

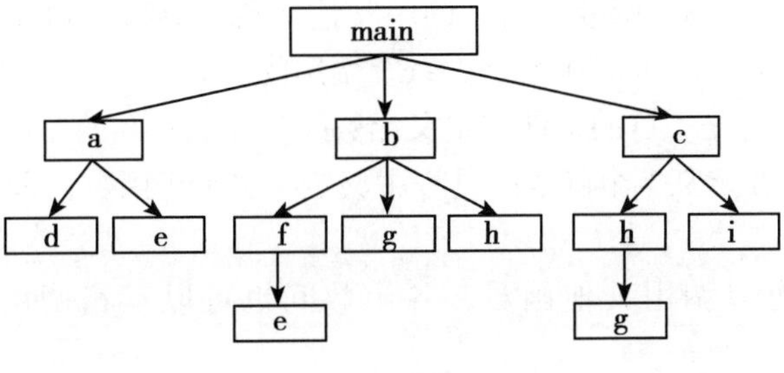

图5.1　函数调用

例5.1　在主函数中调用其他函数。

```
#include <stdio.h>
```

```
void printstar( )                                   /*定义 printstar 函数*/
{
printf(" ******************************\n");        /*输出 30 个"*"*/
}
void print_message( )                               /*定义 print_message 函数*/
{
printf("Welcome to Beijing 2008! \n");              /*输出一行文字*/
}
int main( )
{
printstar( );                             /*调用 printstar 函数*/
print_message( );                         /*调用 print_message 函数*/
printstar( );                             /*调用 printstar 函数*/
return 0;
}
```

运行情况如下：

```
******************************
          Welcome  to  Beijing 2008!
******************************
```

可以看到：

（1）这个程序只包括 1 个程序单位（即程序模块），它作为 1 个源程序文件存放在计算机的外部存储器（磁盘）中。在这个程序单位中包含 3 个函数，即 main 函数、printstar 函数和 print_ message 函数。其中 printstar 和 print_ message 是用户自己定义的函数，printstar 函数的作用是输出 30 个"*"号，print_ message 函数的作用是输出一行文字信息。在定义这两个函数时，在函数名的前面有 1 个关键字 void，意思是本函数没有返回值。

（2）在定义 printstar 和 print_ message 函数时，括号内什么都没有写，表示没有函数参数，即在调用此函数时不必也不能给出参数。在编译时，如果发现调用这两个函数时给了实参，就会显示出错信息。括号中也可以写上 void，与什么都不写效果一样。

（3）程序的执行从 main 函数开始，调用其他函数后流程回到 main 函数，在 main 函数中结束整个程序的运行。main 函数是由系统调用的。

（4）所有的函数都是平行的，即在定义函数时是互相独立的。1 个函数并不从属于另一函数，也就是不能在定义 1 个函数的过程中又定义另 1 个函数，也不能把函数的定义部分写在主函数中。

（5）main 函数可以调用其他函数，各函数间也可以互相调用，但不能调用 main 函数。

（6）在本程序中，由于 main 函数的位置在其他两个函数之后，因此，在 main 函数中不必对 printstar 和 print_ message 这两个函数进行声明，如果 main 函数的位置在这两个函数之前，那么必须在 main 函数调用这两个函数的语句之前，对这两个函数进行声明。

5.2　函数的分类和定义

5.2.1　函数的分类

在 C 语言中可以从不同的角度对函数进行分类。

从用户使用的角度看，函数可以分为系统函数和用户自定义函数两种。

（1）系统函数，即库函数　这是由编译系统提供的，用户无须定义，也不必在程序中作类型说明，只需在程序前包含有该函数原型的头文件，即可在程序中直接调用。在前面各章的例题中反复用到的 printf、scanf、getchar、putchar、gets、puts 等函数均属此类。

（2）用户自己定义的函数　用以解决用户的专门需要。对于用户自定义的函数，要在程序中定义函数本身，如例 5.1 中的 printstar 函数和 print_ message 函数。如果主调函数的位置在被调用函数之前，那么在主调函数模块中还必须对该被调函数进行声明，然后才能使用。

C 语言的函数兼有其他语言中的函数和过程两种功能，从这个角度看，又可把函数分为有返回值函数和无返回值函数两种。

（1）有返回值函数　此类函数被调用执行完后将向调用者返回 1 个执行结果，称为函数返回值。如数学函数即属于此类函数。由用户定义的这种要返回函数值的函数，必须在函数定义和函数声明中明确返回值的类型。

（2）无返回值函数　此类函数用于完成某项特定的处理任务，执行完成后不向调用者返回函数值。这类函数类似于其他语言的过程。由于函数无须返回值，用户在定义此类函数时可指定它的返回类型为空类型，空类型的说明符为“void”。

从主调函数和被调函数之间数据传送的角度看，又可分为无参函数和有参函数两种。

（1）无参函数　函数定义、函数声明及函数调用中均不带参数。主调函数和被调函数之间不进行参数传送。此类函数通常用来完成一组指定的功能，可以返回或不返回函数值。如例 5.1 中的 printstar 函数和 print_ message 函数。

（2）有参函数　也称为带参函数。在函数定义及函数声明时都有参数，称为形式参数（简称为形参）。在函数调用时也必须给出参数，称为实际参数（简称为实参）。进行函数调用时，主调函数将把实参的值传送给形参，供被调函数使用。

C 语言提供了极为丰富的库函数，这些库函数又可从功能角度做以下分类。

（1）字符类型分类函数　用于对字符按 ASCII 码分类：字母、数字、控制字符、分隔符、大小写字母等。

（2）转换函数　用于字符或字符串的转换；在字符量和各类数字量（整型、实型等）之间进行转换；在大小写字母之间进行转换。

（3）目录路径函数　用于文件目录和路径操作。

（4）诊断函数　用于内部错误检测。

（5）图形函数　用于屏幕管理和各种图形功能。

（6）输入输出函数　用于完成输入输出功能。

（7）接口函数　用于与 DOS、BIOS 和硬件的接口。

(8) 字符串函数　用于字符串的操作和处理。

(9) 内存管理函数　用于内存管理。

(10) 数学函数　用于数学函数计算。

(11) 日期和时间函数　用于日期、时间转换操作。

(12) 进程控制函数　用于进程管理和控制。

(13) 其他函数　用于其他各种功能。

以上各类函数不仅数量多，而且有的还需要读者有一些硬件知识才能会使用，因此要想全部掌握还需要1个较长的学习过程。应首先掌握一些最基本、最常用的函数，再逐步深入。由于篇幅关系，本书只介绍了很少一部分库函数，其余部分读者可根据需要查阅有关手册。

5.2.2　函数的定义

任何函数（包括主函数）都是由函数说明和函数体两部分组成。根据函数是否需要参数，可将函数分为无参函数、有参函数和空函数3种。

(1) 无参函数的一般形式

```
类型说明符　函数名（ ）
{
说明语句部分;
可执行语句部分;
}
```

其中:

类型说明符和函数名称为函数首部，也称为函数头。类型说明符指明了本函数的类型，函数的类型实际上是函数返回值的类型。

函数名是由用户定义的标识符，函数名后面有1个空括号，其中无参数，但括号不可少。

花括号中的内容称为函数体。在函数体中也有说明语句部分，这是对函数体内部所用到的变量进行类型说明。

例5.1中的printstar（ ）、print_ message（ ）函数都是无参函数。在很多情况下都不要求无参函数有返回值，因此可以把类型说明符写为void，表示无返回值。

(2) 有参函数的一般形式

```
类型说明符　函数名（形式参数表）
{
说明语句部分;
可执行语句部分;
}
```

有参函数比无参函数多了形式参数表（简称形参表），在形参表中给出的参数称为形式参数（简称形参），它们可以是各种类型的变量，各参数之间用逗号分隔。

在进行函数调用时，主调函数将赋予这些形式参数实际的值。

形参既然是变量，当然必须对其进行类型说明。

例如：max 函数定义为：

```
int max (int a, int b)
{
if (a > b)    return   a;
else        return   b;
}
```

在函数体中的 return 语句是把 a 或 b 的值作为函数的返回值返回给主调函数。有返回值的函数中至少应有 1 个 return 语句。在 C 程序中，1 个函数的定义可以放在任意位置，既可以放在主函数 main 之前，也可以放在 main 之后。例如例 5.2 中定义了 1 个 max 函数，其位置在 main 之前，也可以把它放在 main 之后。

例 5.2 定义 1 个求较大数的函数并在主函数中调用，程序如下：

```
#include <stdio.h>
int max(int a, int b)
{
if(a > b)    return   a;
else         return   b;
}
main( )
{
int num1, num2;
printf("input two numbers: ");
scanf("%d%d", &num1, &num2);
printf("\n max = %d\n", max(num1, num2));
getch( );              /* 使程序暂停,按任一键继续 */
}
```

运行情况如下：

```
input two numbers: 52   83↙
max = 83
```

现在可以从函数定义及函数调用的角度来分析整个程序，从中进一步了解函数的各种特点。程序的第二行至第六行为 max 函数定义。进入主函数后，程序第十二行调用了 max 函数，并把 num1 和 num2 中的值传送给 max 的形参 a 和 b。max 函数执行的结果是将 a、b 中较大的值返回给主函数。最后由主函数输出返回值。

函数定义不允许嵌套。在 C 语言中，所有函数（包括主函数 main）都是平行的。1 个函数的定义，可以放在程序中的任意位置，在主函数之前或之后。但在 1 个函数的函数体内，不能再定义另 1 个函数，即不能嵌套定义。

(3) 空函数的一般形式

类型说明符　函数名（ ）

{ }

例如：dummy ( ) { }

调用此函数时，什么工作也不做，没有任何实际作用。在主调函数中写上“dummy ( );”表明“这里要调用1个函数”，而现在这个函数没有起作用，等以后扩充函数功能时补充上。在程序设计中往往根据需要确定若干模块，分别由一些函数来实现。而在第一阶段只设计最基本的模块，其他一些次要功能或锦上添花的功能则在以后需要时陆续补上。在编写程序的开始阶段，可以在将来准备扩充功能的地方写上 1 个空函数（函数名取将来采用的实际函数名，如 merge ( )、matproduct ( )、concatenate ( )、shell ( ) 等，分别代表合并、矩阵相乘、字符串连接、希尔法排序等），只是这些函数未编好，先占1个位置，以后用1个编好的函数代替它。这样做，程序的结构清楚，可读性好，以后扩充新功能方便，对程序结构影响不大。空函数在程序中常常是有用的。

5.2.3 形参与实参

(1) *形参与实参* 参数是函数调用时进行信息交换的载体。在定义函数时，函数名后面括号中的变量称为“形式参数”，简称“形参”，其作用是告知使用者在使用该函数时需要传递数据的类型与个数。此时的参数只有类型和个数的概念。

在调用函数时函数名后面括号中的变量称为“实际参数”，简称“实参”，其作用是将所需要的数据传递给相应的形参。此时实参要按照形参的类型和个数对应排列。实参是具体的数据，调用时是一一对应地传递给相应的形参。

前面的例 5.2 程序也可以写成如下形式 ：

```
#include <stdio.h>
int max(int x, int y)                //定义有参函数 max
{int z;
z = x > y?x: y;
return(z);
}
int main( )
{int a, b, c;
printf("input two integer numbers: \n");
scanf("%d%d", &num1, &num2);
c = max(a, b);              /* 调用 max 函数, 给定实参为 a, b. 函数值赋给 c */
printf("max = %d\n", c);
return 0;
}
```

运行情况如下：

```
input two integer numbers：2 3 ↙
max =3
```

调用过程如图 5.2 所示。

(2) *有关形参与实参的说明*

①在定义函数时指定的形参，在未出现函数调用时，它们并不占内存中的存储单元，因此，称它们是形式参数或虚拟参数，表示它们并不是实际存在的数据。形参变量只有在

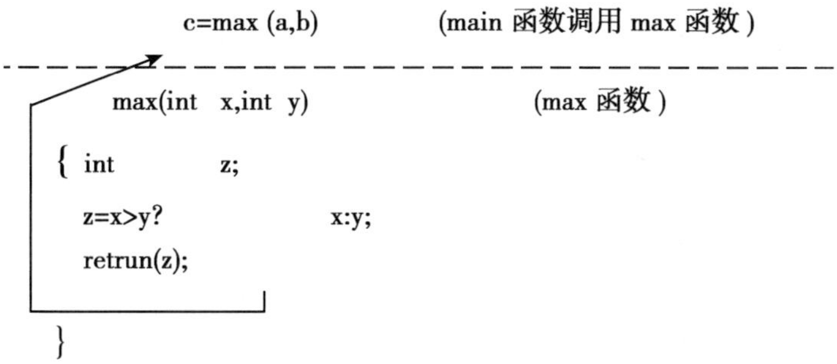

图 5.2　调用过程

被调用时才分配内存单元，以便接收从实参传来的数据，并且在调用结束时立即释放所分配的内存单元。因此，形参只有在该函数内有效。调用结束，返回调用函数后，不能再使用该形参变量。

②实参可以是具有确定值的变量、常量、函数或表达式，如 max（3，a+b）；中 3 为常量，a+b 是表达式，但要求 a 和 b 有确定的值，以便在调用函数时将实参的值赋给形参。因此，应预先用赋值、输入等方法，使实参获得确定的值。

③在定义函数时，必须在函数首部指定形参的类型。

④实参与形参的类型应相同或赋值兼容。如果类型不匹配，C 编译程序将按照赋值兼容的规则进行转换。如果实参与形参的类型不赋值兼容，通常并不给出出错信息，且程序仍然继续执行，只是得不到正确的结果。例 5.2 中实参和形参都是整型，这是合法、正确的。如果实参为整型而形参为实型，或者相反，则按不同类型数值的赋值规则进行转换。例如实参的值为 3.5，而形参 x 为整型，则将 3.5 转换成整数 3，然后送到形参。字符型与整型可以互相通用。

⑤实参和形参占用不同的内存单元，即使同名也互不影响。

⑥实参变量对形参变量的数据传递是“值传递”，即单向传递，只能由实参传给形参，而不能由形参传回来给实参。

图 5.3（a）表示将实参 a 和 b 的值 2 和 3 传递给对应的形参 x 和 y。调用结束后，形参单元被释放，实参单元仍保留并维持原值。因此，在执行 1 个被调用函数时，形参的值如果发生改变，并不会改变主调函数中实参的值。例如，若在执行 max 函数过程中形参 x 和 y 的值变为 10 和 15，调用结束后，实参 a 和 b 仍为 2 和 3，见图 5.3（a）（b）。

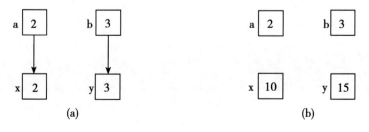

图 5.3　实参和形参

5.3 函数的调用

5.3.1 函数调用的一般形式

函数调用的一般形式为：

函数名（实际参数表）

实参的个数、类型和顺序应该与被调用函数所要求的参数个数、类型和顺序一致，只有这样才能正确地进行数据传递。

如果是调用无参函数，则“实参表”可以没有，但括号不能省略。如果实参表列包含多个实参，则各参数间用逗号隔开。实参与形参的个数应相等，类型应匹配（相同或赋值兼容)。实参与形参按顺序对应，一对一地传递数据。但应说明，如果实参表包括多个实参，对实参求值的顺序并不是确定的。例如，若变量 i 的值为 3，有以下函数调用。

fun(i, + +i)

如果按从左至右的顺序求实参的值，则函数调用相当于 fun（3，4），如果按从右至左的顺序求实参的值，则函数调用相当于 fun（4，4），许多系统是按照从右至左的顺序求值的。

5.3.2 函数调用的 3 种方式

可以用以下几种方式调用函数：

（1）函数表达式。函数作为表达式中的一项，出现在表达式中，以函数返回值参与表达式的运算。这种方式要求函数是有返回值的。如 c = max（a，b）。

（2）函数语句。C 语言中的函数可以只进行某些操作而不返回函数值，这时的函数调用可作为一条独立的语句。如例 5.1 中的 printstar（ ）。

（3）函数实参。函数作为另 1 个函数调用的实际参数出现。这种情况是把该函数的返回值作为实参进行传送，因此要求该函数必须是有返回值的。如例 5.3 中的 m = max（a，max（b，c））。

例 5.3 求 3 个数中的最大值。

```
#include <stdio.h>
int max(int x, int y)                    /*定义有参函数 max*/
{int z;
z = x > y?xy;
return(z);
}
int main( )
{int a, b, c, m;
printf("please input three integer numbers:");
scanf("%d%d%d", &a, &b, &c);
m = max(a, max(b, c)); /*max(b, c)是函数调用，其值作为外层 max 函数调用的 1 个实参*/
```

```
printf("\n max = %d\n", m);
return 0;
}
```

运行情况如下：

please input three integer numbers：1　2　3↙

max =3

在1个函数中调用另1个函数（即被调用函数）需要具备哪些条件呢?

（1）被调用的函数必须是已经存在的函数。是库函数或者是用户自己定义的函数。调用函数时，函数名称必须与具有该功能的函数名称完全一致。

（2）如果使用库函数，一般还应该在本文件开头用“#include”命令将有关头文件“包含”到本文件中来。如果用到与输入输出有关的函数就要用到“stdio. h”头文件；用到字符串函数，就要用到“string. h”头文件；用到数学函数，就要用到“math. h”头文件；例如在例5.4中要用到开平方的函数sqrt（ ），那么就要包含“math. h”头文件。

例5.4　函数调用例程。

```
#include <stdio.h>
#include <math.h>
float sum(int x)
{
int j = 10;
float m;
m = j + sqrt(x);
return(m);
}
int main( )
{int i; float k;
printf("please input an integer numbers: ");
scanf("%d", &i);
k  = sum(i);
printf("\n %f\n", k);
}
```

运行情况如下：

please input an integer numbers：100↙

20.000000

（3）如果使用用户自己定义的函数，该函数可以与调用它的函数（即主调函数）在同1个程序单位中，也可以做成库文件或程序文件，然后用“#include”命令进行包含说明。

5.3.3　对被调用函数的声明和函数原型

对于用户自己定义的函数，如果该函数与调用它的函数（即主调函数）在同1个程序单位中，且位置在主调函数之后，则必须在调用此函数之前对被调用的函数作声明。

所谓函数声明（declare），就是在函数未定义的情况下，事先将该函数的有关信息通知编译系统，以便使编译能正常进行。

例 5.5 对被调用的函数作声明。

```
#include <stdio.h>
int main( )
{float add(float x, float y);                    /* 对 add 函数作声明 */
float a, b, c;
printf("please enter a, b: ");
scanf("%f%f", &a, &b);
c = add(a, b);
printf("\n sum = %f\n" c,);
return 0;
}
float add(float x, float y)                      /* 定义 add 函数 */
{float z;
z = x + y;
return(z);
}
```

运行情况如下：

please enter a，b：123.68　456.45↙

sum = 580.130000

例 5.5 中 float add（float x，float y）；就是对 add 函数做声明，若省略这一句则编译时出错。

注意：对函数的定义和声明不是同一件事情。定义是指对函数功能的确立，包括指定函数名、函数类型、形参及其类型、函数体等，它是 1 个完整的、独立的函数单位。而声明的作用则是把函数的名字、函数类型以及形参的个数、类型和顺序（注意，不包括函数体）通知编译系统，以便在对包含函数调用的语句进行编译时，据此对其进行对照检查（例如函数名是否正确，实参与形参的类型和个数是否一致）。

其实，在函数声明中也可以不写形参名，而只写形参的类型，如：

float add（float，float）；

这种对函数的声明也称为函数原型（function prototype）。使用函数原型是 C 语言的 1 个重要特点。它的作用主要是：根据函数原型在程序编译阶段对调用函数的合法性进行全面检查。如果发现与函数原型不匹配的函数调用就报告编译出错，这种错误属于语法错误，用户根据屏幕显示的出错信息很容易发现和纠正错误。

函数原型的一般形式为：

（1）函数类型 函数名（参数类型 1，参数类型 2…）；

（2）函数类型 函数名（参数类型 1　参数名 1，参数类型 2　参数名 2…）；

第（1）种形式是基本的形式。为了便于阅读程序，也允许在函数原型中加上参数名，就成了第（2）种形式。但编译系统并不检查参数名。因此，参数名是什么都无所谓。上面程序中的声明也可以写成：

```
float add (float a, float b);
```

参数名不用 x、y，而用 a、b 效果完全相同。

应当保证函数原型与函数首部写法上的一致，即函数类型、函数名、参数个数、参数类型和参数顺序必须相同。在函数调用时函数名、实参类型和实参个数应与函数原型一致。

说明：

（1）如果被调用函数的定义出现在主调函数之前，可以不必加以声明。因为编译系统已经事先知道了已定义的函数类型，会根据函数首部提供的信息对函数的调用做正确性检查。

有经验的程序编制人员一般都把 main 函数写在最前面，这样对整个程序的结构和作用一目了然，统览全局，然后再具体了解各函数的细节。此外，用函数原型来声明函数，还能减少编写程序时可能出现的错误。由于函数声明的位置与函数调用语句的位置比较近，因此在写程序时便于就近参照函数原型来书写函数调用，不易出错。所以应养成对所有用到的函数作声明的习惯。这是保证程序正确性和可读性的重要环节。

（2）函数声明的位置可以在调用函数内，也可以在调用函数之外。如果函数声明放在函数的外部，在所有函数定义之前，则在各个主调函数中不必对所调用的函数再作声明。例如：

```
char letter(char, char);
float f(float, float);
int i(float, float);
int main( )
{…}
char letter(char c1, char c2)        /*定义 letter 函数*/
{…}
float f(float x, float y)            /*定义 f 函数*/
{…}
int i(float j, float k)              /*定义 i 函数*/
{…}
```

前 3 行是函数声明，放在所有函数之前且在函数外部，因而作用域是整个文件。那么在 main 函数中不必对它所调用的函数再作声明。如果 1 个函数被多个函数所调用，用这种方法比较好，不必在每个主调函数中重复声明。

5.3.4 函数的返回值

有参函数的返回值是通过函数中的 return 语句获得的，return 语句将被调用函数中的 1 个确定值带回主调函数中去。

（1）函数返回值与 return 语句

return 语句的一般格式：

return（返回值表达式）;

return 语句后面的括号可以要，也可以不要。return 后面的值可以是 1 个表达式。

return 语句的功能是返回调用函数，并将“返回值表达式”的值带给调用函数。

例 5.6　函数返回值的例子。计算长方体的体积。

```
int vs( int a, int b, int c);          /* 说明 1 个用户自定义函数 */
#include <stdio.h>
main( )
    {int v, l, w, h;
    clrscr( );
    printf( "\ninput length, width and height: ");
    scanf( "%d%d%d", &l, &w, &h);
    v = vs( l, w, h);
    printf( "volumn is %d  ?\n", v);
    }
int vs( int a, int b, int c)
   {  int v;
    v = a * b * c;
    return  v;
    }
```

运行情况如下：

input length，width and height：3 4 10 ↙

volumn is 120

（2）关于返回语句的说明

①1 个函数体内可以有多个返回语句，不论执行到哪 1 个，函数都结束，回到主调函数，所以函数的返回值只能有 1 个。

②当函数中不需要指明返回值时，可以写成：return；也可以不写。函数运行到右花括号自然结束，此时，函数执行后实际上不是没有返回值，而是返回 1 个不确定的值，有可能给程序带来某种意外的影响。因此，为了保证函数不返回任何值，C 语言规定，可以定义无类型函数，其形式为：

void 函数名（形参表）

{……}

void 类型又称为无值类型（或空类型）。首先，在概念上必须明确：void 类型的函数不是调用函数之后不再返回，而是调用函数在返回时没有返回值。void 类型在 C 语言中有两个用途：表示 1 个函数没有返回值；用来指明 1 个通用型的指针。第二种用途暂不讨论。

void 类型的函数与有返回值类型的函数在定义过程中没有区别，只是在调用时不同，有返回值的函数可以将函数调用放在表达式的中间，将返回值用于计算，而 void 类型的函数不能将函数调用放在表达式之中，只能用函数语句方式调用函数。

void 类型的函数一般用于完成一些规定的操作，而调用函数本身不再对被调用函数的执行结果进行干预（运算）。

例 5.7　显示数字 1 ~ 100，每显示 20 行时暂停一次。

在屏幕上显示计算结果时，有时会因为显示速度太快，还没有看清楚结果，屏幕上的内容就已经滚出屏幕。为了解决这个问题，可以让屏幕每显示一定的行数后就自动暂停一下，待用户看清屏幕后按下键盘上的任意键后，屏幕上会继续显示以后的计算结果。下面给出演示性程序。

```
#include <stdio.h>
void kbhit(void)
{getchar();
}
main()
{int i, j;
for(i = 1, j = 0; i <= 100; i++)
{printf("%d \n", i);
if(++j == 20)
{j = 0;
kbhit();
        }
}
}
```

程序中调用 kbhit 函数等待用户的键盘操作，函数 kbhit 是无返回值的，它在函数中调用了库函数 getchar（ ）等待用户按键。

kbhit 函数不仅返回值为 void 型，而且没有形式参数。在 C 语言中，对于没有形参的函数，在函数的头部的形式参数说明部分的括号中既可以为空，也可以写成例 5.7 中这样的形式，在形参表中明确地写明 void，表示没有形式参数。

（3）关于函数返回值的类型　如果函数有返回值，这个值当然应属于某 1 个确定的类型，应当在定义函数时指定函数值的类型。如果没有指定函数值的类型，系统默认为整型。如果函数值的类型和 return 语句中表达式的值不一致，则以函数类型为准，即函数类型决定返回值的类型。对数值型数据，可以自动进行类型转换。

例 5.8　分析程序的运行结果。

```
#include <stdio.h>
main()
{float a, b;
int c;
scanf("%f%f", &a, &b);
c = max(a, b);
printf("MAX is%d \n", c);
}
max(float x, float y)
```

```
{   float z;
z  =x > y?x: y;
return( z) ;
}
```

运行情况如下：

4.5　6.8↙

MAX is 6

函数 max 的功能是在两个数中取较大的 1 个，返回值为 z，在函数体内定义变量 z 为浮点型，用户输入实参的值，应返回两个实参中较大的，即 6.8，但函数 max 没有定义类型，系统默认为整型，与函数返回值的类型不一致，这时，系统自动将返回值的类型转向 int 型，因此，虽然在函数体内 z 的值为 6.8，但返回主调函数的值却为整数 6。

注意：若在主调函数中，做如下改动：

```
float c;
…;
printf ("MAX is%f\ n", c)
```

由于带回的值为整型，若仍输入 4.5 和 6.8，这时输出的结果为：6.000000。

5.4　函数的嵌套调用

C 语言不允许对函数作嵌套定义，也就是说在 1 个函数中不能完整地包含另 1 个函数。在 1 个程序中，每 1 个函数的定义都是互相平行和独立的。

虽然 C 语言不能嵌套定义函数，但可以嵌套调用函数，也就是说，在调用 1 个函数的过程中，又调用另 1 个函数。如图 5.4 所示。

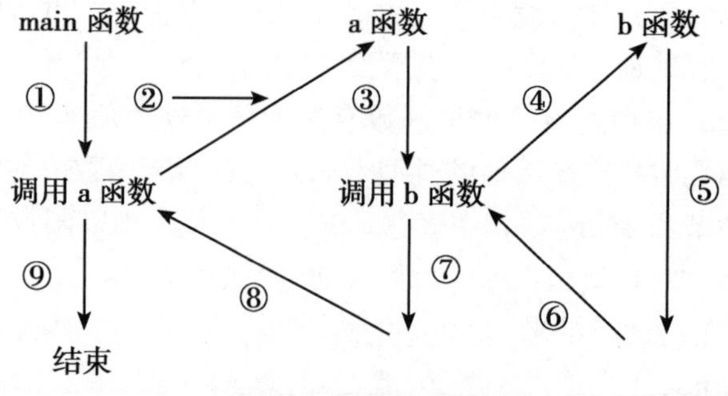

图 5.4　嵌套调用函数

图 5.4 表示了两层嵌套的情形。其执行过程是：

①执行 main 函数的开头部分；

②遇到调用 a 函数的语句时，即转去执行 a 函数；

③执行 a 函数的开头部分；

④遇到调用 b 函数的语句时，即转去执行 b 函数；

⑤执行 b 函数；

⑥b 函数执行完毕返回 a 函数的断点；

⑦继续执行 a 函数直到执行完毕；

⑧返回 main 函数的断点；

⑨继续执行 main 函数直到执行完毕。

在程序中实现函数嵌套调用时，需要注意的是，在调用函数之前，需要对每 1 个被调用的函数作声明（除非函数定义在前，调用在后）。

例 5.9 计算 $s=1^k+2^k+3^k+\cdots+N^k$，要求利用函数的嵌套求 s 的值。

```
#define K 4
#define N 5
#include <stdio.h>
long   f1(int n, int k)            /*计算 n 的 k 次方*/
{long power = 1;
int   i;
for(i = 1; i < = k; i + + ) power * = n;
return power;
}
long   f2(int n, int k)            /*计算 1 ~ n 的 k 次方的累加和*/
{long sum = 0;
int   i;
for(i = 1; i < = n; i + + ) sum + = f1(i, k);
return   sum;
}
main( )
  {printf("Sum of%d powers of integers from 1 to%d = ", K, N);
printf("%d\n", f2(N, K));
getch( );
}
```

运行情况如下：

```
Sum of 4   powers of integers from 1 to 5 = 979
```

本例中编写了两个子函数，1 个用来计算 n 的 k 次方的函数 f1，另 1 个用来计算 1 到 n 的 k 次方之累加和函数 f2。主函数先调用 f2，再在 f2 中以 i 和 k 为实参，调用 f1 计算 i 的 k 次方，然后返回 f2 计算其累加和，再返回主函数。

在程序中，函数 f1 和 f2 返回值均为长整型，都在主函数之前定义，故不必再在主函数中对 f1 和 f2 加以声明。在主程序中，把 N 和 K 值作为实参去调用函数 f2，求 1 到 N 的 K 次方之累加和。在 f2 中又发生对函数 f1 的调用，执行循环程序依次把 i 和 k 值作为实参调用函数 f1 求方值。f1 执行完毕把 power 值返回给 f2，再由 f2 中完成求和的计算，返回主函数。至此，由函数的嵌套调用实现了题目的要求。由于数值很大，所以函数和一些变量的类型都说明为长整型，否则会造成计算错误。

例 5.10 定义 1 个求 bin（n，k）的函数。

$$bin(n,k)=\frac{n!}{k!\ (n-k)!}$$

分析：定义函数 fact(m) = m!, bin(n,k) = fact(n)/(fact(k) * fact(n-k))，由主函数输入数据 a、b，求 bin（a，b）。

```
#include <stdio.h>
long   fact(int m)
{int i; long f = 1;
     for(i = 1; i <= m; f *= i, i++);
     return f;
}
double bin(int n, int k)
{    return long(fact(n) * 1.0/(fact(k) * fact(n-k)));   }
void main( )
{int a, b;    double f1, f2;
printf("Please input data a and b: ");
scanf("%d%d", &a, &b);
f1 = fact(a) * 1.0/(fact(b) * fact(a-b));
printf("\n first: bin(%d, %d) = %f\n", a, b, f1);
f2 = bin(a, b);
printf(" second: bin(%d, %d) = %f\n", a, b, f2);
}
```

运行情况如下：

```
Please input data a and b：3  2↙
first：bin (3, 2) =3.000000
second：bin (3, 2) = 3.000000
```

本例中编写了 1 个求 m! 的子函数 fact，在 main 函数中可以直接调用 fact 函数 3 次求得结果给 f1，也可以在 main 函数中调用另 1 个子函数 bin，然后在 bin 函数中调用 fact 函数 3 次求得结果，返回到主函数中给 f2，所以 f1 与 f2 的结果是一样的。

5.5 函数的递归调用

函数调用一般情况下都是 1 个函数调用另外 1 个函数，在这以前所介绍的函数调用都是这种情况。在 C 语言编程中，允许使用函数的递归调用，即函数可以自己调用自己。

1. 递归调用的方式

递归调用有两种方式，一种是在调用 1 个函数的过程中，又调用了该函数自身，这种方式称为直接递归，如图 5.5（a）所示；另一种是在调用 1 个函数（假定为 f1）的过程中，该函数调用另外 1 个函数（假定为 f2），而在函数 f2 中又调用函数 f1，这种方式称为间接递归。

在实际工作中，有的问题可采用递归调用的方法来解决，而且大多数采用的都是直接递归方式。例如，求正整数的阶乘问题，5！可化为 5＊4！，而4！又可化为 4＊3！，…，1！可化为 1＊0！，0！的值为 1。于是，5！便可以表示为 5＊4＊3＊2＊1＊1，其值为 120。

通过上述求阶乘的例子，可以看到使用递归调用解决问题的特点是：将原有的比较复杂的问题分解为 1 个新的较为简单的问题，而新问题又要用原有问题的解决方法再进行分解，这便出现了递归。按照这一特点将问题继续分解下去，每次出现的新问题都是原问题简化的子问题，而最终分解出来的新问题是具有已知解的最简单问题。这就是有限的递归调用。

使用递归方法编程在程序执行起来开销比较大，既要花费较长的时间，又要占用较多的内存单元。但是，使用递归调用方法编写的程序简洁清晰，可读性强，还有的问题必须用递归方法解决不可。因此，递归算法是 C 语言编程中的 1 个重要算法之一。

2. *递归调用的实现方法*

以求 n！为例，说明实现递归调用的方法。

由于 n！＝n(n－1)！,(n－1)！＝(n－1)(n－2)！,…,1！＝1×0！，因此，可以抽象得到 1 个求 n！的递推公式：

n! = n(n－1)!(n>0, 当 n=1 时 n=0)

求 n！的函数定义如下：

```
long int fact( int n)
    {if   (n ==0)
          return   1;
    else return n * fact(n - 1);
    }
```

在这里，fact（ ）函数就是 1 个求 n！的递归函数。递归调用是通过递归函数来实现的。递归调用的执行过程可分为两个阶段，即推算和回归。

推算阶段：先将原问题不断分解为新的子问题，逐渐地从未知向已知的方向推断，最后到达已知的条件，即递归结束条件。

回归阶段：从已知条件出发，按推算过程的逆过程，逐一求值回归，最后到达推算的开始处，结束回归，完成递归调用。

3. *递归函数的递归条件*

（1）*递归结束条件* 递归结束条件是用来测试是否结束递归调用的条件。例如在上面求 n！的例子中，if 语句中的（n ==0）就是这种测试条件，当 n 等于 0 时，则不再递归，即退出该递归函数。在有限递归中，必须有 1 个测试避免递归调用的条件，即当满足该条件时，不再递归。而在递归函数中，应该先测试然后进行递归调用。

（2）*递归调用的语句* 在递归函数中，至少要有 1 个递归调用语句，并且该语句的参数应该逐渐逼近递归结束的条件。上例中，递归调用的语句是：

```
return n * fact (n - 1);
```

其中，该语句参数 n－1 是逐次减 1，当 n 等于 0 时，不再调用递归函数。

下面以求 5！的递归算法求值过程说明推算和回归两个阶段（表 5.1）：

表 5.1 递归算法求值

递归级别	推算过程	回归计算结果
0	fact (5)	120 返回值
1	5 * fact (4)	5 * 24 = 120
2	4 * fact (3)	4 * 6 = 24
3	3 * fact (2)	3 * 2 = 6
4	2 * fact (1)	2 * 1 = 2
5	1 * fact (0)	1 * 1 = 1

例 5.11 用递归方法求 n!。

```
#include <stdio.h>
long fact(int);                          /* 函数声明 */
int main( )
  {int n;                                /* n 为需要求阶乘的整数 */
long y;                                  /* y 为存放 n! 的变量 */
printf("please input an integer : ");    /* y 输入的提示 */
scanf("%d ", &n);                        /* y 输入 n */
  y = fact(n);                           /* y 调用 fact 函数以求 n!  */
  printf("\n %d! = %ld\n", n, y);        /* y 输出 n! 的值 */
  return 0;
  }
long fact(int n)                         /* y 递归函数 */
{long f;
if(n <0)
 {printf("n <0, data error! \n");        /* y 如果输入负数,报错并以 -1 作为返回值 */
  f = -1; }
 else if(n == 0 || n == 1)f = 1;         /* y 0! 和 1! 的值为 1 */
else f = fact(n -1) * n;                 /* y n >1 时,进行递归调用 */
 return f;                               /* y 将 f 的值作为函数值返回 */
}
```

运行情况如下：

please input an integer：10↙

10！ =3628800

递归函数中还应有一些完成该函数功能的语句。一般来讲，凡是用递归调用方法编写的程序都可以使用非递归调用方法编写，如枚举法、迭代法等。但是，使用递归调用方法编写的程序一般要比其他方法简洁得多，可读性好。因此，很多编程者喜欢递归方法。

4. 递归方法的应用举例

例 5.12 求两个整型数 a 和 b 的最大公约数，分别用递归和非递归方法定义函数。

```
/* 递归函数求最大公约数 */
long gcd1(int x, int y)
{
if(x% y ==0)     return y;
return gcd1(y, x% y);
}
/* 非递归函数求最大公约数 */
long gcd2(int x, int y)
{   int    temp;
while(y! =0)
   {temp =  x% y;
   x = y; y = temp;
      }
   return x;
}
```

这两个函数的功能是完全相同的。

例 5.13　有 5 个人坐在一起，问第五个人多少岁，他说比第四个人大两岁。问第四个人岁数，他说比第三个人大两岁。问第三个人，又说比第二个人大两岁。问第二个人，说比第一个人大两岁。最后问第一个人，他说是 10 岁。请问第五个人多大?

可以用公式表述如下：

age(n) = age(n - 1) + 2(n > 1, n = 1 时 age(n) = 10)

程序如下：

```
#include  <stdio. h>
int age(int);                          /* 函数声明 */
int main( )                            /* 主函数 */
 {printf("% d \ n", age(5));
  return 0;
 }
int age(int n)                          /* 求年龄的递归函数 */
{int c;                                /*  用 c 作为存放年龄的变量 */
 if(n = =1) c =10;                       /* 当 n =1 时, 年龄为 10 */
 else c = age(n - 1)  +2;              /* 当 n >1 时, 此人年龄是他前 1 个人的年龄加 2 */
 return c;                             /* 将年龄值带回主函数 */
}
```

运行情况如下：

18

例 5.14　递归定义斐波那契数列。

$$F_n=\begin{cases}F_n=1 & \text{if} \quad n=1\\ F_n=1 & \text{if} \quad n=2\\ F_n=F_{n-1}+F_{n-2} & \text{if} \quad n>=2\end{cases}$$

```
#include <stdio.h>
int  Fibonacci(int  n);/* 函数声明 */
int main( )                                    /* 主函数 */
  {int n;
printf("输入要求的项:");
scanf("%d",&n);
printf("%d\n",Fibonacci(n));
    return 0;
  }
int  Fibonacci(int  n)
  {if(n <= 2)
      return 1;
    else
      return Fibonacci(n-1) + Fibonacci(n-2);
}
```

运行情况如下:

输入要求的项：18↙

2548

例 5.15　汉诺塔（Hanoi）问题（图 5.5）。

约 19 世纪末，在欧洲的商店中出售一种智力玩具，在一块铜板上有 3 根杆，最左边的杆上自上而下由小到大顺序串着由 64 个圆盘构成的塔，游戏的目的是将最左边 A 杆上的圆盘，借助中间的 B 杆，全部移到最右边的 C 杆上，条件是一次仅能移动 1 个盘，且不允许大盘放在小盘的上面。

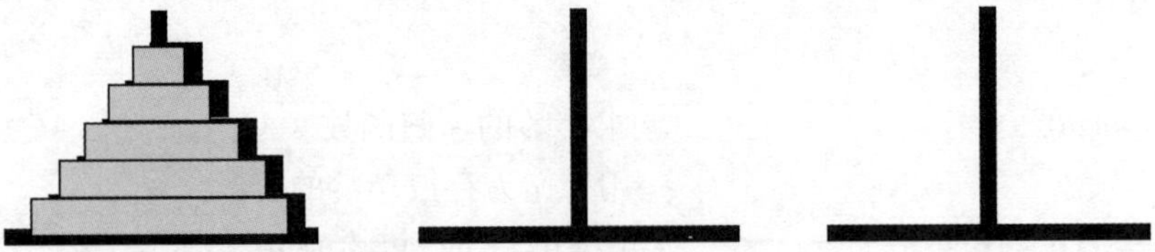

图 5.5　汉诺塔（Hanoi）问题

相传古代印度布拉玛神庙中有 1 个僧人，他每天不分白天黑夜，不停地移动那些圆盘，据说，当所有 64 个圆盘全部从一根杆上移到另一根杆上的那一天就是世界的末日。故汉诺塔问题又被称为“世界末日问题”。

由于问题中给出的圆盘移动条件是：一次仅能移动 1 个盘，且不允许大盘放在小盘的上面，这样 64 个盘子的移动次数是 18 446 744 073 709 551 616。这是 1 个天文数字，若每一微秒可能计算（并不输出）一次移动，那么也需要几乎一百万年。我们仅能找出问题的解决方法并解决盘子数较少时的汉诺塔，但目前由于计算机的速度还不够“快”，尚不可能用计算机解决 64 层的汉诺塔。

按照上面给出的方法分析问题，找出移动圆盘的递归算法。

设要解决的汉诺塔共有 N 个圆盘，对 A 杆上的全部 N 个圆盘从小到大顺序编号，最小的圆盘为 1 号，决之为 2 号，依次类推，则最下面最大的圆盘的编号为 N。

第一步，先将问题简化。假设 A 杆上只有 1 个圆盘，即汉诺塔只有一层 N = 1，则只要将 1 号盘从 A 杆上移到 C 杆上即可。

第二步，对于 1 个有 N（N > 1）个圆盘的汉诺塔，将 N 个圆盘分为两部分：上面的 N - 1 个圆盘和最下面的 N 号圆盘。

第三步，将“上面的 N - 1 个圆盘”看成 1 个整体，为了解决 N 个圆盘的汉诺塔，可以按如下方式进行操作：

①A 杆上面的 N - 1 个盘子，借助 C 杆，移到 B 杆上。

②A 杆上剩下的 N 号盘子移到 C 杆上。

③B 杆上的 N - 1 个盘子，借助 A 杆，移到 C 杆上。

整理上述分析结果，把第一步中化简问题的条件作为递归结束条件，将第三步分析到的算法作为递归算法，可以写出如下完整的递归算法描述：

```
#include <stdio.h>
void hanoi(int n, char a, char b, char c)
 {  if  (n >= 1)
      {hanoi(n-1, a, c, b);
        printf("%c --> %c \n", a, c);
        hanoi(n-1, b, a, c);
      }
 }
void main( )
  {   int  m;
        printf(" Input the number of diskes:  \n");
        scanf("%d ", &m);
        hanoi(m, 'A', 'B', 'C');
  }
```

5.6　局部变量和全局变量

在讨论函数的形参变量时曾经提到，形参变量只在被调用期间才分配内存单元，调用结束立即释放占用的内存单元。这一点表明形参变量只有在函数内才是有效的，离开该函数就不能再使用了。这种变量有效性的范围称为变量的作用域。不仅对于形参变量，C 语言中所有的变量都有自己的作用域。变量说明的方式不同，其作用域也不同。C 语言中的变量，按作用域范围可分为两种：局部变量和全局变量。

5.6.1 局部变量

在 1 个函数内部说明的变量是内部变量，它只在该函数范围内有效。即只有在包含变量说明的函数内部，才能使用被说明的变量，在此函数之外就不能使用这些变量了。所以内部变量也称为“局部变量”（local variable）。

例如：

```
float f1( int a)          /＊在函数 f1 中 a 有效＊/
{
int b, c;                 /＊从本句开始到 f1 结束范围内 b、c 有效＊/
 ⋮
}
char f2( int   x, int y)  /＊在函数 f2 中 x、y 有效＊/
{ int i, j;               /＊i、j 在函数 f2 中有效＊/
 ⋮
}
int main( )               /＊m、n 在主函数中有效＊/
{ int m, n;
 ⋮
{ int p, q;               /＊p、q 在复合语句中有效 ＊/
 ⋮
}
}
```

关于局部变量还要说明以下几点：

①主函数 main 中定义的内部变量，也只能在主函数中使用，其他函数不能使用。同时，主函数中也不能使用其他函数中定义的内部变量。因为主函数也是 1 个函数，与其他函数是平行关系。这一点与其他语言不同，应予以注意。

②形参变量也是内部变量，属于被调用函数。例如 f1 函数中的形参 a 也只在 f1 函数中有效，其他函数不能调用。实参变量则是调用函数的内部变量。

③允许在不同的函数中使用相同的变量名，它们代表不同的对象，分配不同的单元，互不干扰，也不会发生混淆。例如，在 f1 函数中定义了变量 b，倘若在 f2 函数中也定义变量 b，它们在内存中占不同的单元，不会混淆。

④在复合语句中也可定义变量，其作用域只在复合语句范围内。这种复合语句也称为分程序或程序块。

⑤局部变量只有函数运行时才分配存储空间，函数一旦执行完毕，所分配的存储空间就会被释放。因此，又称为自动变量。

⑥在函数声明中出现的参数名，其作用范围只在本行的括号内。实际上，编译系统对函数声明中的变量名是忽略的，即使在调用函数时也没有为它们分配存储单元。例如：

```
int max( int a, int b);          /＊函数声明中出现 a、b＊/
   ⋮
```

```
int max(int x, int y)                    /* 函数定义,形参是 x、y */
{printf("%d%d\n", x, y);                  /* 合法,x、y 在函数体中有效 */
printf("%d%d\n", a, b);                   /* 非法,a、b 在函数体中无效 */
}
```

编译时认为 max 函数体中的 a 和 b 未经定义。

例 5.16 局部变量的例子。

```
#include <stdio.h>
main()
{  int  i=2, j=3, k;
k=i+j;
{
int  k=8;
i=3;   printf("%d\n", k);
}
printf("%d, %d\n", i, k);
}
```

运行情况如下:

8

3, 5

本程序在 main 中定义了 i, j, k3 个变量, 其中 k 未赋初值, 而在复合语句内又定义了 1 个变量 k 并赋初值为 8。应该注意这两个 k 不是同 1 个变量。在复合语句外由 main 定义的 k 起作用, 而在复合语句内则由在复合语句内定义的 k 起作用。因此, 程序第四行的 k 为 main 所定义, 其值应为 5。第七行输出 k 值, 该行在复合语句内, 由复合语句内定义的 k 起作用, 其初值为 8, 所输出值为 8, 第九行输出 i, k 值。i 是在整个程序中有效的, 第七行对 i 赋值为 3, 所以输出值为 3。而第九行已在复合语句之外, 输出的 k 应为 main 所定义的 k, 此 k 值由第四行已获得为 5, 故输出值为 5。

5.6.2 全局变量

前面已介绍, 程序的编译单位是源程序文件, 1 个源文件可以包含 1 个或若干个函数。在函数内定义的变量是局部变量, 而在函数之外定义的变量就是外部变量, 称为全局变量 (global variable, 也称全程变量)。全局变量的有效范围为从定义变量的位置开始到本源文件结束。

例如:

```
int p=1, q=5;              /* 全局变量 p、q 的作用范围从本句开始 */
float f1(a)             /* 定义函数 f1 */
int a;
{int b, c;
 ⋮
}
```

```
char c1, c2;                  /* 全局变量 c1、c2 的作用范围从本句开始 */
char f2( int x, int y)        /* 定义函数 f2 */
{ int i, j;
  ⋮
}
main( )                       /* 主函数 */
{ int m, n;
  ⋮
}
```

p、q、c1、c2 都是全局变量，但它们的作用范围不同，在 main 函数和 f2 函数中可以使用全局变量 p、q、c1、c2，但在函数 f1 中只能使用全局变量 p、q，而不能使用 c1 和 c2。

在 1 个函数中既可以使用本函数中的局部变量，又可以使用有效的全局变量。

例 5.17 输入长方体的长宽高 l，w，h。求体积及 3 个面的面积。

```
#include <stdio.h>
int  vs( int a, int b, int c);           /* 说明 1 个用户自定义函数 */
int s1, s2, s3;
main( )
{ int v, l, w, h;
printf( "\ninput length, width and height: ");
scanf( "%d%d%d", &l, &w, &h);
v = vs( l, w, h);
printf( "v = %d s1 = %d s2 = %d s3 = %d \n", v, s1, s2, s3);
}
int vs( int a, int b, int c)
{ int v;
v = a * b * c;
s1 =  a * b;
s2 =  b * c;
s3 = a * c;
return v;
}
```

运行情况如下：

input length，width and height：4 5 6↙

v = 120　s1 = 20　s2 = 30　s3 = 24

本程序中定义了 3 个变量 s1，s2，s3，用来存放 3 个面积，其作用域为整个程序。函数 vs 用来求正方体体积和 3 个面积，函数的返回值为体积 v。由主函数完成长宽高的输入及结果输出。由于 C 语言规定函数返回值只有 1 个，当需要增加函数的返回数据时，用全局变量是一种很好的方式。本例中，如果不使用全局变量，在主函数中就不可能取得

v，s1，s2，s3 四个值。而采用了全局变量，在函数 vs 中求得的 s1，s2，s3 值在 main 中仍然有效。因此，全局变量是实现函数之间数据通信的有效手段。

对于全局变量还有以下几点说明：

①对于局部变量的定义和说明，可以不加区分。而对于全局变量则不然，全局变量的定义和全局变量的说明并不是一回事。全局变量定义必须在所有的函数之外，且只能定义一次。其一般形式为：

[extern] 类型说明符 变量名，变量名，…

其中方括号内的 extern 可以省去不写。

例如：

int a，b；

等效于：

extern int a，b；

而全局变量说明出现在要使用该全局变量的各个文件内，在整个程序内，可能出现多次，全局变量说明的一般形式为：

extern 类型说明符 变量名，变量名，…；

全局变量在定义时就已分配了内存单元，全局变量定义可作初始赋值，全局变量说明不能再赋初始值，只是表明在该文件内要使用某全局变量（详见 5.7.5 小节）。

②在同一源文件中，允许全局变量和局部变量同名。在局部变量的作用域内，全局变量不起作用。

③为了提高程序的可读性，建议尽量少用同名变量，一般为了与内部变量相区别，通常约定全局变量的第一个字母大写。由于函数之间是相互独立的，不要在主调函数中使用被调函数的内部变量。

④全局变量在程序运行过程中，始终占用着存储单元，所以全局变量使用多了会增加运行程序的存储开销。

⑤使用全局变量将使函数的通用性降低，这是因为函数要依赖这些变量，当函数要移植到另 1 个文件中时，要将相关的全局变量及其值一同移植过去，若该文件中有与移入的全局变量同名的变量时，就会出现问题，也就降低了程序的可靠性和通用性。从模块化程序设计的观点来看这是不利的，因此，在不必要时尽量不要使用全局变量。

5.7 变量的存储类型

如前所述，使用变量需要“先定义，后使用”。在 C 语言中，对 1 个变量进行定义时不仅要指出其数据类型，还要指出它的另一种属性：存储类型。存储类型指的是数据在内存中存储的方式。在 C 语言中，根据不同的存储方式，变量可分为自动变量、寄存器变量、静态变量和外部变量。

C 语言中变量的一般定义形式是：

存储类型 数据类型 变量名；

实际上，在 C 语言中，变量的完整定义包括 3 个方面：一是变量的数据类型，它由 C 语言中规定的数据类型来标识，如 int、float 等；二是变量的作用域，它表示 1 个变量在程序中起作用的范围，它是由变量定义的位置决定的；三是变量的存储类型，即变量在内存中的存储方式，它直接决定了变量占用分配给它的存储空间的时限。这 3 个方面共同决定了 1 个变量的作用域和生存期。

5.7.1 动态存储方式与静态存储方式

上一节已介绍了变量的一种属性——作用域，作用域是从空间的角度来分析的，分为全局变量和局部变量。

变量还有另一种属性——存储期（storage duration，也称生命期）。存储期是指变量在内存中的存在期间。这是从变量值存在的时间角度来分析的。存储期可以分为静态存储期（static storage duration）和动态存储期（dynamic storage duration）。这是由变量的静态存储方式和动态存储方式决定的。

所谓静态存储方式是指在程序运行期间，系统对变量分配固定的存储空间。而动态存储方式则是在程序运行期间，系统对变量动态地分配存储空间。

先看一下内存中的供用户使用的存储空间可以分为三部分：

①程序区；

②静态存储区；

③动态存储区。

用户使用的存储空间的情况数据分别存放在静态存储区和动态存储区中。全局变量全部存放在静态存储区中，在程序开始执行时给全局变量分配存储单元，程序执行完毕就释放这些空间。在程序执行过程中它们占据固定的存储单元，而不是动态地进行分配和释放。

在动态存储区中存放以下数据：①函数形式参数。在调用函数时给形参分配存储空间。②函数中的自动变量（未加 static 声明的局部变量，详见后面的介绍）。③函数调用时的现场保护和返回地址等。对以上这些数据，在函数调用开始时动态分配存储空间，函数结束时释放这些空间。在程序执行过程中，这种分配和释放是动态的，如果在 1 个程序中两次调用同一函数，则要进行两次分配和释放，而两次分配给此函数中局部变量的存储空间的地址可能是不相同的。

如果在 1 个程序中包含若干个函数，每个函数中的局部变量的存储期并不等于整个程序的执行周期，它只是整个程序执行周期的一部分。根据函数调用的情况，系统对局部变量动态地分配和释放存储空间。

在 C 语言中，变量的存储类型指的是数据在内存中存储的方法。存储方法分为静态存储和动态存储两大类。具体包含 4 种：自动的（auto）、静态的（static）、寄存器的（register）和外部的（extern）。根据变量的存储类型，可以知道变量的作用域和存储期。

下面分别介绍以上 4 种存储类型。

5.7.2 自动变量

自动变量的类型说明符为 auto。这种存储类型是 C 语言程序中使用最广泛的一种类型。C 语言规定，函数内凡未加存储类型说明的变量均视为自动变量，也就是说自动变量可省去说明符 auto。在前面各章的程序中所定义的变量都是自动变量。例如：

```
{int  a, b, k;
 char c;
   ⋮
  }
```

等价于:

```
{  auto  int  a, b, k;
   auto char c;
   ⋮
 }
```

自动变量具有以下特点:

(1) 自动变量的作用域仅限于定义该变量的个体内。在函数中定义的自动变量，只在该函数内有效。在复合语句中定义的自动变量只在该复合语句中有效。例如:

```
int  aw(int  a)
{
auto  int  x, y;
     {auto char  c;
        ⋮
     }
}
```

a，x，y 的作用域为 aw 函数，c 的作用域为该复合语句。

(2) 自动变量属于动态存储方式，只有在使用它时，即定义该变量的函数被调用时才会给它分配存储单元，开始它的生存期。函数调用结束，释放存储单元，结束生存期。因此，函数调用结束之后，自动变量的值不能保留。在复合语句中定义的自动变量，在退出复合语句后也不能再使用，否则将引起错误。

(3) 由于自动变量的作用域和生存期都局限于定义它的个体内（函数或复合语句内)，因此，不同的个体中允许使用同名的变量而不会混淆。即使在函数内定义的自动变量也可与该函数内部的复合语句中定义的自动变量同名。例 5.18 表明了这种情况。

例 5.18 自动变量同名的例子。

```
#include <stdio.h>
main( )
{auto int a, s = 100, p = 100;
printf("\n input  a  number:");
scanf("%d", &a);
if(a > 0)
{auto int s, p;
s = a + a;
p = a * a;
printf("s = %d  p = %d\n", s, p);
}
```

```
printf( "s = %d    p = %d \ n", s, p);
}
```

运行情况如下:

input a number: 6 ↙

s = 12   p =36

s =100   p =100

本程序在 main 函数中和复合语句内两次定义了变量 s 和 p 为自动变量。按照 C 语言的规定，在复合语句内，应由复合语句中定义的 s、p 起作用，故 s 的值应为 a + a，p 的值为 a * a。退出复合语句后的 s、p 应为 main 所定义的 s、p，其值在初始化时给定，均为 100。从输出结果可以分析出两个 s 和两个 p 虽变量名相同，却是两个不同的变量。

（4）对构造类型的自动变量如数组等，不可以作初始化赋值。

5.7.3 用 static 声明静态局部变量

有时希望函数中的局部变量的值在函数调用结束后不消失而保留原值，即其占用的存储单元不释放，在下一次该函数调用时，该变量保留上一次函数调用结束时的值。这时就应该指定该局部变量为静态局部变量（static local variable）。

例 5.19 静态局部变量的值。

```
#include <stdio.h>
int f( int a)                            /* 定义 f 函数,a 为形参 */
 {auto int   b =0;                        /* 定义 b 为自动变量 */
 static int c =3;                        /* 定义 c 为静态局部变量 */
 b =b +1;
 c =c +1;
 return a +b +c;
}
 int main( )
{int a =2, i;
 for( i =0; i <3; i + +)
 printf( "%d \ n", f( a));
 return 0;
}
```

运行情况如下:

7

8

9

第一次调用 f 函数时，b 的初值为 0，c 的初值为 3，第一次调用结束时，b 的值为 1，c 的值等于 4，a + b + c 的值等于 7。由于 c 是静态局部变量，在函数调用结束时，它并不释放，仍保留 c 等于 4。第二次调用 f 函数时，b 的初值为 0，c 的初值为 4，即上次调用结束时的值，第二次调用结束时，b 的值为 1，c 的值等于 5，a + b + c 的值等于 8。第三次调用 f 函数时，b 的初值为 0，c 的初值为 5，第三次调用结束时，b 的值为 1，c 的值等于 6，所以 a + b + c 的值等于 9。

对静态局部变量的说明：

（1）静态局部变量在静态存储区内分配存储单元。在程序整个运行期间都不释放。静态局部变量在函数内定义，但不像自动变量那样，当调用时就存在，退出函数时就消失。静态局部变量始终存在着，也就是说它的生存期为整个源程序。

（2）为静态局部变量赋初值是在编译时进行的，即只赋初值一次，在程序运行时它已有初值。以后每次调用函数时不再重新赋初值而只是保留上次函数调用结束时的值。而为自动变量赋初值，不是在编译时进行的，是在函数调用时进行，每调用一次函数重新给一次初值，相当于执行一次赋值语句。

（3）如果在定义局部变量时不赋初值的话，对于静态局部变量来说，编译时自动赋初值 0（对数值型变量）或空字符（对字符型变量）。而对自动变量来说，如果不赋初值，则它的值是 1 个不确定的值。这是由于每次函数调用结束后存储单元已释放，下次调用时又重新另分配存储单元，而所分配的单元中的值是不确定的。

（4）静态局部变量的生存期虽然为整个源程序，静态局部变量在函数调用结束后仍然存在，但是其作用域仍与自动变量相同，即只能在定义该变量的函数内使用该变量。退出该函数后，尽管该变量还继续存在，但其他函数是不能引用它的，也就是说，在其他函数中它是“不可见”的。

在什么情况下需要使用局部静态变量呢？

①需要保留函数上一次调用结束时的值。例如可以用例 5.20 中的方法求 n!。

例 5.20 输出 1 到 5 的阶乘值（即 1!，2!，3!，4!，5!）。

```
#include  <stdio.h>
int fact(int);                          /*函数声明*/
int main( )
 {int i;
  for(i=1;i<=5;i++)
  printf("%d! = %d \n",i,fact(i));
return 0;
 }
int fact(int n)
 {static int f=1;                       /*f为静态局部变量,函数结束时f的值不释放*/
  f=f*n;                                /*在f原值基础上乘以n*/
  return f;
 }
```

运行情况如下：

```
1! =1
2! =2
3! =6
4! =24
```

5! =120

每次调用 fact（i），就输出 1 个 i，同时保留这个 i! 的值，以便下次再乘（i+1）。

②如果初始化后，变量只被引用而不改变其值，这种情况下用静态局部变量比较方便，以免每次调用时重新赋值。

应该看到，使用静态变量占用内存的时间要长，而且降低了程序的可读性，当调用次数多时往往弄不清静态局部变量的当前值是什么。因此，如不必要，不要多用静态局部变量。

5.7.4 寄存器变量

上述各类变量都存放在内存中，因此，当程序中用到哪 1 个变量的值时，由控制器发出指令将内存中该变量的值送到 CPU 中的运算器，经过运算器进行运算。如果需要存数，再从运算器将数据送到内存存放。

当对 1 个变量频繁读写时必须反复访问内存储器，花费大量的存取时间。为此，C 语言提供了另一种变量，即寄存器变量。这种变量存放在 CPU 的寄存器中，使用时不需要访问内存，而直接从寄存器中读写，这样可提高效率。寄存器变量的说明符是 register。对于循环次数较多的循环控制变量及循环体内反复使用的变量均可以定义为寄存器变量。

例 5.21 求 1+2+3+…+200 的值。

```
#include <stdio.h>
main( )
{    register int i, s=0;
for(i=1;i<=200;i++)
s=s+i;
printf("s=%d\n", s);
}
```

运行情况如下：

s=20100

本程序循环 200 次，i 和 s 都将频繁使用，因此，可定义为寄存器变量。

对寄存器变量还要说明以下几点：

①只有局部自动变量和形式参数才可以定义为寄存器变量。因为寄存器变量属于动态存储方式。凡需要采用静态存储方式的变量不能定义为寄存器变量。

②在 Turbo C、MS C 等环境下使用的 C 语言中，实际上是把寄存器变量当成自动变量处理的。因此，速度并不能提高。而在程序中允许使用寄存器变量只是为了与标准 C 保持一致。

③即使能真正使用寄存器变量的机器，由于 CPU 中寄存器的个数是有限的，因此，使用寄存器变量的个数也是有限的。

5.7.5 外部变量

全局变量（外部变量）是在函数的外部定义的，它的作用域为从变量的定义处开始，到本程序文件的末尾。在此作用域内，全局变量可以为本文件中各个函数所引用。编译时将全局变量分配在静态存储区。

有时需要用 extern 来声明全局变量，以扩展全局变量的作用域。

(1) 在 1 个文件内声明全局变量　如果外部变量不在文件的开头定义，其有效的作用范围只限于定义处到文件终了。如果在定义点之前的函数希望引用该全局变量，则应该在引用之前用关键字 extern 对该变量作外部变量声明，表示该变量是 1 个将在下面定义的全局变量。有了此声明，就可以从声明处起，合法地引用该全局变量，这种声明称为提前引用声明。

例 5.22　用 extern 对外部变量作提前引用声明，以扩展程序文件中的作用域。

```
#include  <stdio.h>
int max(int, int);                 /* 函数声明 */
void main( )
 {extern int a, b;                 /* 对全局变量 a, b 作提前引用声明 */
  printf("%d\n", max(a, b));
 }
int a = 15, b = -7;                 /* 定义全局变量 a, b */
int max(int x, int y)
 {int z;
  z = x > y?x: y;
  return z;
 }
```

运行情况如下：

15

在 main 函数之后定义了全局变量 a，b，但由于全局变量定义的位置在函数 main 之后，因此，如果没有程序的第四行，在 main 函数中是不能引用全局变量 a 和 b 的。现在我们在 main 函数中用 extern 对 a 和 b 作了提前引用声明，表示 a 和 b 是将在后面定义的变量。这样在 main 函数中就可以合法地使用全局变量 a 和 b 了。如果不作 extern 声明，编译时会出错，系统认为 a 和 b 未经定义。一般都把全局变量的定义放在引用它的所有函数之前，这样可以避免在函数中多加 1 个 extern 声明。

(2) 在多文件的程序中声明外部变量　如果 1 个程序包含多个文件，在每个文件中都要用到同 1 个外部变量 num，不能分别在每个文件中各自定义 1 个外部变量 num。正确的做法是：在任何 1 个文件中定义外部变量 num，而在其他文件中用 extern 对 num 作外部变量声明。即 extern int num。

编译系统由此知道 num 是 1 个已在别处定义的外部变量，它先在本文件中找有无外部变量 num 的定义，如果有，则将其作用域扩展到本行开始（如前面所述），如果本文件中无此外部变量的定义，则在程序连接时从其他文件中找有无外部变量 num 的定义，如果有，则把在另一文件中定义的外部变量 num 的作用域扩展到本文件，在本文件中可以合法地引用外部变量 num。

file1.c 文件的内容如下：

```
#include  <stdio.h>
```

```
extern int num;
int main( )
{printf( "%d \n", num);
return 0;
}
```

file2. c 文件的内容如下:

```
int num = 3;
⋮
```

用 extern 扩展全局变量的作用域，虽然能为程序设计带来方便，但应十分慎重，因为在执行 1 个文件中的函数时，可能会改变了该全局变量的值，从而会影响到另一文件中的函数执行结果。

5.7.6 静态外部变量

有时在程序设计中希望某些外部变量只限于被本文件引用，而不能被其他文件引用。这时可以在定义外部变量时加 1 个 static 声明。例如：

file1. c 文件的内容如下：

```
static int a = 3;
int main( )
{
 ⋮
}
```

file2. c 文件的内容如下:

```
extern int a;
int fun( int n)
{ ⋮
a = a * n;
 ⋮
}
```

在 file1 中定义的变量 a 为静态外部变量，那么 a 的作用域仅为 file1. c 文件，在 file2. c 文件中也定义了 1 个外部变量 a，该变量与 file1. c 文件中的 a 无关。

这种加上 static 声明、只能用于本文件的外部变量（全局变量）称为静态外部变量。这就为程序的模块化、通用性提供了方便。如果已知道其他文件不需要引用本文件的外部变量，可以对本文件中的外部变量都加上 static，成为静态外部变量，以免被其他文件误用。需要指出，不要误认为用 static 声明的外部变量才采用静态存储方式（存放在静态存储区中），而不加 static 的是动态存储（存放在动态存储区）。实际上，两种形式的外部变量都用静态存储方式，都是在编译时分配内存的，只是作用范围不同而已。

5.7.7 存储类型小结

从前面叙述可以知道，对 1 个变量的性质可以从两个方面分析，一是从变量的作用域，一是从变量值存在时间的长短，即存储期。前者是从空间的角度，后者是从时间的角度。二者有联系但不是同一回事。

如果 1 个变量在某个文件或函数范围内是有效的，则称该文件或函数为该变量的作用域，在此作用域内可以引用该变量，所以又称变量在此作用域内“可见”，这种性质又称为变量的可见性。如果 1 个变量值在某一时刻是存在的，则认为这一时刻属于该变量的存储期，或称该变量在此时刻“存在”。表 5.2 表示各种类型变量的作用域和存在性的情况。

表 5.2　各种类型变量的作用域和存在性的情况

变量存储类型	函数内		函数外	
	作用域（可见性）	存在性	作用域（可见性）	存在性
自动变量和寄存器变量	√	√	×	×
静态局部变量	√	√	×	√
静态外部变量	√	√	√	√
外部变量	√	√	√	√

表中“√”表示“是”，“×”表示“否”。可以看到自动变量和寄存器变量在函数内的可见性和存在性是一致的。在函数外的可见性和存在性也是一致的。静态局部变量在函数外的可见性和存在性不一致。静态外部变量和外部变量的可见性和存在性是一致的。static 声明使变量采用静态存储方式，但它对局部变量和全局变量所起的作用不同。对局部变量来说，static 使变量由动态存储方式改变为静态存储方式。而对全局变量来说，它使变量局部化（局部于本文件），但仍为静态存储方式。从作用域角度看，凡有 static 声明的，其作用域都是局限的，或者局限于本函数内（静态局部变量），或者局限于本文件内（静态外部变量）。

例 5.23　分析下列程序的输出结果，并说明程序中各变量的存储类型。

```
#include <stdio.h>
void func( );
void main( )
{
static int a;
int b = -8;
printf( "a = %d    b = %d \n", a, b);
b + =3;
func( );
printf( "a = %d    b = %d \n", a, b);
func( );
printf( "a = %d    b = %d \n", a, b);
}
static int b =10;
```

```
void func( )
{
static int a = 2;
b + = a;
a + = 3;
printf( "a = %d    b = %d \ n", a, b);
}
```

运行情况如下：

```
a = 0    b = -8
a = 5    b = 12
a = 0    b = -5
a = 8    b = 17
a = 0    b = -5
```

该程序中定义了 4 个变量，在 main（ ）函数中定义 1 个内部静态变量 a 和自动变量 b，a 的默认值为 0。在 func（ ）函数和 main（ ）函数之间定义 1 个外部静态型变量 b。在 func（ ）函数中定义 1 个内部静态变量 a。两个相同名字的变量 a 和两个相同名字的变量 b，它们都各自在不同的作用域内。

例 5.24 多文件程序示例。分析程序中各变量的存储类型及其输出结果。

该程序由两个文件组成。

文件 main. c 内容如下：

```
#include    < stdio. h >
void func1( );
void func2( );
void func3( );
int i = 10;
void main( )
{
i = 6;
func1( );
printf( "main( ): i = %d \ n", i);
func2( );
printf( "main( ): i = %d \ n", i);
func3( );
printf( "main( ): i = %d \ n", i);
}
```

文件 file. c 内容如下:

```
void func1( )
{
static int i;
```

```
i = 15;
printf( "func1( ) : i( static) = % d  \ n", i) ;
}
void func2( )
{
int i = 10;
printf( "func2( ) : i( auto) = % d  \ n", i) ;
{
extern int i;
printf( "func2( ) : i( extern) =  % d  \ n", i) ;
}
}
extern int i;
void func3( )
{
i = 18;
printf( "func3( ) : i( extern) =  % d  \ n", i) ;
}
```

运行情况如下:

```
func1( ) : i( static) = 15
main( ) : i = 6
func2( ) : i( auto) = 10
func2( ) : i( extern) = 6
main( ) : i = 6
func3( ) : i( extern) = 18
main( ) : i = 18
```

该程序中，在文件 main. c 中只定义 1 个外部变量 i，它的作用域是整个程序的两个文件。在 main（ ）函数中出现的变量 i 都是外部变量；在文件 file. c 中包含 3 个函数，在函数 func1（ ）中重新定义变量 i 为内部静态型变量，在 func2（ ）函数中，重新定义变量 i 为自动型变量，接着在 func3（ ）函数前说明了外部变量 i，因此在 func3（ ）函数体内没有重新定义 i 时，i 为外部变量。

在上述程序中，虽然只有 1 个变量名 i，实际上，它是具有相同名字的不同存储类型的变量。在 C 程序中允许在不同作用域内定义相同名字的不同变量。分析程序时，应该搞清楚在不同作用域中哪种存储类型的变量 i 是可见的。例如，在文件 file. c 的函数 func2（ ）中，第一个输出语句中的 i 应该是自动型变量 i，第二个输出语句中 i 的应该是外部型变量 i。

5.8 内部函数和外部函数

函数本质上是全局的，因为 1 个函数要被另外的函数调用，但是，也可以指定函数只能被本文件调用，而不能被其他文件调用。根据函数能否被其他文件调用，将函数区分为内部函数和外部函数。

5.8.1 内部函数

如果 1 个函数只能被本文件中其他函数所调用就称为内部函数。在定义内部函数时，在函数名和函数类型的前面加 static。函数首部的一般格式为：

static 类型标识符　函数名（形参表）

例如：

static int fun（int a，int b）

内部函数又称静态（static）函数。使用内部函数，可以使函数只局限于所在的文件。如果在不同的文件中有同名的内部函数，它们之间互不干扰，这样不同的人可以分别编写不同的函数，而不必担心所用函数名是否会与其他文件中的函数相同。通常把只能由 1 个文件使用的函数和外部变量放在该文件中，在它们前面都冠以 static 使之局部化，其他文件不能引用。

5.8.2 外部函数

在定义函数时，如果在函数首部的最左端冠以关键字 extern，则表示此函数是外部函数，可供其他文件调用。

例如函数首部可以写为：

extern int fun（int a，int b）

这样，函数 fun 就可以被其他文件调用。如果在定义函数时省略 extern，则默认为外部函数。本书前面所用的函数都是外部函数。在调用此外部函数的文件中，需要用 extern 声明所用的函数是外部函数。

例 5.25　输入两个整数，要求输出其中的大者。用外部函数实现。

file1. c(文件 1)

```
#include <stdio.h>
int main( )
 {extern int max(int, int); /*声明在本函数中将要调用在其他文件中定义的 max 函数*/
 int a, b;
 printf("input two numbers: ");
scanf("%d%d", &a, &b);
 printf("\n%d\n", max(a, b));
 return 0;
}
```

file2. c(文件 2)

```
int max(int x, int y)
{int z;
z = x > y?x: y;
return z;
}
```

运行情况下:

input two numbers: 7 -34↙

7

整个程序由两个文件组成。每个文件包含1个函数。主函数是主控函数，在main函数中用extern声明在main函数中要用到的max函数是在其他文件中定义的外部函数。

通过此例可知：使用extern声明就能够在1个文件中调用其他文件中定义的函数，或者说把该函数的作用域扩展到本文件。extern声明的形式就是在函数原型基础上加关键字extern。由于函数在本质上是外部的，在程序中经常要调用其他文件中的外部函数，为方便编程，C语言允许在声明函数时省略extern。例5.25程序main函数中的函数声明可写成：

int max (int, int);

这就是我们多次用过的函数原型。由此，可以进一步理解函数原型的作用。用函数原型能够把函数的作用域扩展到定义该函数的文件之外（不必使用extern）。只要在使用该函数的每1个文件中包含该函数的函数原型即可。函数原型通知编译系统：该函数在本文件中稍后定义，或在另一文件中定义。

利用函数原型扩展函数作用域最常见的例子是#include命令的应用。在#include命令所指定的头文件中包含有调用库函数时所需的信息。例如，在程序中需要调用sin函数，但三角函数并不是由用户在本文件中定义的，而是存放在数学函数库中的。按以上的介绍，必须在本文件中写出sin函数的原型，否则无法调用sin函数。sin函数的原型是double sin (double x);

本来应该由程序设计者在调用库函数时先从手册中查出所用的库函数的原型，并在程序中一一写出来，但这显然是麻烦而困难的。为减少程序设计者的困难，在头文件math. h中包括了所有数学函数的原型和其他有关信息，用户只需用以下#include命令：

```
#include <math.h>
```

即可。这时，在该文件中就能合法地调用各个数学库函数了。

5.8.3 turbo环境下使用外部函数的方法

（1）多个源程序文件的编译和连接

①一般过程：编辑各源文件→创建Project（项目）文件→设置项目名称→编译、连接、运行、查看结果。

②创建Project（项目）文件：用编辑源文件相同的方法，创建1个扩展名为.prj的项目文件：该文件中仅包括将被编译、连接的各源文件名，一行1个，其扩展名.c可以缺省；文件名的顺序，仅影响编译的顺序，与运行无关。

注意：如果有某个（些）源文件不在当前目录下，则应在文件名前冠以路径。

③设置项目名称：打开菜单，选取 Project 菜单下的 Project name 项，输入项目文件名即可。

④编译、连接、运行、查看结果：与单个源文件相同。编译产生的目标文件，以及连接产生的可执行文件，它们的主文件名均与项目文件的主文件名相同。

注意：当前项目文件调试完毕后，应选取 Project 菜单下的 Clear project 项，将其项目名称从“Project name”中清除（清除后为空）。否则，编译、连接和运行的，始终是该项目文件!

（2）应用举例　输入两个整数，要求输出其中的大者。用外部函数实现。程序见例 5.25。

在运行像这样的多文件程序之前，需要建立 1 个扩展名为 .prj 的工程（project）文件，在编辑环境下建立本例中的项目文件的方法如下。

①将两个源文件分别以 file1.c 和 file2.c 为文件名存盘。

②在编辑状态下建立 1 个项目文件，该项目文件的内容是组成项目的所有文件的文件名。即：

file1.c

file2.c

书写时这两个文件的顺序任意，当扩展名为 .c 时，扩展名可以省略，也可以将这些源文件名用空格隔开写在同一行上，如：

file1.c　file2.c

注意：如果源文件不在当前目录下，应该指出路径。同时，.prj 项目文件中不应再包含其他内容，例如注释语句等，否则均会被视为非法内容，无法编译成功。

③将上述内容存盘，文件名自定，但扩展名必须为 .prj，即 Project 文件。如本例可设文件名为 file12.prj 文件。

④在 Turbo C 主菜单中选择 Project 菜单，按 Enter 键打开下拉菜单，找到 Project name 项并按 Enter 键，屏幕上会出现 1 个 Project Name 对话框询问项目文件名，在其中输入准备调试的且已保存的项目文件名 file12.prj 并按 Enter 键，若项目文件不在当前目录下，应该指出其绝对路径。此时子菜单中的 Project name 后面会显示出该项目文件名 file12.prj，表示当前准备编译的是 file12.prj 文件中包括的源文件。

⑤按功能键 F9 进行编译连接，系统会先后将两个源文件编译成目标文件，并把它们两个连接成 1 个可执行文件 file12.exe（文件名与项目文件名同名）。

⑥按 Ctrl + F9 键，即可运行该项目的可执行文件 file12.exe。

需要说明的是，本例中的文件 file2.c 即使不包括在项目文件 file12.prj 中，程序也可以正确运行。前提是 file2.c 文件已经在 file1.c 文件中使用#include 命令包含到该文件中，这时，系统将这两个文件作为 1 个整体编译，而不是作为两个文件编译。

5.8.4　VC++6.0 环境下应用外部函数的多个源程序文件举例

例 5.26　已知 1 个含有有限个字符的字符串，现要求输入 1 个字符后，将上述字符串中所含的该字符均删除，并且输出删除字符后的新字符串。

（1）设计该问题的求解程序如下

①文件一：GPM. cpp（项目名：GP）。

```
#include  < stdio. h >              / * 包含标准头文件 * /
#include   "GP1. cpp"               / * 包含 3 个自定义的源文件 * /
#include   "GP2. cpp"
#include   "GP3. cpp"
char ch;                            / * 全局变量的定义 * /
char strr[ 80] , x[ 80] ;
int main( )                         / * 主函数 * /
{    printf( "strr = ") ;
enter_ string( strr, ch) ;          / * 调用相应子函数输入 1 个字符串 * /
printf( "ch = ") ;
scanf( "% c", &ch) ;                / * 输入 1 个要删除的字符 * /
delete_ string( strr, ch) ;  / * 调用相应子函数在上述的字符串中删除所的输入字符 * /
print_ string( x) ;                 / * 调用相应子函数输出新的字符串 * /
printf( " \ n ") ;
return 0;
}
```

②文件二：名为 GP1. cpp：给出子函数 print_ string（char * str）的定义。

```
#include  < stdio. h >
void print_ string( char  *  str)
{ printf( "% s", str) ;
}
```

③文件三：名为 GP2. cpp：给出子函数 delete_ string（char * str，char ch）的定义。

```
void delete_ string( char * str, char ch)
{
  extern char x[ 80] ;
  int i, j;
  for( i = 0, j = 0; str[ i] !  = ' \ 0'; i +  + )
       if( str[ i] !  = ch) x[ j +  + ]  = str[ i] ;
  x[ j]  = ' \ 0';
  }
```

④文件四：名为 GP3. cpp：给出子函数 enter_ string（char * str）的定义。

```
#include  < stdio. h >
void enter_ string( char  * str)
{
gets( str) ;
}
```

（2）在 VC + +6.0 环境下运行本程序步骤

①在 VC + +6.0 编译系统上依次编辑好 GPM. cpp，GP1. cpp，GP2. cpp，GP3. cpp 源文件，并存入 D：\ cpp 目录中。

②在 VC + +6.0 命令行式编译系统上编译、运行 GPM. cpp 程序。

```
D: \ cpp > c1/EHa GPM. cpp ↙              /＊对源程序 GPM. cpp 进行编译操作＊/
D: \ cpp1 > GPM ↙                         /＊运行相应的可执行文件＊/
strr = 1a2b3c1x2y3z ↙                     /＊输入 1 个字符串＊/
ch = 1 ↙                                  /＊输入指定要删除的字符＊/
a2b3cx2y3z                                /＊输出删除指定字符后的新字符串＊/
D: \ cpp > _
```

③也可以在 VC + +6.0 编译系统上以项目方式编译、运行 GPM. cpp 程序。

先建立 1 个名称为 GPM 的空项目，然后在此项目中添加 GPM. cpp 文件，最后编译、运行 GPM 项目，结果如下：

```
strr = 12345 ↙                            /＊输入 1 个字符串＊/
ch = 1 ↙                                  /＊输入 1 个要删除的字符＊/
2345                                      /＊输出新字符串＊/
Press any key to continue                 /＊退出编译系统＊/
```

5.9 函数小结

1. C 程序是函数的集合，1 个较大的 C 程序可以设计有多个函数，这些函数可以根据需要存放在多个源文件中，但 1 个函数的源代码只能存放在同 1 个源文件中。1 个 C 程序由 1 个或多个源程序文件组成，每个源程序文件可为多个 C 程序共享。进行编译时，把每个 C 程序源文件作为 1 个单独的编译单位。较大的程序可以设计多个源程序文件，以便于分别编写、编译和调试，提高效率，而且有利于程序的维护。

2. 函数的分类

（1）库函数　由 C 系统提供的函数。

（2）用户定义函数　由用户自己定义的函数。

（3）有返回值的函数向调用者返回函数值，应说明函数类型（即返回值的类型）。

（4）无返回值的函数　不返回函数值，说明为空（void）类型。

（5）有参函数　主调函数向被调函数传送数据。

（6）无参函数　主调函数与被调函数间无数据传送。

（7）内部函数　只能在本源文件中使用的函数。

（8）外部函数　可在整个源程序中使用的函数。

3. 对于标准库函数，使用时要在程序中包含库函数所在的头文件；对于用户定义函数，则必须先定义，后使用。

函数的定义是程序设定的 1 个函数模块（定义域、值域、对应法则）；函数声明是对所用到的函数的特征进行必要的声明。

形式如右：<类型> <函数名> <参数列表> {说明部分；语句序列；返回语句；}

<类型><函数名><参数列表>;

说明:

<类型>是函数返回值的数据类型,另外为了明确函数不返回值,只表示1个过程处理,可用"void"关键字。

<函数名>是c语言标识符,可由用户指定。

<参数列表>在函数名后面一对括号内,如有多个变量时用逗号隔开,也可以没有参数。

函数体由变量定义和语句组成,放在一对花括号内,变量只在执行该函数时才存在。

函数定义的外部性:指函数定义时,1个函数不能在别的函数内部定义,其定义是独立的、平行的。

如果需从所调用函数带回1个函数值(主函数用)被调用函数中必须包含return语句。

4. 函数的参数——形式参数和实际参数

参数是函数调用时进行信息交换的载体。在定义函数时,函数名后面括号中的变量称为"形式参数";在调用函数时函数名后面括号中的变量称为"实际参数"。

说明:

形式参数的作用:形式参数一方面表示将从主调函数中接收何种类型的信息,另一方面在函数体中可以被引用;

存储空间的独立性:形参与实参各占1个独立的存储空间,形参的存储空间是函数调用时才分配的,函数返回时被释放,起1个传递值的作用;

值传递的是单向性:即值只能由实参传给形参,而不能形参传给实参;

实参与形参要匹配:实参可以是常量、变量或表达式,但类型、个数、顺序必须与形参一致。

5. 函数调用方式

函数名(实参列表),由return语句返回1个函数值。

(1) 函数语句 将函数调用作为1个语句,形式如上;

(2) 函数表达式 指函数出现在1个表达式中,参加表达式运算;

例如:①<变量名> = <函数表达式>;②函数调用作为1个函数的实参。

(3) 嵌套调用 函数在1个函数的调用过程中又调用另1个函数;

(4) 递归调用 在调用1个函数的过程中又出现直接或间接调用该函数本身(递推、回归两个过程)。

6. 数组名作为函数参数时不进行值传送而进行地址传送。形参和实参实际上为同一数组的两个名称。因此形参数组的值发生变化,实参数组的值当然也变化。

7. 可从3个方面对变量分类,即变量的数据类型、变量作用域和变量的存储类型。在本章中介绍了变量的作用域和变量的存储类型。变量的作用域是指变量在程序中的有效范围,分为局部变量和全局变量。变量的存储类型是指变量在内存中的存储方式,分为静态存储和动态存储,表示了变量的生存期。

5.3 静态存储和动态存储

存储属性	Register	Auto	Static	Extern
存储位置	寄存器		主存	
生存期	动态		永久	
作用域	局部		局部或全局	全局

习　题

一、选择题

1. 以下函数的类型是

A. 与参数 x 的类型相同　B. void 类型　C. int 类型　D. 无法确定

fff(float x) { printf("% d \ n", x * x) ; }

2. 以下函数调用语句中，含有的实参个数是

A. 1　B. 2　C . 4　D. 5

func((exp1, exp2) , (exp3, exp4, exp5)) ;

3. 以下程序的输出结果是

A. 0　B. 1　C. 6　D. 无定值

fun(int a, int b, int c) { c = a * b; } main{ int c; fun(2, 3, c) ; printf("% d \ n", c) ; }

4. 以下程序的输出结果是

A. 5. 500000　B. 3. 000000　C. 4. 000000　D. 8. 25

double f(int n) { int i; double s; s = 1. 0; for(i = 1; i < = n; i + +) s + = 1. 0/i; return s; }

main( ) { int i, m = 3; float a = 0. 0; for(i = 0; i < m; i + +) a + = f(i) ; printf("% f \ n", a) ; }

5. 以下程序的输出结果是

A. 1，6，3，1，3　B. 1，6，3，2，3

C. 1，6，3，6，3　D. 1，7，3，2，3

main( ) { int i = 1, j = 3; printf("% d, ", i + +) ;

{ int i = 0; i + = j * 2; printf("% d, % d, ", i, j) ; } printf("% d, % d \ n", i, j) ; }

6. 以下程序的输出结果是

A. 8，17　B. 8，16　C. 8，20　D. 8，8

main( ) { int k = 4, m = 1, p;

p = func(k, m) ; prinf("% d, ", p) ; p = func(k, m) ; printf("% d \ n", p) ; }

func(int a, int b) { static int m, i = 2; i + = m + 1; m = i + a + b; return(m) ; }

7. 以下程序的输出结果是

A. 3　B. 6　C. 5　D. 4

f(int a) { int b = 0; static int c = 3; a = c + + , b + + ; return(a) ; }

main( ) { int a = 2, i, k; for(i = 0; i < 2; i + +) k = f(a + +) ; printf("% d \ n", k) ; }

8. 以下程序的输出结果是

A. 1　B. 2　C. 7　D. 10

int m =13; int fun2(int x, int y) { int m =13; return(x * y - m) ; }

main( ) { int a =7, b =5; printf("% d \ n", fun2(a, b) /m) ; }

9. 以下程序的输出结果是

A. 8　　B. 30　　C. 16　　D. 2

long fib(int n) { if(n >2) return(fib(n - 1) + fib(n - 2)) ; else return(2) ; }

main( ) { printf("% d \ n", fib(6)) ; }

二、填空题

1. 以下程序的输出结果是__________。

fun(int x) { int p; if(x ==0 | | x = =1) return(3) ; p = x - fun(x - 2) ; return p; }

main( ) } printf("% d \ n", fun(9) :)

2. 以下程序的输出结果是__________。

main( ) { int a =3, b =2, c =1; c - = + + b; b * =a + c;

{ int b =5, c =12; c/ = b * 2; a - =c; printf("% d, % d, % d, ", a, b, c) ; a + = - - c; }

printf("% d, % d, % d, ", a, b, c) ; }

3. 以下程序的输出结果是__________。

void fun( ) { static int a; a + =2; printf("% d", a) : }

main( ) { int cc; for(cc =1; cc < =4; cc + +) fun( ) ; printf(" \ n") ; }

4. 以下程序的输出结果是__________。

unsigned fun6(unsigned num)

{ unsigned k =1; do{ k * =num% 10; num/ =10; } while(num) ; return(k) ; }

main( ) { unsigned n =26; printf("% d \ n", fun6(n) ;)

三、编程题

1. 编写1个函数，由实参传来1个整数，判断是不是素数，在主函数中调用该函数，输入1个整数并输出是否为素数的提示信息。

2. 编写1个函数，由实参传来1个整数，将1个正整数分解质因数。在主函数中调用该函数，输入1个整数并输出结果。例如：输入90，打印出90 =2 *3 *3 *5。

3. 编写1个函数，形式参数接收两个正整数m和n，求其最大公约数和最小公倍数。

4. 编写1个函数，输入一行字符，分别统计出其中英文字母、空格、数字和其他字符的个数。

5. 编写1个函数，求s = a + aa + aaa + aaaa + aa. . . a的值，其中a是1个数字。例如2 +22 +222 +2222 +22222（此时共有5个数相加），几个数相加有键盘控制。

6. 两个乒乓球队进行比赛，各出三人。甲队为a，b，c三人，乙队为x，y，z三人。已抽签决定比赛名单。有人向队员打听比赛的名单。a说他不和x比，c说他不和x，z比，请编程序找出三队赛手的名单。

7. 有5个人坐在一起，问第五个人多少岁？他说比第四个人大2岁。问第四个人岁数，他说比第三个人大2岁。问第三个人，又说比第二个人大两岁。问第二个人，说比第一个人大两岁。最后问第一个人，他说是10岁。请问第五个人多大？

8. 1个5位数，判断它是不是回文数。即12321是回文数，个位与万位相同，十位与千位相同。

第六章　预处理

在前面各章中已多次使用过以“#”号开头的预处理命令。如包含命令#include 和宏定义命令#define 等。在源程序中这些命令都放在函数之外，而且一般都放在源文件的最前面，它们称为预处理部分。

所谓预处理是指在进行编译的第一遍扫描（词法扫描和语法分析）之前所做的工作。预处理是 C 语言的 1 个重要功能，它由预处理程序负责完成。当对 1 个源文件进行编译时，系统将自动引用预处理程序对源程序中的预处理部分作处理，处理完毕自动进入对源程序的编译。

C 语言提供了多种预处理功能，如宏定义、文件包含、条件编译等。合理使用预处理功能编写的程序便于阅读、修改、移植和调试，也有利于模块化程序设计。本节介绍常用的几种预处理功能。

6.1　宏定义

在 C 语言源程序中允许用 1 个标识符来表示 1 个字符串，称为宏。被定义为宏的标识符称为宏名。在编译预处理时，对程序中所有出现的宏名都用宏定义中的字符串去代换，这称为“宏代换”或“宏展开”。

宏定义是由源程序中的宏定义命令完成的。宏代换是由预处理程序自动完成的。在 C 语言中，宏分为有参数和无参数两种。下面分别讨论这两种宏的定义和调用。

1. *无参宏定义*

无参宏的宏名后不带参数。其定义的一般形式为：

#define 标识符 字符串

其中的“#”表示这是一条预处理命令。凡是以“#”开头的均为预处理命令。“define”为宏定义命令。“标识符”为所定义的宏名。“字符串”可以是常数、表达式、格式串等。

在前面介绍过的符号常量的定义就是一种无参宏定义。此外，常对程序中反复使用的表达式进行宏定义。

例如：# define　M（y*y+3*y）

定义 M 为表达式（y*y+3*y）。在编写源程序时，所有的（y*y+3*y）都可由 M 代替，而对源程序作编译时，将先由预处理程序进行宏代换，即用（y*y+3*y）表达式去置换所有的宏名 M，然后再进行编译。

例 6.1　无参宏定义的使用。

```
#define M  (y*y+3*y)
#include <stdio.h>
```

```
main( )
{int   s, y;
printf("input a number: ");
scanf("%d", &y);
s=3*M+4*M+5*M;
printf("s=%d\n", s);
}
```

运行情况如下：

```
input a number：5↙
s=480
```

本例程序中首先进行宏定义，定义 M 为表达式(y*y+3*y)，在 s=3*M+4*M+5*M；中作了宏调用。在预处理时经宏展开后该语句变为：

```
s=3*(y*y+3*y) +4*(y*y+3*y) +5*(y*y+3*y);
```

但要注意的是，在宏定义中表达式（y*y+3*y）两边的括号不能少，否则会发生错误。

对于宏定义还要说明以下几点：

（1）宏定义是用宏名来表示 1 个字符串，在宏展开时又以该字符串取代宏名，这只是一种简单的代换，字符串中可以含任何字符，可以是常数，也可以是表达式，预处理程序对它不作任何检查。如有错误，只能在编译已被宏展开后的源程序时发现。

（2）宏定义不是类型说明或语句，在行末不必加分号，如加上分号则连分号也一起置换。

（3）宏定义必须写在函数之外，其作用域为宏定义命令起到源程序结束。如要终止其作用域，可以使用#undef 命令，例如：

```
#define   PI   3.14159
main( )
{
……
}
#undef   PI
f1( )
……
```

表示 PI 只在 main 函数中有效，在 f1 中无效。

（4）宏名在源程序中若用引号括起来，则预处理程序不对其做宏代换。

例如：有宏定义#define　OK　100

定义宏名 OK 表示 100，在程序中有语句 printf（“OK”）；在 printf 语句中 OK 被引号括起来，因此不做宏代换。程序的运行结果为：OK，表示把“OK”当字符串外理。

（5）宏定义允许嵌套，在宏定义的字符串中可以使用已经定义的宏名。在宏展开时由预处理程序层层代换。例如：

```
#define   PI   3.1415926
```

#define　S　PI＊y＊y　　　/＊PI是已定义的宏名＊/

语句printf（“%f”，S）；在宏代换后变为printf（“%f”，3.1415926＊y＊y）；

（6）习惯上宏名用大写字母表示，以便于与变量区别。但也允许用小写字母。

（7）可以用宏定义表示数据类型，使书写方便。

例如：有宏定义#define STU struct stu

那么在程序中可以用STU作变量说明：STU body［3］，＊p；

有宏定义#define INTEGER int

那么可用INTEGER作整型变量说明：INTEGER a，b；

应注意用宏定义表示数据类型和用typedef定义类型说明符的区别。宏定义只是简单的字符串代换，是在预处理完成的，而typedef是在编译时处理的，它不是作简单的代换，而是对类型说明符重新命名。被命名的标识符具有类型定义说明的功能。

请看下面的例子：

#define　PIN1　int ＊

typedef　(int＊)　PIN2;

从形式上看这两者相似，但在实际使用中却不相同。用PIN1，PIN2说明变量时就可以看出它们的区别：PIN1　a，b；在宏代换后变成int ＊ a，b；表示a是指向整型的指针变量，而b是整型变量。然而，PIN2　a，b；表示a，b都是指向整型的指针变量。因为PIN2是1个类型说明符。由这个例子可见，宏定义虽然也可以表示数据类型，但毕竟是作字符代换。在使用时要分外小心，以避免出错。

（8）对“输出格式”作宏定义，可以减少书写麻烦。

例如有宏定义如下：

```
#define   P   printf
#define   D   "%d\n"
#define   F   "%f\n"
```

执行P(D　F,5,3.8);

输出结果为：

5

3.800000

2. 带参宏定义

C语言允许宏带有参数。在宏定义中的参数称为形式参数，在宏调用中的参数称为实际参数。对带参数的宏，在调用中不仅要宏展开，而且要用实参去代换形参。

带参宏定义的一般形式为：

#define 宏名（形参表）字符串

在字符串中含有各个形参。

带参宏调用的一般形式为：宏名（实参表）

例如：

```
#define M(y)   (y*y+3*y)    /*宏定义*/
k=M(5);                     /*宏调用*/
```

在宏调用时，用实参5去代替形参y，经预处理宏展开后的语句为：k=(5＊5+3＊

5);

```
#define  MAX(a,b)  (a>b)?a:b  /*宏定义*/
max = MAX(x,y);             /*宏调用*/
```

用宏名 M AX 表示条件表达式（a > b）？ a : b，形参 a，b 均出现在条件表达式中。max = MAX（x，y）；为宏调用，实参 x，y 将代换形参 a，b。宏展开后该语句为：max = (x > y)？ x : y；用于计算 x，y 中的较大数。

对于带参的宏定义有以下问题需要说明：

（1）带参宏定义中，宏名和形参表之间不能有空格出现。

例如把#define MAX（a，b）　（a > b）？ a : b 书写为#define　MAX　（a，b）　（a > b）？ a : b 将被认为是无参宏定义，宏名 MAX 代表字符串（a，b）　（a > b）？ a : b

宏展开时，宏调用语句：max = MAX（x，y）；将变为：max = （a，b）　（a > b）？ a : b（x，y）；这显然是错误的。

（2）在带参宏定义中，形式参数不分配内存单元，因此不必作类型定义。而宏调用中的实参有具体的值，要用它们去代换形参，因此，必须作类型说明。这是与函数中的情况不同的。在函数中，形参和实参是两个不同的量，各有自己的作用域，调用时要把实参值赋予形参，进行“值传递”。而在带参宏中，只是符号代换，不存在值传递的问题。

（3）在宏定义中的形参是标识符，而宏调用中的实参可以是表达式。

例 6.2　有参宏定义的调用。

```
#define SQ(y)  (y)*(y)
#include <stdio.h>
main()
{int a, sq;
printf("Input a number:");
scanf("%d",&a);
sq = SQ(a+1);
printf("\n sq = %d\n",sq);
}
```

运行情况如下：

Input a number：3↙

sq = 16

本例中第一行为宏定义，形参为 y。程序第七行宏调用中实参为 a + 1，是 1 个表达式，在宏展开时，用 a + 1 代换 y，再用（y）＊（y）代换 SQ，得到如下语句：sq = (a + 1)＊(a + 1)；这与函数的调用是不同的，函数调用时要把实参表达式的值求出来再赋予形参。而宏代换中对实参表达式不作计算直接照原样代换。

（4）在宏定义中，字符串内的形参通常要用括号括起来以避免出错。例 6.2 中的宏定义（y）＊（y）表达式中的 y 都用括号括起来，因此结果是正确的。如果去掉括号，把程序第一行改为以下形式：

#define SQ（y）　y＊y

运行情况如下：

Input a number：3↙

sq =7

同样输入3，但结果却是不一样的。问题出在哪里呢？这是由于代换只作符号代换而不做其他处理而造成的。宏代换后将得到以下语句：sq = a + 1 * a + 1；由于 a 为3 故 sq 的值为7。这显然与题意相违，因此，参数两边的括号是不能少的。

有时即使在参数两边加括号还是不够的，例如：

```
#define SQ(y)  (y) * (y)        /* 宏定义 */
sq = 160/SQ(a + 1);             /* 宏调用 */
```

只把例6.2 中宏调用语句改为：sq = 160/SQ （a + 1）；运行程序时如果输入值仍为3，希望结果为10。但实际运行的结果如下：

Input a number：3↙

sq = 160

为什么会得到这样的结果呢？分析宏调用语句，在宏代换后变为：sq = 160/(a + 1) * (a + 1);a 为3 时，由于“/”和“ * ”运算符优先级和结合性相同，则先作160/（a + 1）得40，再作40 * （a + 1）最后得160。

以上讨论说明，对于宏定义不仅应在参数两侧加括号，也应在整个字符串外加括号。

（5）带参的宏和带参函数很相似，但有本质上的不同，除上面已谈到的各点外，把同一表达式用函数处理与用宏处理两者的结果有可能是不同的。

（6）宏定义也可以用来定义多个语句，在宏调用时，把这些语句又代换到源程序内。

例如：

```
#define SSSV(s1,s2,s3,v)s1 = l * w;s2 = l * h;s3 = w * h;v = w * l * h;   /* 宏定义 */
int l = 3,w = 4,h = 5,sa,sb,sc,vv;
SSSV(sa,sb,sc,vv);                                               /* 宏调用 */
```

宏定义中用宏名 SSSV 表示4 个赋值语句，4 个形参分别为4 个赋值符左部的变量。在宏调用时，把4 个语句展开并用实参代替形参，宏展开为：

```
sa = l * w;sb = l * h;sc = w * h;vv  = w * l * h;
```

执行后 sa、sb、sc、vv 的值分别为12，15，20，60。

6.2 文件包含

1. 文件包含的作用

所谓文件包含处理是指1 个源文件可以将另外1 个源文件的全部内容包含进来，即将另外的文件包含到本文件之中。C 语言提供了#include 命令用来实现文件包含的操作。如在 file1. c 中有以下#include 命令：

```
#include "file2. c"
```

文件包含的作用见图6.1 示意。

图6.1 表示了文件包含的含义。图6.1（a）为文件 file1. c，它有1 个#include“file2. c”命令，然后还有其他内容，以 A 表示。图6.1（b）为另一文件 file2. c，文件内容以 B 表示。在编译预处理时，要对#include 命令进行“文件包含”处理：将 file2. c 中

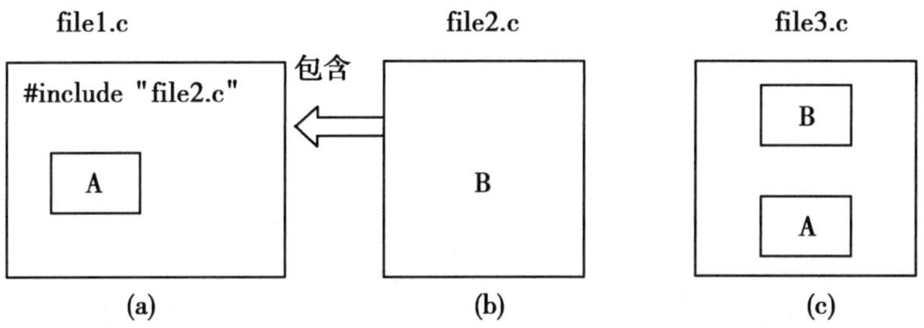

图 6.1　文件包含的作用

的全部内容插入到#include“file2. c”命令处，即 file2. c 被包含到 file1. c 中，得到图 6.1（c）所示的结果。在编译中，将“包含”以后的 file1. c 作为 1 个源文件单位进行编译。

“文件包含”命令是很有用的，它可以节省程序设计人员的重复劳动。例如，某一单位的人员往往使用一组固定的符号常量，如 pi = 3. 1415926 等，可以把这些宏定义命令组成 1 个文件，然后每个人都可以用#include 命令将这些符号常量包含到自己所写的源文件中。这样，每个人就可以不必重复定义这些符号常量。相当于工业上的标准零件，拿来就用。

例 6.3　可以事先将程序中的输出格式定义好，以减少在输出语句中每次都要写出具体的输出格式的麻烦。

文件 format. h 内容如下：

```
#define PR print
#define NL   "\ n"
#define D  "   %d"
#define D1 D NL
#define D2 D D NL
#define D3 D D D NL
#define D4 D D D D NL
#define S   "%s"
```

文件 file1. c 内容如下:

```
#include "format. h"
main( )
{int a, b, c, d;
char string[ ] = "CHINA";
a = 1; b = 2; c = 3; d = 4;
PR( D1, a) ;
PR( D2, a, b) ;
PR( D3, a, b, c) ;
PR( D4, a, b, c, d) ;
PR( S, string) ;
}
```

运行情况如下:

1

1　2

1　2　3

1　2　3　4

CHINA

在编译时并不是作为两个文件进行连接的，而是作为 1 个源程序编译，得到 1 个目标文件。因此，被包含的文件也应该是源文件而不应该是目标文件。

2. #include 命令的说明

(1) 1 个 include 命令只能指定 1 个被包含文件，如果要包含 n 个文件，要用 n 个 include 命令。

(2) 如果文件 1 包含文件 2，而文件 2 中要用到文件 3 的内容，则可以在文件 1 中用两个 include 命令分别包含文件 2 和文件 3，而且文件 3 应出现在文件 2 之前，即在 file1. c 中定义：

#include "file2. h"

#include "file3. h"

这样，file1 和 file2 都可以用 file3 的内容。在 file2 中不必再用#include "file3. h" 了（以上是假设 file2. h 在本程序中只被 file1. c 包含，而不出现在其他场合），见图 6. 2。

(3) 在 1 个被包含文件中又可以包含另 1 个被包含文件，即文件包含是可以嵌套的。例如，上面的问题也可以这样处理，见图 6. 3，它的作用与图 6. 2 所示相同。

图 6. 2　文件 2 中不发命令时已包含文件 3

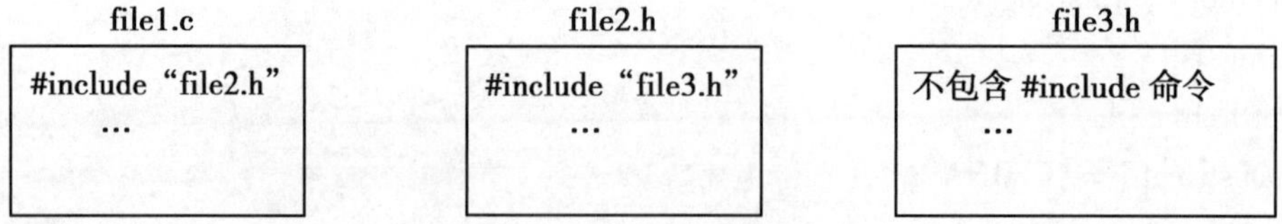

图 6. 3　文件包含可以嵌套

(4) 在#include 命令中，文件名除了可以用尖括号括起来以外，还可以用双撇号括起来。#include 命令的一般形式为：

#include <文件名>　　或　　#include "文件名"

例如：#include <stdio. h>　　或　　#include "stdio. h"都是合法的。二者的区别是：

用尖括号时，系统到系统目录中寻找要包含的文件，如果找不到，编译系统就给出出错信息。

有时被包含的文件不一定在系统目录中，这时应该用双撇号形式，在双撇号中指出文件路径和文件名。

如果在双撇号中没有给出绝对路径，如#include "file2. c" 则默认指用户当前目录中的文件。系统先在用户当前目录中寻找要包含的文件，若找不到，再按标准方式查找。如果程序中要包含的是用户自己编写的文件，宜用双撇号形式。

对于系统提供的头文件，既可以用尖括号形式，也可以用双撇号形式，都能找到被包含的文件，但显然用尖括号形式更直截了当，效率更高。

（5）被包含的文件（file2. h）与其所在的文件（即用#include 命令的源文件 file1. c），在预编译后已经成为同 1 个文件。因此，如果 file2. h 中有全局静态变量，它也在 file1. c 中有效，不必用 extern 声明。

3. 头文件

#include 命令的应用很广泛，绝大多数 C 语言程序中都包括#include 命令。现在，库函数的开发者把这些信息写在 1 个文件中，用户只需将该文件“包含”进来即可（如调用数学函数的，应包含 math. h 文件），这就大大简化了程序，写一行#include 命令的作用相当于写几十行、几百行甚至更多行的内容。这种常用在文件头部的被包含的文件称为“标题文件”或“头部文件”。

头文件一般包含以下几类内容：

（1）对类型的声明。

（2）函数声明。

（3）宏定义。

（4）全局变量定义。

（5）外部变量声明。如 extern int a。

（6）还可以根据需要包含其他头文件。

不同的头文件包括以上不同的信息，提供给程序设计者使用，这样，程序设计者不需要自己重复书写这些信息，只需用一行#include 命令就把这些信息包含到本文件了，大大地提高了编程效率。由于有了#include 命令，就把不同的文件组合在一起，形成 1 个文件。因此说，头文件是源文件之间的接口。

例 6.4　计算圆面积和矩形面积。

文件 myArea. h 内容如下：

```
double circle(double radius);
double rect(double width, double length);
```

文件 myArea. c 内容如下：

```
double pi = 3.14;
double circle(double radius)
{return pi * radius * radius;}
double rect(double width, double length)
{return width * length;}
```

文件 myMain. c 内容如下:

```
#include < stdio. h >
#include "myArea. h"
void main( )
{double width, length;
 printf( "Please enter two numbers: ");
 scanf( "%f%f", &width, &length);
 printf( " \ n Area of recttangle is: %f \ n ", rect( width, length));
 double radius;
 printf( "Please enter a radius: ");
 scanf( "%f", &radius);
 printf( " \ n Area of circle is: %f \ n ", circle( radius));
}
```

运行情况如下:

```
Please enter two numbers: 2. 3   4. 5 ↙
Area of recttangle is: 10. 350000
Please enter a radius: 6. 1 ↙
Area of circle is: 116. 898661
```

在本例中，我们将函数声明放在 myArea. h 这个头文件中，将计算圆面积和矩形面积两个函数的定义以及全局变量 pi 的定义放到文件 myArea. c 中，并在主文件 myMain. c 中包含头文件 myArea. h，这样，两个源文件分别编译都没有错误，将这 3 个文件放到同 1 个项目中，在执行时连接成 1 个可执行文件。

6. 3 条件编译

条件编译可以有效地提高程序的可移植性，并广泛地应用在商业软件中，为 1 个程序提供各种不同的版本。

一般情况下，源程序中的所有行都要参加编译。但是，如果用户希望参加编译的内容能够有所选择，即希望某一部分程序在满足条件时进行编译，否则不编译，或按条件编译另一部分程序，这时就要用到条件编译。

预处理程序提供了条件编译的功能。可以按不同的条件去编译不同的程序部分，因而产生不同的目标代码文件。

条件编译命令有 3 种形式。下面分别对它们进行说明。

1. 第一种形式

```
#if def 标识符
程序段 1
#else
程序段 2
#endif
```

功能：如果标识符已经被#define 命令定义过，则对程序段 1 进行编译；否则，对程序段 2 进行编译。如果没有程序段 2（为空），本格式中的#else 可以没有，即可以写为：

```
#ifdef 标识符
程序段 1
#endif
```

例如，可以在源程序中插入以下的条件编译段。

```
#ifdef DEBUG
printf( "x = % d, y = % d, z = % d, number = % d", x, y, z, num) ;
#else
printf( "the number is % d ", num) ;
#endif
```

由于在程序中插入了条件编译预处理命令，因此，要根据 DEBUG 是否被定义过来决定编译哪 1 个 printf 语句。如果在程序段的前面定义了#define DEBUG，则应对第一个 prinf 语句进行编译，故运行结果输出 x、y、z 和 num 的值；如果没有定义 DEBUG，则对第二个 printf 语句进行编译。

有了条件编译，程序员调试完程序后，只需要删除宏定义#define DEBUG，对程序重新进行编译连接即可，而不需要修改源程序。

2. 第二种形式

```
#ifndef 标识符
程序段 1
#else
程序段 2
#endif
```

与第一种形式的区别是将“ifdef”改为“ifndef”。它的功能是，如果标识符未被#define 命令定义过，则对程序段 1 进行编译，否则对程序段 2 进行编译。这与第一种形式的功能正好相反。

在调试程序时，常常希望输出一些所需的信息，而在调试完成后不再输出这些信息。可以在源程序中插入条件编译段。下面是 1 个简单的示例。

```
#include  < stdio. h >
#define RUN
int main( )
{ int x = 1, y = 2, z = 3;
#ifndef RUN
printf( "x =  % d, y = % d, z = % d  \ n", x, y, z) ;
#endif
printf( "x * y * z = % d \ n", x * y * z) ;
}
```

第二行用#define 命令的目的不在于用 RUN 代表 1 个字符串，而只是表示已定义过 RUN，因此 RUN 后面写什么字符串都无所谓，甚至可以不写字符串。在调试程序时去掉第二行（或加注释符，使之成为注释行），由于无此行，故未对 RUN 定义，第五行据此决定编译第六行，运行时输出 x，y，z 的值，以便用户分析有关变量当前的值。

运行情况如下：

x = 1,y = 2,z = 3

x * y * z = 6

在调试完成后，在运行之前，加上第二行，重新编译，由于此时 RUN 已被定义过，则该 printf 语句不被编译，因此在运行时不再输出 x，y，z 的值。

运行情况如下：

x * y * z = 6

3. 第三种形式

```
#if 常量表达式
程序段 1
#else
程序段 2
#endif
```

功能：如果常量表达式的值为真（非 0），则对程序段 1 进行编译，否则，对程序段 2 进行编译。其中的#else 和程序段 2 部分可以省略。因此，可以使程序在不同条件下完成不同的功能。注意跟在#if 后面的常量表达式在编译时求值，它必须仅包含常量及已经定义过的标识符，不可以使用变量。

```
#define MAX 100
#include <stdio.h>
main( )
{#if MAX
printf("compiled for greater than 99. \n");
#else
printf("compiled for small array . \n");
#endif
}
```

程序中采用了第三种形式的条件编译。程序第一行宏定义中，定义 MAX 为 100，因此在条件编译时，常量表达式的值为真，第一个 printf 语句参加编译，运行时在屏幕上显示一串信息。

例 6.5 输入一行字母字符，根据需要设置条件编译，使之能将字母全改为大写输出，或全改为小写字母输出。

```
#define LETTER 1
main( )
{
char str[20] = "C  Language", c;
int i;
```

```
i=0
while((c=str[i])!='\0')
{i++;
#if  LETTER
if(c>='a'&&c<='z')      c=c-32;
#else
if(c>='A'&&c<='Z')   c=c+32;
#endif
printf("%c",c);
}
}
```

运行情况如下：

C　LANGUAGE

现在先定义 LETTER 为 1，这样在对条件编译命令进行预处理时，由于 LETTER 为真（非零），则对第一个 if 语句进行编译，运行时使小写字母变成大写。如果将程序第一行改为 #define LE TT _ ER 0 则在预处理时，对第二个 if 语句进行编译处理，使大写字母变成小写字母（大写字母与相应的小写字母的 ASCII 代码差 32）。此时运行情况为：

c　language

有的读者可能会问，不要条件编译命令而直接用 if 语句也能达到要求，用条件编译命令有什么好处呢？的确，此问题完全可以不用条件编译处理，但那样做目标程序长（因为所有语句都编译），运行时间长（因为在程序运行时对 if 语句进行测试）。而采用条件编译，可以减少被编译的语句，从而减少目标程序的长度，减少运行时间。当条件编译段比较多时，目标程序长度可以大大减少。

习　　题

1. 以下程序的输出结果是

A. 15　　B. 100　　C. 10　　D. 150

```
#define  min(x,y)  (x)<(y)?(x):(y)
main(){int i,j,k;i=10;j=15;k=10*min(i,j);printf("%d\n",k);}
```

2. 以下程序中的循环执行的次数是

A. 5　　B. 6　　C. 8　　D. 9

```
#define    n  2
#define    m   n+1
#define    NUM  (m+1)*m/2
main(){int i;for  (i=1;i<=NUM;i++)   printf("%d\n",i);}
```

3. 以下程序的输出结果是

A. 11　　B. 12　　C. 13　　D. 15

```
#define    "stdio. h"
#define    FUDGF(y) 2. 84 + y
#define    PR(a)    printf("%d", (int(a))
#define    PRINT1(a)    PR(a); putchar('\ n')
main( ) { int    x = 2; PRINT1( FUDGF(5) * x) ; }
```

第七章　数　　组

迄今为止，使用的变量都是单一的变量，相互之间没有联系，这样的变量又叫离散性变量。当需要大量相同数据类型的变量时，必然想到变量的组合，数组就是这样一种结构。

数组是具有相同数据类型的元素所组成的有序集合，而每1个数组元素就是1个类型相同的变量。每个数组是用1个统一的名称表示数组元素的集合，数组中的每一元素具有惟一索引号（即下标），可以用数组名及下标惟一地识别1个数组元素，下标的个数决定数组的维数，1个下标的数组称为一维数组，两个下标的数组称为二维数组。

7.1　一维数组

7.1.1　一维数组的定义

格式：

类型说明符　数组名［常量表达式］

功能：定义1个一维数组，常量表达式的值就是数组元素的个数。

说明：

（1）数组必须先定义，然后再使用。

（2）类型说明符标明了数组元素所属的数据类型，可以是整型、浮点型等。如：

```
int array [100];          /* 说明1个元素个数为100的整型数组 */
float f [20];             /* 说明1个元素个数为20的浮点型数组 */
static char c [50];       /* 说明1个元素个数为50的静态字符型数组 */
```

（3）数组名的起名规则和变量名相同，遵守标识符命名规则。

（4）常量表达式指明了数组的大小，即数组元素的个数，称作数组的长度，它必须是1个整型值，可以包括常量和符号常量，不允许是0、负数和浮点数，也不能包含变量。如：

int a [10+20];　/* 说明1个元素个数为30的整型数组，这里10+20是1个常量表达式 */

请看下面两个程序段：

程序段一：

```
#define n 5
main( )
{int   a[n],b[n+5];
  …
```

```
}
```

程序段二：

```
main( )
{int n =5;
int   a[n],b[n +5];
   …
}
```

程序段一是正确的，n 是宏定义，经过预编译以后，int a[n],b[n +5]；就变成了 int a[5],b[5 +5]；数组 a 和 b 编译时的长度是 5 和 15。程序段二是错误的，n 是变量，在程序执行的过程中才被赋值，系统无法事先为数组分配空间。

7.1.2 一维数组的引用

数组元素的引用是通过数组名和下标来确定的，一般形式是：

数组名［ 下标 ］

说明：

（1）下标可以是整型常量、整型变量或整型表达式。如：

a[3] =a[1] +a[i] +a[2 * 3]

（2）C 语言中数组元素的下标总是从 0 开始，称为下标的下界；最后 1 个元素的下标为元素个数减 1，称为下标的上界。即若数组的元素个数说明为 n，则下标的范围是从 0 到 n -1，超出这个范围则称下标越界。

（3）数组元素可以像普通变量一样进行赋值和算术运算以及输入和输出操作。

例 7.1 为数组元素赋值并逆序输出各元素值。

```
main( )
{
int i, a[10];
for(i =0; i < =9; i + +)
   a[i] =i;
for(i =9; i > =0; i - -)
   printf("%d   ", a[i]);
}
```

程序运行结果如下：

9 8 7 6 5 4 3 2 1 0

注意：

（1）数组常常与循环结合使用，当下标 i 取不同的值时，a ［i］代表不同的数组元素。

（2）应用循环语句处理数组元素时，应正确控制下标变量的范围，i 在 0 到 9 之间变化。

（3）第一个 for 循环为 a ［0］ 到 a ［9］ 赋值 0 ~9，第二个 for 循环逆序输出各元素值。

7.1.3　一维数组的存储

在说明 1 个数组后，系统会在内存中分配一段连续的空间用于存放数组元素。如说明 1 个元素个数为 10 的整型数组 a：

int a [10]；

则它在内存中存放的形式如图 7.1 所示：

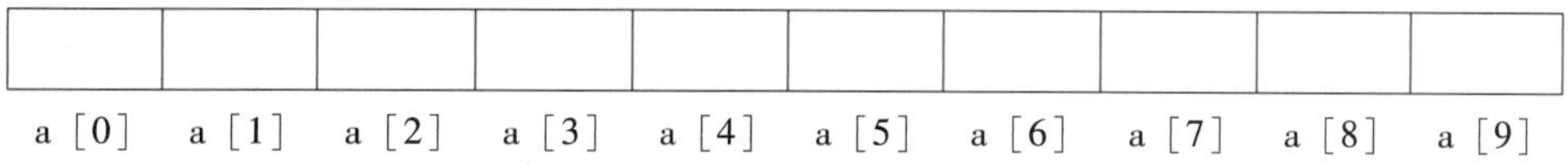

图 7.1　数组在内存中的存放形式

7.1.4　一维数组的初始化

初始化是指在数组定义时给数组元素赋予初值。注：C 语言规定只有静态存储（static）数组和外部存储（extern）数组才能初始化。另外，数组初始化是在编译阶段进行的，而不是在程序开始运行以后，因此不能将初始化的“ =”与赋值号混淆。

格式：static 类型说明符　数组名 [常量表达式] = {初值 1，初值 2，……}；

功能：在定义数组时对数组元素赋以初值。

说明：

（1）初值可以是数值型、字符常量或字符串。

（2）关键字 static 是“静态存储”的意思，也可以省略，但意义上是有差别的。

（3）数组元素的初值必须依次放在一对花括号内。数组中有若干个数组元素，可在 {} 中给出各数组元素的初值，各初值之间用逗号分开。

一维数组的初始化有多种方法，具体如下：

（1）定义数组时初始化，如：

```
static int a[10] = {0,1,2,3,4,5,6,7,8,9};
```

（2）对数组部分元素初始化，如：

```
static int a[6] = {0,1,2,3};
```

相当于：

```
static int a[6] = {0,1,2,3,0,0};
```

（3）对数组全部元素显式赋值时可不指定数组长度，如：

```
int a[ ] = {0,1,2,3,4};
```

相当于：

```
int a[5] = {0,1,2,3,4};
```

（4）如果想使 1 个数组中全部元素值为 0，可以写成：

```
static int a[10] = {0,0,0,0,0,0,0,0,0,0};
```

或

```
static int a[10];
```

7.1.5　一维数组的经典实例

例 7.2　输入 10 位同学成绩，输出并求他们的总成绩。

```
#include  < stdio. h >
main( )
{    int i;
int a[10];                    /＊说明了 1 个元素个数为 10 的整型数组＊/
int sum =0;
      printf( " \ n 输入 10 个整数: \ n");
for( i =0; i <10; i + +)
{
scanf( "% d", &a[ i]);          /＊从键盘输入各元素值＊/
sum = sum + a[ i];              /＊累加计算总成绩＊/
}
      printf( " \ n");
for( i =0; i <10; i + +)
         printf( "a[ % d]  = % d", i, a[ i]);
      printf( " \ n 总成绩为% d", sum);
}
```

程序运行结果如下:

输入 10 个整数:

85 78 90 100 80 65 77 88 95 98 ↙

a[0] = 85 a[1] =78 a[2] =90 a[3] =100 a[4] =80 a[5] =65 a[6] =77 a[7] =88 a[8] =95 a[9] =98

总成绩为 856

用 scanf 从键盘上为数组元素输入值时，数组元素前应加上取地址符 &，如 scanf ("% d", &a [i]);。第一个 for 循环读入各位同学的成绩 a [i]，并累加计算总成绩 sum；第二个 for 循环输出各位同学的成绩。

例 7.3 选择法排序。对已知存放在数组中的 n 个数，按升序排序。

基本思想:

(1) 对有 n 个数的序列，从中选出最小的数，与第一个数交换位置

(2) 除第一个数外，其余 n -1 个数再按 (1) 的方法选出次小的数，与第二个数交换位置

(3) 重复 (1) n -1 次，最后得到递增序列

如图 7.2 对以下 6 个数进行选择法排序:

```
8 6 9 3 2 7
2 6 9 3 8 7
2 3 9 6 8 7
2 3 6 9 8 7
2 3 6 7 8 9
2 3 6 7 8 9
```

图 7.2 对 6 个数进行 5 趟选择法排序

第一趟排序找到最小的数 2，并与 8 交换，下一趟时 2 不再参加排序；第二趟排序找到次小的数 3，并与 6 交换，下一趟 2，3 不再参加排序；第三趟排序找到第三个最小的数 6，并与 9 交换，下一趟 2，3，6 不再参加排序；第四趟排序找到第四个最小的数 7，并与 9 交换，下一趟 2，3，6，7 不再参加排序；第五趟排序找第五个最小的数 8，8 与 8 不交换，可以看出已排好序了。

程序如下：

```
#include  < stdio. h >
 main( )
 {    int i, j, p, temp;
int a[ 6] ;
for( i =0; i <6; i + +)    / * 输入待排序列 * /
   scanf( "% d", &a[ i] ) ;
printf( " \ n 排序前: ") ;
for( i =0; i <6; i + +)       / * 输出排序前序列 * /
   printf( "% d    ", a[ i] ) ;
printf( " \ n") ;
for( i =0; i <5; i + +)
{
   p = i;                    / * 假设第 i 个元素是最小的 * /
   for( j = i +1; j <6; j + +)
      if( a[ j]  < a[ p] ) p = j;
   temp = a[ i] ; a[ i]  = a[ p] ; a[ p]  = temp;
/ * 第 i 趟找到的最小值和第 i 个元素交换 * /
}
printf( " \ n 排序后: ") ;
for( i =0; i <6; i + +)        / * 输出排序结果 * /
   printf( "% d    ", a[ i] ) ;
printf( " \ n") ;
}
```

第一个 for 循环输入 6 个整数；第二个 for 循环输出排序前的 6 个数；第三个 for 循环排序，其中变量 p 用来记录当前找到的最小数在数组中的下标位置，每一趟排序先假设第 i 个元素是最小的，然后与其后的各元素依次比较找出最小的；最后 1 个 for 循环输出排序后的结果。

例 7.4　冒泡法排序

基本思想：相邻的数两两比较，将小的调到前头。如图 7.3 是一趟冒泡法排序：

有 6 个数，相邻的数两两比较，第一次 8 >6，将 8 和 6 交换，第二次 8 <9，不交换，第三次 9 >3，将 9 和 3 交换，第四次 9 >2，将 9 和 2 交换，第五次 9 >7，将 9 和 7 交换，如此共进行 5 次比较，得到 6，8，3，2，7，9 的顺序，可以看出，最大的数 9 已“沉底”，而小数则不断向上冒。经过一趟排序，已得到最大的数，这就是“冒泡法”的由

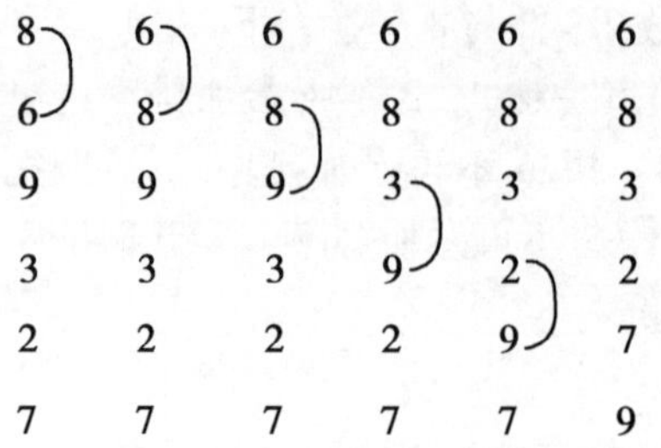

图 7.3　一趟冒泡法排序

来。然后进行第二趟排序，对除了 9 之外的其余 5 个数进行比较，经过 4 次比较，得到次大的数 8。如此进行下去，6 个数进行 5 趟排序，如图 7.4 所示。如果是 n 个数，则进行 n－1 趟排序，第 i 趟中要进行 n－i 次两两比较（图 7.4）。

						原始数据	8 6 9 3 2 7
a [0]	a [1]	a [2]	a [3]	a [4]	a [5]	第一趟排序	6 8 3 2 7 9
a [0]	a [1]	a [2]	a [3]	a [4]		第二趟排序	6 3 2 7 8 9
a [0]	a [1]	a [2]	a [3]			第三趟排序	3 2 6 7 8 9
a [0]	a [1]	a [2]				第四趟排序	2 3 6 7 8 9
a [0]	a [1]					第五趟排序	2 3 6 7 8 9

图 7.4　多趟冒泡法排序

程序如下：

```
#include <stdio.h>
 main( )
 {   int i, j, temp;
int a[6];
printf("\n输入6个整数:");
for(i=0;i<6;i++)        /*输入待排序列*/
  scanf("%d",&a[i]);
printf("\n排序前:");
for(i=0;i<6;i++)        /*输出排序前序列*/
  printf("%d",a[i]);
printf("\n");
for(i=0;i<5;i++)
{
  for(j=0;j<5-i;j++)
    if(a[j]>a[j+1])/*相邻元素两两进行比较*/
{
      temp=a[j]; a[j]=a[j+1]; a[j+1]=temp;
    }
```

```
}
printf( " \ n 排序后: ") ;
for( i =0; i <6; i + +)
   printf( "% d    ", a[ i] ) ;
printf( " \ n") ;
}
```

例 7.5　顺序查找

基本思想：依次用给定的值与各数组元素进行比较，若某个元素与给定值相等，则查找成功，打印该元素所在位置，反之，若直到最后 1 个元素，其值与给定值均不相等，则查找失败，打印查找失败信息。

```
#include  < stdio. h >
main( )
{    int i, x, p, flag =0; / * flag 用以判断查找是否成功, 0 表示未成功, 1 表示成功, 初始为 0 * /
int a[ 10] ={8, 3, 4, 5, 9, 2, 1, 6, 7, 0};
printf( " \ n 输入要查找值: ") ;
scanf( "% d: ", &x) ;
for( i =0; i <10; i + +)    / * 查找 x * /
   if( x = =a[ i] )
{
flag =1;
p =i;
break; / * 找到则跳出循环 * /
}
      if( flag = =0)
printf( “没有找到”) ;
      else
   printf( " \ n% d 是第% d 个元素 \ n", x, p) ;
   }
```

程序运行结果如下：

输入要查找值：9↙

9 是第四个元素

程序中设一开关变量 flag，一开始 flag =0 表示还未找到，在比较的过程中若有某个数组元素 a ［i］ 等于要查找的值 x 则修改 flag =1，说明找到了，并退出循环，没必要搜索所有数组元素，这样可以减少程序的运行时间。

例 7.6　二分法查找（折半查找）

要求：数据已有序。

基本思想：在有序表中，取中间元素作为比较对象，若给定值与中间元素的值相等，则查找成功；若给定值小于中间元素的值，则在中间元素的左半区继续查找；若给定值大于中间元素的值，则在中间元素的右半区继续查找。不断重复上述查找过程，直到查找成功或所查找的区域无数据元素，查找失败。

如图 7.5 所示，在 10 个数中查找值为 27 的数据，即 k = 27，一开始 low 等于 0，high = 9，求这个区间的中点 mid = （0 + 9）/2 = 4，k 与 a［mid］进行比较，27 < 47，查找区间缩小到左半区，更新 high = mid − 1 = 3；计算新的 mid = （0 + 3）/2 = 1，k 与 a［mid］进行比较，27 > 18，查找区间缩小到右半区，更新 low = mid + 1 = 2；计算新的 mid = （2 + 3）/2 = 2，k 与 a［mid］进行比较，27 = 27 查找成功（图 7.5）。

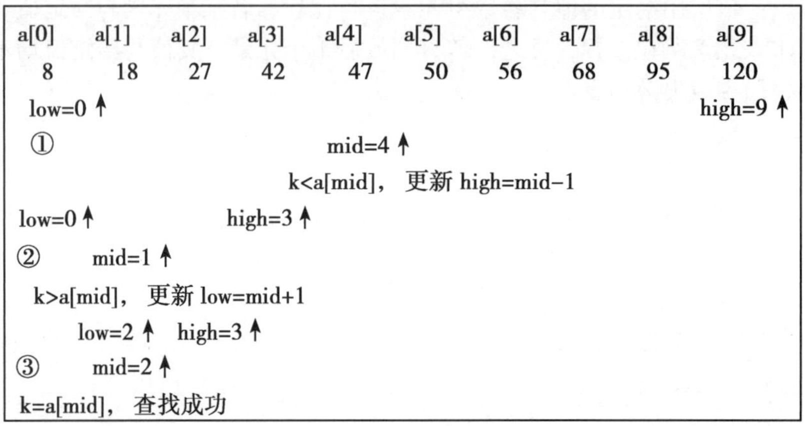

图 7.5　二分法查找

假设查找表存放在数组 a 的 a［0］至 a［n − 1］中，且升序，查找值为 k。折半查找的主要步骤为：

（1）置初始查找范围：low = 0，high = n − 1；

（2）求查找范围中间项：mid = （low + high）/2；

（3）将指定的值 k 与中间项 a［mid］比较；

若 k = a［mid］，查找成功，找到的数据元素为 a［mid］，此时 mid 指向的位置；

若 k < a［mid］，查找区间缩小到左半个区间，low 不变，更新 high = mid − 1；

若 k > a［mid］，查找区间缩小到右半个区间，high 不变，更新 low = mid + 1；

（4）重复步骤（2）、（3）直到查找成功或查找区间空（low > high），即查找失败为止。

（5）如果查找成功，打印找到元素的存放位置 mid；否则打印查找失败信息。

程序如下：

```
#include <stdio.h>
main( )
{
int i, k, low, high, mid;
int a[10] = {8, 18, 27, 42, 47, 50, 56, 68, 95, 120};
printf("输入查找的元素 k: ");
scanf("%d", &k);                    /* 从键盘输入要查找的值 k */
```

```
low = 0;    high = 9;                      /* 设置初始区间 */
while( low < = high)                       /* 表空测试 */
{                                          /* 非空,进行比较测试 */
mid = ( low + high) /2;                    /* 计算中点 */
if      ( k < a[ mid] )   high = mid - 1;  /* 查找区间缩小到左半区 */
else   if( k > a [ mid] )   low = mid + 1; /* 查找区间缩小到右半区 */
         else break;                       /* 查找成功,结束循环 */
}
if( low > high)
      printf( " \ n 没有找到! ");
else
      printf( " \ n% d 是第% d 个元素 \ n", k, mid);
}
```

程序运行结果如下：

输入查找的元素 k：65↙

没有找到！

7.2　二维数组

7.2.1　二维数组的说明

两个下标的数组称为二维数组。

例如有如下学生年龄表：

学号	1	2	3	4	5
年龄	15	16	14	16	17

若用一维数组描述，就要用到两个数组：

```
int num[5];   /*存放学号*/
int age[5];   /*存放年龄*/
```

可用二维数组来处理，有下列说明语句：

```
int age[2][5];
```

二维数组说明的一般形式：

类型标识符 数组名［常量表达式1］［常量表达式2］

说明：

(1) 类型说明符说明了数组元素所属的数据类型，可以是整型、浮点型等。

(2) 数组名规定和变量名相同，遵守标识符命名规则。

(3) 两个整型常量表达式分别代表数组具有的行数和列数。

(4) 和一维数组一样，二维数组下标值也是从 0 开始的。

例如：int a［3］［4］

①定义 a 为 3×4（三行四列）的二维数组，其数组元素的类型是 int。注意不能写成

int a [3, 4];

②a 数组共有 3×4=12 个数组元素。

③a 数组行下标为 0, 1, 2 列下标为 0, 1, 2, 3。a 数组的数组元素是:

a[0][0],a[0][1],a[0][2],a[0][3]

a[1][0],a[1][1],a[1][2],a[1][3]

a[2][0],a[2][1],a[2][2],a[2][3]

7.2.2 二维数组的引用

二维数组元素引用的一般形式如下:

数组名 [下标表达式] [下标表达式]

对上述二维数组 age 而言,以下都是对二维数组元素的正确引用:

age[0][1]

age[i][3]　　　　0<=i<=1

age[1][i+2]　　　0<=(i+2)<=4 即 -2<=i<=2

注意:对二维数组元素的引用不能写成 a [0, 0],而要写成 a [0][0]。

7.2.3 二维数组的存储

在 C 语言中把二维数组看成是 1 个数组的数组,即可以把二维数组看作是 1 个特殊的一维数组,该一维数组的每个数据元素也是 1 个一维数组。如数组 a [3][4] 可看成 1 个有 3 个元素的一维数组:a [0]、a [1]、a [2],而每个一维数组又各是 1 个具有 4 个 int 型数据的一维数组,如图 7.6 所示。

a [0] [0]	a [0] [1]	a [0] [2]	a [0] [3]
a [1] [0]	a [1] [1]	a [1] [2]	a [1] [3]
a [2] [0]	a [2] [1]	a [2] [2]	a [2] [3]

图 7.6　二维数组可看成是 1 个数组的数组

在 C 语言中,二维数组的元素是按行存储的,即在内存中先放第一行元素,再放第二行元素,依次类推。

7.2.4 二维数组的初始化

二维数组的初始化有以下 4 种形式:

(1) 按行依次对二维数组赋初值。

static int a[2][5]={{1,2,3,4,5},{14,15,16,16,17}};

(2) 将所有数据写在 1 个花括号内,按数组排列的顺序对各数组元素赋初值。

static int a[2][5]={1,2,3,4,5,14,15,16,16,17};

(3) 可以对部分元素显式赋初值。

static int a[2][3]={{1},{4}};

(4) 若对全部元素显式赋初值,则数组第一维的元素个数在说明时可以不指定,但第二维的元素个数仍然不能缺省。

```
int a[ ][3] = {1,2,3,4,5,6};
```

7.2.5 二维数组的经典实例

例 7.7 求 1 个 4 ×4 阶矩阵元素的最小值。

```
#include <stdio.h>
main( )
{static int a[4][4] ={{12, 76, 4, 1}, { -19, 28, 55, -6}, {2, 10, 13, -2}, {3, -9, 112,
111}};
/*矩阵元素初始化*/
int  i, j, row, colum, min;
min = a[0][0];                              /*假设 a[0][0]是最小的元素*/
for( i =0; i <4; i++)
 {  for( j =0; j <4; j++)
      {printf( "%5d", a[ i][ j]);
        if( a[ i][ j] < min)
          {  min = a[ i][ j];               /*记录最小值*/
             row = i, colum = j; }          /*记录最小值元素的下标*/
        }
      printf( "\n");
   }
printf( "最小值 =%d, 位于矩阵第%d 行, 第%d 列\n", min, row +1, colum +1);
}
```

程序运行结果如下：

```
   12   76    4    1
  -19   28   55   -6
    2   10   13   -2
    3   -9  112  111
```

最小值 = -19，位于矩阵第二行，第一列

操作二维数组一般使用二重循环，外循环控制二维数组的行下标的变化，内循环控制二维数组的列下标的变化。本例先假设 a [0][0] 是最小的元素 min = a [0][0]，然后逐行逐列用 min 与各元素 a [i][j] 比较，若 a [i][j] <min 则更新 min，并记录下最小元素所在位置。最后打印时 row +1，colum +1 是因为 C 语言的下标是从 0 开始，而矩阵的行列是从第一行第一列开始。

例 7.8 求 1 个矩阵的转置矩阵。

```
#include <stdio.h>
main( )
{
int a[2][3], b[3][2];
int i, j;
```

```
printf("输入 A(2×3)矩阵: \n");
for(i=0;i<2;i++)                /* 输入矩阵 A */
 for(j=0;j<3;j++)
 scanf("%d",&a[i][j]);
printf("A: \n");
for(i=0;i<2;i++)
{
        for(j=0;j<3;j++)
        {
        printf("%5d",a[i][j]);        /* 输出矩阵 A */
        b[j][i] =a[i][j];}              /* 将矩阵 A 转置 */
printf("\n");                     /* 输出一行后换行 */
}
printf("B: \n");
for(i=0;i<3;i++)        /* 输出转置矩阵 B */
{
      for(j=0;j<2;j++)
         printf("%5d",b[i][j]);
      printf("\n");
}
}
```

程序运行结果如下:

```
输入 A (2×3) 矩阵:
1 2 3↙
4 5 6↙
A:
  1  2  3
  4  5  6
B:
  1  4
  2  5
  3  6
```

所谓矩阵的转置实质上是将矩阵的行列互换，2 行 3 列的矩阵转置之后得到 1 个 3 行 2 列的矩阵。第一个二重循环从键盘输入矩阵 A，第二个二重循环在输出矩阵 A 的同时将矩阵 A 转置 b [j][i] =a [i][j];，第三个二重循环输出转置矩阵 B。注意输出矩阵时，打印一行后要换行，语句 printf ("\n")；放在内循环外面，外循环里面。

例 7.9 输入 4 名学生 3 门课程的成绩，算出每位学生的平均分，打印出成绩表。

```
main()
{int a[4][4];             /* 定义 1 个 4×4 的二维数组 a 存放成绩单 */
```

```
int i, j, sum
printf("请输入成绩: \ n");
/＊将 4 名学生 3 门课程的成绩存入数组 a 中＊/
printf("课程 1   课程 2   课程 3  \ n");
for(i =0; i <4; i + +)
     for(j =0; j <3; j + +)
        scanf("% d", &a[i][j]);
for(i =0; i <4; i + +)        /＊求每位学生的平均分＊/
{sum =0;
for(j =0; j <3; j + +)
     sum = sum +a[i][j];
a[i][3] = sum /3;
}
printf(" 课程 1     课程 2     课程 3     平均分\ n");
for(i =0; i <4; i + +)        /＊按行、列形式输出成绩表＊/
{for(j =0; j <4; j + +)
     printf("%6d", a[i][j]);
  printf(" \ n");
  }
  }
```

程序的运行情况如下：

```
请输入成绩:
课程 1    课程 2    课程 3
  75        82        92↙
  93        95        91↙
  84        93        85↙
  67        65        78↙
课程 1    课程 2    课程 3    平均分
  75        82        92        83
  93        95        91        93
  84        93        85        87
  67        65        78        70
```

用二维数组的一行元素记录 1 个学生的成绩信息。a [0][0]、a [0][1] 和 a [0][2] 存放第一个学生的 3 门课成绩，a [0][3] 存放第一个学生的平均成绩；a [1][0]、a [1][1] 和 a [1][2] 存放第二个学生的 3 门课成绩，a [1][3] 存放第二个学生的平均成绩；依次类推。

7.3 字符数组与字符串

7.3.1 字符数组的说明与初始化

字符数组是数组元素类型为字符的数组，字符数组中的 1 个元素存放 1 个字符。

字符数组说明的一般形式是：

char 数组名 [常量表达式]

字符数组初始化：

char ch[8] = {'a', 'b', 'c', 'd', 'e', 'f', 'g', 'h'};

如果花括号中提供的字符个数大于数组长度，则作语法错误处理。如果字符个数小于数组长度，则只将这些字符赋给数组中前面那些元素，其余元素自动定为空格。

例 7.10 字符数组使用的 1 个实例。

```
#include <stdio.h>
main( )
{ static char c[10] ={'c',' ','p','r','o','g','r','a','m','.'};
  int i;
  for(i =0; i <10; i++)
    printf("%c", c[i]);
  printf("\n");
}
```

7.3.2 字符串

前面的程序中我们经常使用字符串常量，如 printf ("hello!")；中用双引号括起来的就是字符串常量。字符串常量总是以'\0'作为结束符。如"Hello!"共有 6 个字符，但在内存中占用 7 个字节，最后 1 个字节存放'\0'。'\0'称为“字符串结束标志”。

C 语言没有提供字符串数据类型，用字符数组来处理字符串变量。人们往往关心的不是字符数组的长度，而是字符串的实际长度。如对于字符数组 char s [10]，若将它用来存放字符串"Hello!"，则在内存中的该字符数组存放的形式（图 7.7）：

H	e	l	l	o	!	\0			
s [0]	s [1]	s [2]	s [3]	s [4]	s [5]	s [6]	s [7]	s [8]	s [9]

图 7.7 字符数组的存放形式

有了'\0'标志以后，在处理字符数据时，就不必再用数组的长度来控制对字符数组的操作，而是用'\0'来判断字符串的结束位置。这是字符数组与其他类型的数组在操作上的根本区别。

字符串变量的初始化有以下两种形式：

(1) 与字符数组的初始化形式相同

①char str[ ] = {'a', 'b', 'c', 'd', 'e', 'f', 'g', 'h', '\0'};

字符串可以进行部分初始化，即

②char pstr[8] = {'a', 'b', 'c', 'd', '\0'};

其中未赋值的部分将自动赋值为'\ 0'，因此，pstr 也可以进行如下的初始化

③char pstr[8] = {'a', 'b', 'c', 'd'};

③式与②式是等价的。

④char ch[8] = {'A', ' ', 's', 't', 'r', 'i', 'n', 'g'};

④式与③式是不一样的，④式中 ch 是 1 个不带串结束符的字符数组，不能对它使用与字符串有关的标准库函数。

(2) 对字符串的初始化还有两种简写形式，如对于

char str[ ] = {'A', ' ', 's', 't', 'r', 'i', 'n', 'g', '\0'};

下列两式都是等价的简写形式：

char str[ ] = "A string";

char str[ ] = {"A string"};

系统会自动在字符串后添加 1 个串结束符'\ 0'。

7.3.3 字符串的输入输出

(1) 逐个字符输入输出 用格式符"%c"输入或输出 1 个字符。如例 7.10

(2) 将整个字符串一次输出 用"%s"格式符即输出字符串（string）。如：

```
static char str[ ] = "C Program";
printf("%s",str);
```

输出结果为 C Program，输出字符不包括结束符'\ 0'，用"%s"格式符输出字符串时，printf 函数中的输出项是字符数组名。

(3) 可以用 scanf 函数输入 1 个字符串 如：

```
static char str[10];
scanf("%s",str);
```

注意：scanf（"%s"，str）；语句在执行时，系统会将用户从键盘输入的字符逐个存入内存，并自动在最后加上'\ 0'结束符。str 是存放字符串变量的数组名，不可加取地址符 &，因为 str 代表的是该字符串变量的首地址。

如果用 1 个 scanf 函数输入多个字符串，则以空格分隔。如：

```
static char s1[20],s2[20],s3[20],s4[20];
scanf("%s%s%s%s",s1,s2,s3,s4);
```

从键盘输入

I am a boy.

则 s1 = "I",s2 = "am",s3 = "a",s4 = "boy. "

C 语言中有输入域的概念，空格、tab、回车表示下 1 个输入域开始，前 1 个输入域结束，I am a boy. 是四个输入域。除了%c，其他的转换序列都会以空格、tab、回车来区分不同的输入域。

(4) puts（字符数组） 将 1 个字符串变量的内容（一定要有'\ 0'结束符）输出到终端。如：

```
static char str[ ] = "C Program";
puts(str);
```

注意：puts 函数在输出时自动将'\0'转换成'\n'换行。

（5）gets（字符数组）　从终端输入 1 个字符串到字符数组，并且得到 1 个函数值，该函数值是字符数组的起始地址。如：

```
static char str[20];
gets(str);
```

从键盘输入：

I am a boy.

则 str = "I am a boy."

注意：使用 gets 函数接收字符串时，并不以空格、tab 作为字符串输入结束的标志，而只以回车作为输入结束的标志。因此，I am a boy. 被全部接收了，这与 scanf 函数是不同的。

7.3.4　字符串处理函数

下面介绍几种常用的函数。

（1）strcat（字符数组 1，字符数组 2）　连接两个字符数组中的字符串，把字符串 2 连接到字符串 1 的后面，结果放在字符数组 1 中。如：

```
static char s1[20] = "Hello ";
static char s2[10] = "world!";
printf("%s", strcat(s1, s2));
```

输出:

Hello world!

（2）strcpy（字符数组 1，字符串 2）　将字符串 2 拷贝到字符数组 1 中。字符串结束符'\0'也一起复制，字符串 2 既可以是字符串常量也可以是字符数组。如：

```
static char s1[20],s2[ ] = "Hello";
strcpy(s1,s2);
```

则 s1 的值为"Hello"

注意：不能用赋值语句将 1 个字符串或字符数组直接赋给 1 个字符数组，只能用 strcpy 函数处理。如下面两个语句是不合法的：

```
s1 = "Hello";
s1 = s2;
```

（3）strcmp（字符串 1，字符串 2）　作用是比较字符串 1 和字符串 2。对两个字符串自左到右逐个字符按 ASCII 值大小比较，直到出现不同的字符或遇到'\0'为止。如全部字符相同，则函数值为 0；若出现不同字符，则以第一个不相同的字符的比较结果为准，若字符串 1 > 字符串 2，函数值大于 0，否则函数值小于 0。

（4）strlen（字符数组）　是测试字符串实际长度的函数，不包括'\0'在内。

（5）strlwr（字符串）　将字符串中大写字母转换成小写字母。

（6）strupr（字符串）　将字符串中小写字母转换成写大字母。

7.3.5　字符数组的经典实例

例 7.11　输入 10 个国家名称，要求按字典序排序。

1 个国家的名称是 1 个字符串，10 个国家的名称用二维的字符数组来存储。二维数组的每个数组元素是 1 个字符串，也就是说 str［0］、str［1］、str［2］……都是 1 个字符串的首地址。

程序如下：

```
#include <stdio.h>
main( )
{
char string[20];
char str[10][20];            /*存放 10 个国家的名称*/
int i, j, p;
printf("请输入 10 个国家名称: \n");
for(i=0; i<10; i++)
    gets(str[i]);   /*输入 10 个国家名称*/
for(i=0; i<9; i++)
{
    p=i;
    for(j=i+1; j<10; j++)
      if(strcmp(str[p], str[j])>0)    p=j;    /*用函数 strcmp 比较字符串的大小*/
    strcpy(string, str[i]); strcpy(str[i], str[p]); strcpy(str[p], string);
    /*交换两个字符串的值,要用函数 strcpy  */
}
printf("\n 排序结果: ");
for(i=0; i<10; i++)
    printf("\n%s", str[i]);
}
```

程序运行结果如下：

请输入 10 个国家名称：

China↙

Austria↙

Australia↙

Mongolia↙

Palestine↙

France↙

United States↙

South Africa↙

Norway↙

Spain↙
排序结果：
Australia
Austria
China
France
Mongolia
Norway
Palestine
South Africa
Spain
United States

本例用选择法排序对 10 个国家按字典序排序，只是需要注意字符串比较大小要用函数 strcmp，交换两个字符串的值要用函数 strcpy。

习　　题

一、选择题

1. 以下程序段的输出结果是：

A. 不确定的值　　B. 3　　C. 2　　D. 1

```
main( ){int n[2] ={0}, i, j, k =2;
for(i =0; i <k; i + +) for(j =0; j <k; j + +) n[j] =n[i] +1; printf("%d \ n", n[k]); }
```

2. 以下程序段的输出结果是：

A. 720　　B. 120　　C. 24　　D. 6

```
f(int b[ ], int n){int i, r =1; for(i =0; i < =n; i + +) r =r * b[i]; return(r); }
main( ){int x, a[ ] ={2,3,4,5,6,7,8,9}; x =f(a,3); printf("%d \ n", x); }
```

3. 以下程序段的输出结果是：

A. 1.5.9　　B. 1，4，7　　C. 3，5，7　　D. 3，6，9

```
main( ){int i, x[3][3] ={1,2,3,4,5,6,7,8,9};
for(i =0; i <3; i + +) printf("%d, ", x[i][2 -i]); }
```

4. 以下程序段的输出结果是：

A. 11　　B. 10　　C. 9　　D. 8

```
printf("%d \ n", strlen("ATs \ n012 \ 1 \ \ "));
```

5. 以下程序段的输出结果是：

A. itis　　B. it　　C. it is!　　D. 8it is

```
#include "string. h"
#include "ctype. h"
void fun(char str[ ])
{int i, j; for(i =0, j =0; str[i]; i + +) if(isalpha(str[i])) str [j + +] =str[i]; str[j] ='\ 0'; }
```

main( ){char ss[80] = "it is ! "; fun(ss); printf("%s \n", ss); }

6. 以下程序段的输出结果是

A. 9　　B. 10　　C. 12　　D. 13

```
main( ){int arr[10], i, k =0;
for(i =0; i <10; i ++) arr[i] =i; for(i =0; i <4; i ++) k += arr[i] +i; printf( "%d \n",
k); }
```

7. 若输入 3 个整数 3，2，1 则以下程序的输出结果是

A. 2721　　B. 721　　C. 12　　D. 21

```
void sub(int n, int uu[])
{int t;
t = uu[n --]; t += 3 * uu[n];
n ++;
if(t >= 10)
{uu[n ++] = t/10; uu[n] = t%10; }
else uu[n] = t;
}
main( )
{int   i, n, aa[10] = {0};
scanf( "%d%d%d", &n, &aa[0], &aa[1]);
for(i =1; i <n; i ++) sub(i, aa);
for(i =1; i <= n; i ++) printf( "%d", aa[i]);
printf( " \n");
}
```

8. 以下程序段的输出结果是

A. -850，2，0　　B. 300，0，2　　C. -30，1，2　　D. 2，2，1

```
main( )
{
    int i, j, row, col, m;
    int arr[3][3] = {{100, 200, 300}, {28, 72, -30}, {-850, 2, 6}};
    m = arr[0][0];
    for(i =0; i <3; i ++)
      for(j =0; j <3; j ++) if(arr[i][j] < m) {m = arr[i][j]; row = i; col = j; }
    printf( "%d, %d, %d \n", m, row, col);
}
```

9. 若二维数组 y 有 m 列，则在 y［i］［j］前的元素个数为

A. j * m + i　　B. i * m + j　　C. i * m + j - 1　　D. i * m + j + 1

二、编程题

1. 求 1 个 3 * 3 矩阵对角线元素之和。

2. 有 1 个已经排好序的数组。现输入 1 个数，要求按原来的规律将它插入数组中。

3. 打印出杨辉三角形（要求打印出 6 行如下图）

1

1 1

1 2 1

1 3 3 1

1 4 6 4 1

1 5 10 10 5 1

4. 有 n 个整数，使其前面各数顺序向后移 m 个位置，最后 m 个数变成最前面的 m 个数。

5. 有 n 个人围成一圈，顺序排号。从第一个人开始报数（从 1 到 3 报数），凡报到 3 的人退出圈子，问最后留下的是原来第几号的那位。

6. 八进制数转换为十进制数。

7. 某个公司采用公用电话传递数据，数据是四位的整数，在传递过程中是加密的，加密规则如下：每位数字都加上 5，然后用和除以 10 的余数代替该数字，再将第一位和第四位交换，第二位和第三位交换。

第八章　指　　针

指针是C语言中广泛使用的一种数据类型。运用指针编程是C语言最主要的风格之一。利用指针变量可以表示各种数据结构；能方便地使用数组和字符串；并能像汇编语言一样处理内存地址，从而编出精练而高效的程序。指针极大地丰富了C语言的功能。学习指针是学习C语言最重要的一环，能否正确理解和使用指针是我们是否掌握C语言的1个标志。同时，指针也是C语言中最难学的一部分，在学习中除了要正确理解基本概念，还必须要多编程，上机调试。只要做到这些，指针技术也是不难掌握的。

8.1　指针、指向及指针变量

在计算机中，所有的数据存放在存储器中。一般把存储器中的1个字节称为1个内存单元，不同的数据类型所占用的内存单元数不等，如整型量占2个单元，字符量占1个单元等，在前面已有详细的介绍。为了正确地访问这些内存单元，必须为每个内存单元编上号。根据1个内存单元的编号即可准确地找到该内存单元。内存单元的编号也叫做地址。由于根据内存单元的编号或地址就可以找到所需的内存单元，通常也把这个地址称为指针。内存单元的指针和内存单元的内容是两个不同的概念。可以用1个通俗的例子来说明它们之间的关系。我们到银行去存取款时，银行工作人员将根据我们的账号去找我们的存款单，找到之后在存单上写入存款、取款的金额。在这里，账号就是存单的指针，存款数是存单的内容。对于1个内存单元来说，单元的地址即为指针，其中存放的数据才是该单元的内容。

在C语言中，允许用1个变量来存放指针，这种变量称为指针变量。因此，1个指针变量的值就是某个内存单元的地址或称为某内存单元的指针（图8.1）。

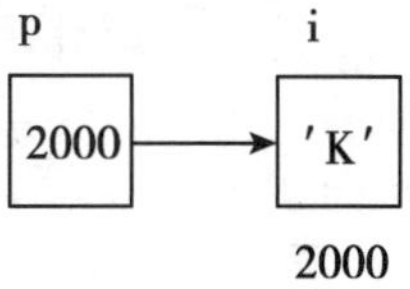

图8.1　指针

图8.1中，设有字符变量i，其内容为“K”（ASCII码为十进制数75），i占用了2000号单元（地址用十六进数表示）。设有指针变量p，内容为2000，这种情况我们称为p指向变量i，或说p是指向变量i的指针。

严格地说，1个指针是1个地址，是1个常量。而1个指针变量却可以被赋予不同的地址，是变量。但常把指针变量简称为指针。为了避免混淆，我们中约定：“指针”是指地址，是常量，“指针变量”是指取值为地址的变量。定义指针的目的是为了通过指针去访问内存单元。

变量值的存取都是通过地址进行的，例如：printf（“%d”，i）的执行是这样的。先找到变量i的地址2000，然后从2000开始的两个字节中取出数据（即变量i的值）把它输出。输入时如果用scanf（“%d”，&i），在执行时，就把从键盘输入的值送到地址为2000开始连续的两个单元中。这种按变量地址存取变量的方式称为直接访问方式。还可以采用另一种称为间接访问方式，将变量 i 的地址存放在另 1 个变量中。假设定义了 1 个变量 p，用来存放整型变量 i 的地址，它被分配为 3000，3001 两个单元。可以通过下面的语句将 i 的地址存放到 p 中。

p = &i;

这时 p 的值就是 2000，即变量 i 的地址。要存取变量 i 的值，也可以采用间接方式，先找到存放 i 地址的变量 p，从 p 中取出 i 的地址（2000），然后到 2000，2001 中取出 i 的值 5。

如果打个比方的话，变量 i 所占的存储单元好比是抽屉 A，变量 p 所占的存储单元好比是抽屉 B，抽屉 B 中放着抽屉 A 的钥匙，直接访问方式就好比是直接在抽屉 A 中放取东西，而间接访问方式就好比是先到抽屉 B 中取出抽屉 A 的钥匙，然后打开抽屉 A，往抽屉 A 中放取东西。

既然指针变量的值是 1 个地址，那么这个地址不仅可以是变量的地址，也可以是其他数据结构的地址。在 1 个指针变量中存放 1 个数组或 1 个函数的首地址有何意义呢？因为数组或函数都是连续存放的。通过访问指针变量取得了数组或函数的首地址，也就找到了该数组或函数。这样一来，凡是出现数组、函数的地方都可以用 1 个指针变量来表示，只要该指针变量中赋予数组或函数的首地址即可。这样做，将会使程序的概念十分清楚，程序本身也精练、高效。在 C 语言中，一种数据类型或数据结构往往都占有一组连续的内存单元。用“地址”这个概念并不能很好地描述一种数据类型或数据结构，而“指针”虽然实际上也是 1 个地址，但它却是 1 个数据结构的首地址，它是“指向”1 个数据结构的，因而概念更为清楚，表示更为明确。这也是引入“指针”概念的 1 个重要原因。

8.2 变量的指针和指向变量的指针变量

变量的指针就是变量的地址，变量的地址是由编译系统分配的，对用户完全透明。存放变量地址的变量是指针变量，由用户定义。1 个指针变量的值就是某个变量的地址或称为某变量的指针。为此，C 语言中提供了两个特殊的运算符：

（1）& 取地址运算符，用来表示变量的地址，其一般形式为 & 变量名，如 &a 表示变量 a 的地址。

（2）* 指针运算符（或称间接访问运算符），用来表示指针变量和它所指向的变量之间的“指向”关系。

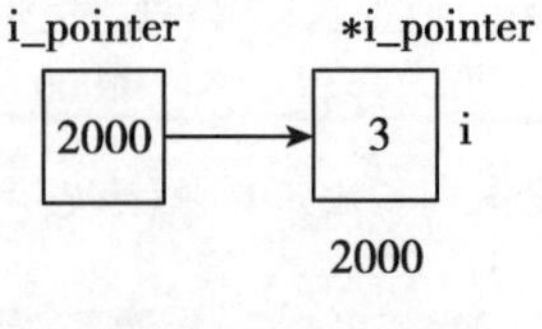

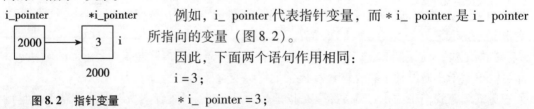

图 8.2 指针变量

例如，i_ pointer 代表指针变量，而 * i_ pointer 是 i_ pointer 所指向的变量（图 8.2）。

因此，下面两个语句作用相同：

i = 3;

* i_ pointer = 3;

第二个语句的含义是将 3 赋给指针变量 i_ pointer 所指向的变量。

8.2.1 定义 1 个指针变量

指针变量同普通变量一样，使用之前不仅要定义说明，而且必须赋予具体的值。未经赋值的指针变量不能使用，否则将造成系统混乱，甚至死机。

指针变量定义的一般形式为：

类型说明符　＊变量名；

其中，＊表示这是1个指针变量，变量名是指针变量名，类型说明符表示本指针变量所指向的变量的数据类型。

例如：　　int ＊p1；

表示p1是1个指针变量，它的值是某个整型变量的地址。或者说p1指向1个整型变量。至于p1究竟指向哪1个整型变量，应由向p1赋予的地址来决定。

再如：

```
int *p2;          /*p2是指向整型变量的指针变量*/
float *p3;        /*p3是指向浮点变量的指针变量*/
char *p4;         /*p4是指向字符变量的指针变量*/
```

应该注意的是，1个指针变量只能指向同类型的变量，如p3只能指向浮点变量，不能时而指向1个浮点变量，时而又指向1个字符变量。

另外，指针运算符＊和指针变量说明中的指针说明符＊不是一回事。在指针变量说明中，“＊”是类型说明符，是1个标志，表示其后的变量是指针类型。而表达式中出现的“＊”则是1个运算符，用以表示指针变量所指的变量。

8.2.2　指针变量的引用

（1）指针变量的赋值　设有指向整型变量的指针变量p，如要把整型变量a的地址赋予p可以有以下两种方式：

①指针变量初始化的方法

```
int a;
int *p=&a;
```

②赋值语句的方法

```
int a;
int *p;
p=&a;
```

注意：被赋值的指针变量前不能再加“＊”说明符，如写为＊p=&a也是错误的；指针变量的赋值只能赋予地址，决不能赋予任何其他数据，否则将引起错误，下面的赋值是错误的：

```
int *p;
p=1 000;
```

（2）指针变量的运算　即通过指针变量间接访问所指变量。

假设有程序段：

```
int i=200, x, *ip;
ip=&i;
x=*ip;
```

程序段第一行定义了两个整型变量i，x，还定义了1个指向整型数的指针变量ip。第二行把 i 的地址赋给 ip。第三行通过指针变量 ip 间接访问变量 i，运算符 * 访问以 ip 变量内容为地址的存贮单元，而 ip 中存放的是变量 i 的地址，因此，上面的赋值表达式等价于：x = i;

指针变量可出现在表达式中，在以上假设的基础上，则 * ip 可出现在 i 能出现的任何地方。例如：

```
x = * ip +5;    /* 表示把 i 的内容加 5 并赋给 x */
x = + + * ip;   /* ip 的内容加上 1 之后赋给 x，+ + * ip 相当于 + + ( * ip) */
x = * ip + +;   /* 相当于 x = * ip; ip + + */
```

(3) 指针变量指向关系的变化　指针变量和一般变量一样，存放在它们之中的值是可以改变的，也就是说可以改变它们的指向，假设

```
int i, j, * p1, * p2;
i = 'a'; j = 'b';
p1 = &i;
p2 = &j;
```

则建立如下左图所示的联系：

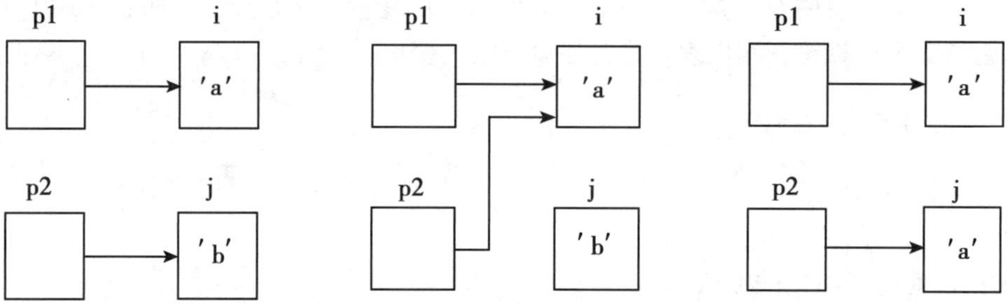

如果执行如下赋值表达式：

p2 = p1;

就使 p2 与 p1 指向同一对象 i，此时 * p2 就等价于 i，而不是 j，如上中图所示。

不执行 p2 = p1; 而执行如下表达式：

* p2 = * p1;

则表示把 p1 指向对象的内容赋给 p2 所指的区域，此时指向关系没有变化，只是变量 j 中的内容变成 a，如上右图所示图所示。

通过指针访问它所指向的 1 个变量是以间接访问的形式进行的，所以比直接访问 1 个变量要费时间，而且不直观，因为通过指针要访问哪 1 个变量，取决于指针的值（即指向），例如“ * p2 = * p1;”实际上就是“j = i;”，前者不仅速度慢而且目的不明。但由于指针是变量，我们可以通过改变它们的指向，以间接访问不同的变量，这给程序员带来灵活性，也使程序代码编写得更为简洁和有效。

8.2.3　指针变量作为函数参数

函数的参数不仅可以是整型、实型、字符型等数据，还可以是指针类型。它的作用是将 1 个变量的地址传送到另 1 个函数中。

例 8.1　输入两个整数按大小顺序输出。用函数处理，函数参数是指针类型的数据。

```
swap(int *p1, int *p2)
{int temp;
temp = *p1; *p1 = *p2; *p2 = temp;
}
main( )
{int a, b;
int *pointer_a, *pointer_b;
scanf("%d, %d", &a, &b);
pointer_a = &a;
pointer_b = &b;
if(a < b) swap(pointer_a, pointer_b);
printf("\n%d, %d\n", a, b);    }
```

对程序的说明：

swap 是用户定义的函数，它的作用是交换两个变量（a 和 b）的值。swap 函数的形参 p1、p2 是指针变量。程序运行时，先执行 main 函数，输入 a 和 b 的值。然后将 a 和 b 的地址分别赋给指针变量 pointer_ a 和 pointer_ b，使 pointer_ a 指向 a，pointer_ b 指向 b，如图 8.3（a）。

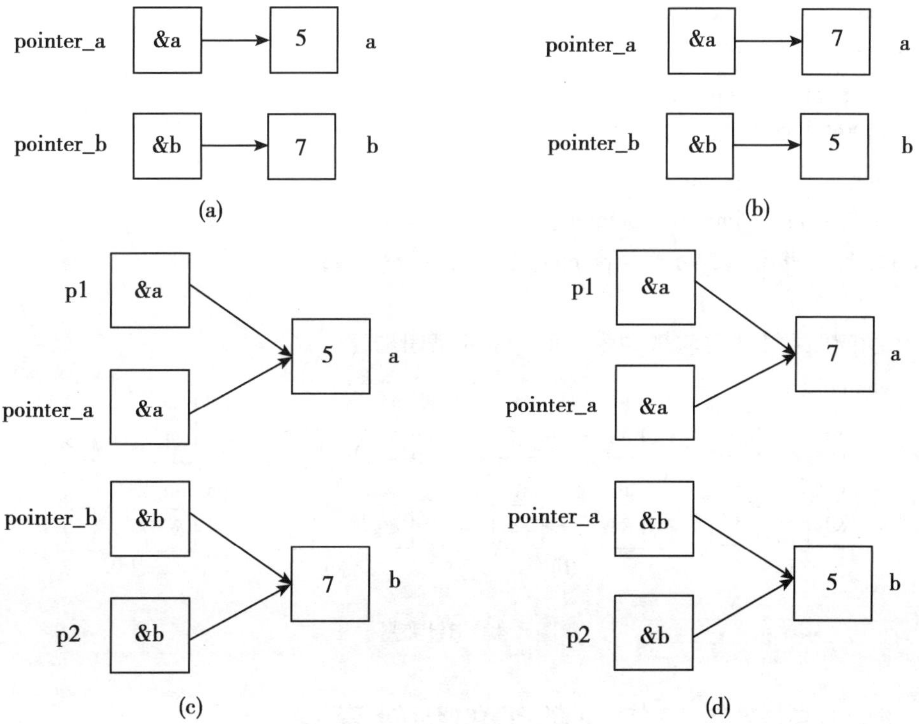

图 8.3　调用 swap 函数

接着执行 if 语句，由于 a 小于 b，因此，执行 swap 函数。注意实参 pointer_ a 和

pointer_ b 是指针变量，在函数调用时，将实参变量的值传递给形参变量。采取的依然是“值传递”方式。因此函数调用后形参 p1 的值为 &a，p2 的值为 &b。这时 p1 和pointer_ a 指向变量 a，p2 和 pointer_ b 指向变量 b，如图 8.3（c）。接着执行执行 swap 函数的函数体使 * p1 和 * p2 的值互换，也就是使 a 和 b 的值互换，如图 8.3（d）。

函数调用结束后，p1 和 p2 不复存在（已释放）如图 8.3（b）。最后在 main 函数中输出的 a 和 b 的值是已经过交换的值。

请读者考虑以下问题：

（1）swap 函数中的变量 temp 类型由整型改为指针类型，交换语句如何实现。

（2）swap 函数中的形式参数类型由指针类型改为整型，在主函数调用后能否实现实现 a 和 b 互换。

例 8.2 请注意，不能企图通过改变指针形参的值而使指针实参的值改变。

```
 swap( int  * p1, int  * p2)
 {int  * p;
 p = p1;
 p1 = p2;
 p2 = p;
}
main( )
{
int a, b;
int  * pointer_ 1, * pointer_ 2;
 scanf( "% d, % d", &a, &b) ;
 pointer_ 1 = &a; pointer_ 2 = &b;
 if( a < b) swap( pointer_ 1, pointer_ 2) ;
 printf( " \ n% d, % d \ n", * pointer_ 1, * pointer_ 2) ;
 }
```

其中的问题在于不能实现如图 8.4 所示的第四步（d）。

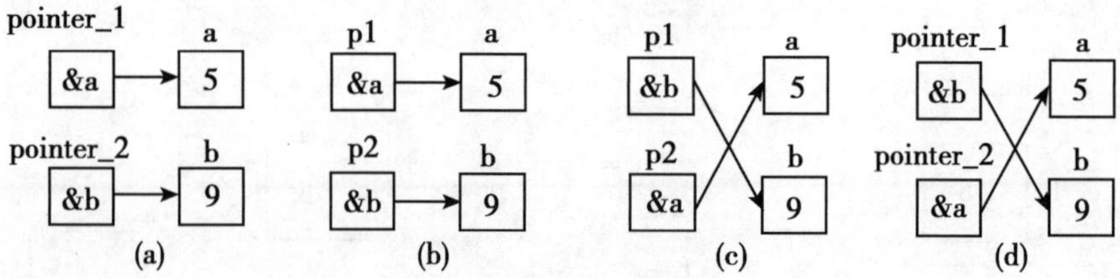

图 8.4 指针变量

8.3 数组的指针和指向数组的指针变量

1 个变量有 1 个地址，1 个数组包含若干元素，每个数组元素都在内存中占用存储单元，它们都有相应的地址。所谓数组的指针是指数组的起始地址，数组元素的指针是数组元素的地址。

8.3.1　指向数组元素的指针

1 个数组是由连续的一块内存单元组成的。数组名就是这块连续内存单元的首地址。1 个数组也是由各个数组元素（下标变量）组成的，每个数组元素按其类型不同占有几个连续的内存单元。1 个数组元素的首地址也是指它所占有的几个内存单元的首地址。

定义 1 个指向数组元素的指针变量的方法，与以前介绍的指针变量相同。

一般形式为：

类型说明符　*指针变量名；

其中类型说明符表示所指数组的类型。

例如：

int a [10]；　　　/*定义 a 为包含 10 个整型数据的数组*/

int *p；　　　　　/*定义 p 为指向整型变量的指针*/

应当注意，因为数组为 int 型，所以指针变量也应为指向 int 型的指针变量。

C 语言规定，数组名代表数组的首地址，也就是第 0 号元素的地址。因此，下面对指针变量赋值的两个语句是等价的：

p = &a [0]；

p = a；

把 a [0] 元素的地址赋给指针变量 p，也就是说，p 指向 a 数组的第 0 号元素。

在定义指针变量时可以赋给初值：

int *p = &a [0]；

当然定义时也可以写成：

int *p = a；

此时 p，a，&a [0] 均指向同一单元，它们都是数组 a 的首地址，也是 0 号元素 a [0] 的首地址。应该说明的是 p 是变量，而 a，&a [0] 都是常量。在编程时应予以注意。

8.3.2　通过指针引用数组元素

C 语言规定：如果指针变量 p 已指向数组中的 1 个元素，则 p + 1 指向同一数组中的下 1 个元素。引入指针变量后，就可以用两种方法来访问数组元素了。

如果 p 的初值为 &a [0]，则：

(1) p + i 和 a + i 就是 a [i] 的地址，或者说它们指向 a 数组的第 i 个元素。

(2) * (p + i) 或 * (a + i) 就是 p + i 或 a + i 所指向的数组元素，即 a [i]。例如，* (p + 5) 或 * (a + 5) 就是 a [5]。

(3) 指向数组的指针变量也可以带下标，如 p [i] 与 * (p + i) 等价。

根据以上叙述，引用 1 个数组元素可以用：

(1) 下标法，即用 a [i] 形式访问数组元素。在前面介绍数组时都是采用这种方法。

(2) 指针法，即采用 * (a + i) 或 * (p + i) 形式，用间接访问的方法来访问数组元素，其中 a 是数组名，p 是指向数组的指针变量。

例 8.3 输出数组中的全部元素。(用指针变量指向元素)

```
main( ){
 int a[10], i, *p;
 p = a;
 for(i = 0; i < 10; i++)
   *(p + i) = i;
 for(i = 0; i < 10; i++)
   printf("a[%d] = %d\n", i, *(p + i));
}
```

其中，*(p+i)可以用下标法 a[i]替换，或通过数组名计算元素的地址，找出元素的值*(a+i)。

几个注意的问题：

(1) 指针变量可以实现本身的值的改变 如 p++是合法的；而 a++是错误的。因为 a 是数组名，它是数组的首地址，是常量。以下程序是正确的。

```
main( ){
int a[10], i, *p = a;
for(i = 0; i < 10; ){
 *p = i;
printf("a[%d] = %d\n", i++, *p++);}}
```

(2) 要注意指针变量的当前值 请看下面两个程序，左程序是错误的，右程序是改正好的。

```
main( ){
 int *p, i, a[10];
 p = a;
for(i = 0; i < 10; i++)
 *p++ = i;

 for(i = 0; i < 10; i++)
   printf("a[%d] = %d\n", i, *p++);
}
```

```
main( ){
 int *p, i, a[10];
 p = a;
for(i = 0; i < 10; i++)
 *p++ = i;
 p = a;
 for(i = 0; i < 10; i++)
   printf("a[%d] = %d\n", i, *p++);
}
```

从上例可以看出，虽然定义数组时指定它包含 10 个元素，但指针变量可以指到数组以后的内存单元，系统并不认为非法。

(3) 要注意指针变量各种运算

*p++，由于++和*同优先级，结合方向自右而左，等价于*(p++)。

(p++)与(++p)作用不同。若 p 的初值为 a,则*(p++)等价 a[0]，*(++p)等价 a[1]。

(*p)++表示 p 所指向的元素值加 1。

如果 p 当前指向 a 数组中的第 i 个元素，则

*(p--)相当于 a[i--]；

*(++p)相当于 a[++i]；

*(--p)相当于 a[--i]。

8.3.3　数组名作函数参数

与单变量的指针和指向单变量的指针变量一样，数组的指针和指向数组的指向变量也可作为函数的参数使用。数组名就是数组的首地址，实参向形参传送数组名实际上就是传送数组的地址，形参得到该地址后也指向该数组。

例 8.4　将数组 a 中的 n 个整数按相反顺序存放。

算法：将 a [0] 与 a [n-1] 对换，再 a[1]与 a[n-2] 对换……，直到将 a[(n-1/2)]与 a[n-int((n-1)/2)]对换。设两个“位置指示变量” i 和 j，i 的初值为 0，j 的初值为 n-1。将 a [i] 与 a [j] 交换，然后使 i 的值加 1，j 的值减 1，再将 a [i] 与 a [j] 交换，直到 i = (n-1) /2 为止，如图 8.5 所示。

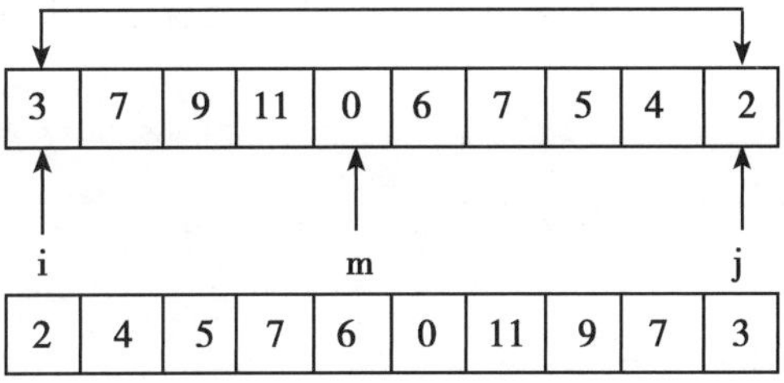

图 8.5　数组按相反顺序存放

程序如下：

```
void inv(int x[], int n)     /*形参 x 是数组名*/
{
int temp, i, j, m = (n-1)/2;
for(i=0; i<=m; i++)
{j=n-1-i;
temp=x[i]; x[i] =x[j]; x[j] =temp; }
return;
}
main( )
{int i, a[10] ={3,7,9,11,0,6,7,5,4,2};
printf("The original array: \n");
for(i=0; i<10; i++)
printf("%d,", a[i]);
printf("\n");
inv(a, 10);
printf("The array has benn inverted: \n");
for(i=0; i<10; i++)
printf("%d,", a[i]);
```

```
printf("\n");
}
```

将函数 inv 中的形参 x 改成指针变量，主函数不变，运行情况与前一程序相同。函数 inv 改写如下：

```
void inv(int *x, int n)    /*形参 x 为指针变量*/
{
int *p, temp, *i, *j, m=(n-1)/2;
i=x; j=x+n-1; p=x+m;
for(;i<=p;i++,j--)
{temp=*i; *i=*j; *j=temp;}
return;
}
```

函数 inv 不变，改变主函数，实参用指针变量，运行情况与前一程序相同。主函数改写如下：

```
main()
{int i, arr[10]={3,7,9,11,0,6,7,5,4,2}, *p;
p=arr;
printf("The original array:\n");
for(i=0;i<10;i++,p++)
printf("%d,", *p);
printf("\n");
p=arr;
inv(p,10);
printf("The array has benn inverted:\n");
for(p=arr;p<arr+10;p++)
printf("%d,", *p);
printf("\n");}
```

注意：main 函数中的指针变量 p 是有确定值的，即如果用指针变量作实参，指针变量要有确定值，指向 1 个已定义的数组。

例 8.5 从 10 个数中找出其中最大值和最小值。

调用 1 个函数只能得到 1 个返回值，用全局变量在函数之间“传递”数据。

程序如下：

```
int max, min;          /*全局变量*/
void max_min_value(int array[], int n)
{int *p, *array_end;
array_end=array+n;
max=min=*array;
for(p=array+1;p<array_end;p++)
if(*p>max) max=*p;
```

```
else if( *p < min) min = *p;
return;
}
main( )
{int i, number[10];
printf("enter 10 integer umbers: \n");
for(i=0; i<10; i++)
scanf("%d", &number[i]);
max_ min_ value(number, 10);
printf("\nmax=%d, min=%d\n", max, min);
}
```

说明：

（1）在函数 max_ min_ value 中求出的最大值和最小值放在 max 和 min 中。由于它们是全局，因此在主函数中可以直接使用。

（2）函数 max_ min_ value 中的语句：max = min = ＊array；中，array 是数组名，它接收从实参传来的数组 numuber 的首地址。＊array 相当于＊（&array［0］）。上述语句与 max = min = array［0］；等价。

（3）在执行 for 循环时，p 的初值为 array +1，也就是使 p 指向 array［1］，以后每次执行 p + +，使 p 指向下 1 个元素，每次将＊p 和 max 与 min 比较。将大者放入 max，小者放 min。

（4）函数 max_ min_ value 的形参 array 可以改为指针变量类型，实参也可以不用数组名，而用指针变量传递地址。

归纳起来，如果有 1 个实参数组，想在函数中改变此数组元素的值，实参与形参的对应关系有以下 4 种：

（1）形参和实参都用数组名。

（2）实参用数组名，形参用指针变量。

（3）实参和形参都用指针变量。

（4）实参为指针变量，形参为数组名。

例 8.6　用选择法对 10 个整数排序。

```
main( )
{int *p, i, a[10] = {3,7,9,11,0,6,7,5,4,2};
printf("The original array: \n");
for(i=0; i<10; i++)
printf("%d, ", a[i]);
printf("\n");
p=a;
sort(p, 10);
for(p=a, i=0; i<10; i++)
{printf("%d  ", *p); p++;}
```

```
printf("\n");
}
sort(int x[], int n)
{int i, j, k, t;
for(i=0; i<n-1; i++)
{k=i;
for(j=i+1; j<n; j++)
if(x[j]>x[k]) k=j;
if(k!=i)
{t=x[i]; x[i]=x[k]; x[k]=t;}
}
}
```

说明：函数 sort 用数组名作为形参，也可改为用指针变量，这时函数的首部可以改为：

sort（int ＊x，int n）其他可一律不改。

8.3.4 指向多维数组的指针和指针变量

（1）多维数组的地址　设有整型二维数组 a［3］［4］如下：

```
0  1   2   3
4  5   6   7
8  9  10  11
```

它的定义为：

```
int a[3][4]={{0,1,2,3},{4,5,6,7},{8,9,10,11}}
```

设数组 a 的首地址为 1000，各下标变量的首地址及其值如图 8.6 所示。

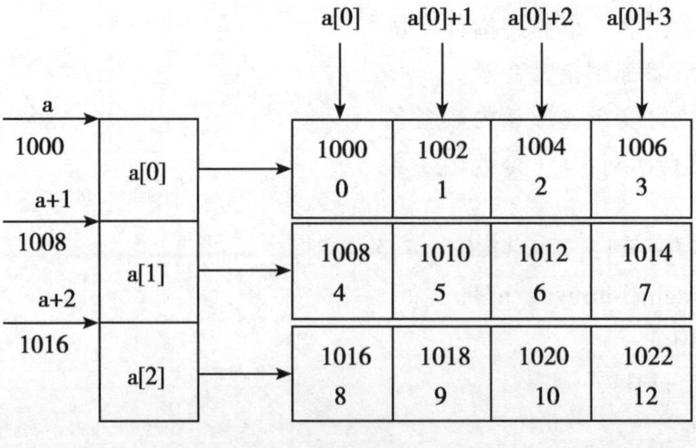

图 8.6　二维数组的存储

前面介绍过，C 语言允许把 1 个二维数组分解为多个一维数组来处理。因此数组 a 可分解为 3 个一维数组，即 a[0],a[1],a[2]。每 1 个一维数组又含有 4 个元素。

例如 a [0] 数组，含有 a[0][0],a[0][1],a[0][2],a[0][3]4 个元素。

从二维数组的角度来看，a 是二维数组名，a 代表整个二维数组的首地址，也是二维数组 0 行的首地址，等于 1000。a + 1 代表第一行的首地址，等于 1008。如图 8.6 所示。

a [0] 是第一个一维数组的数组名和首地址，因此也为 1000。* (a+0) 或 * a 是与 a [0] 等效的，它表示一维数组 a [0] 0 号元素的首地址，也为 1000。&a [0][0] 是二维数组 a 的 0 行 0 列元素首地址，同样是 1000。因此，a，a [0]，* (a+0)，* a，&a [0][0] 是相等的。

同理，a+1 是二维数组 1 行的首地址，等于 1008。a [1] 是第二个一维数组的数组名和首地址，因此也为 1008。&a [1][0] 是二维数组 a 的 1 行 0 列元素地址，也是 1008。因此 a+1,a[1],*(a+1),&a[1][0]是等同的。

由此可得出：a+i,a[i],*(a+i),&a[i][0]是等同的。

此外，&a [i] 和 a [i] 也是等同的。因为在二维数组中不能把 &a [i] 理解为元素 a [i] 的地址，不存在元素 a [i]。C 语言规定，它是一种地址计算方法，表示数组 a 第 i 行首地址。由此，我们得出：a [i]，&a [i]，* (a+i) 和 a+i 也都是等同的。

另外，a [0] 也可以看成是 a [0] +0，是一维数组 a [0] 的 0 号元素的首地址，而 a [0] +1 则是 a [0] 的 1 号元素首地址，由此可得出 a [i] +j 则是一维数组 a [i] 的 j 号元素首地址，它等于 &a [i] [j]。

由 a [i] = * (a+i) 得 a [i] +j = * (a+i) +j。由于 * (a+i) +j 是二维数组 a 的 i 行 j 列元素的首地址，所以，该元素的值等于 * (* (a+i) +j)。

例 8.7

```
main( ){
int a[3][4] ={0,1,2,3,4,5,6,7,8,9,10,11};
printf("%d,%d,%d,%d,%d\n",a, *a,a[0],&a[0],&a[0][0]);
printf("%d,%d,%d,%d,%d\n",a+1, *(a+1),a[1],&a[1],&a[1][0]);
printf("%d,%d,%d,%d, %d\n",a+2, *(a+2),a[2],&a[2],&a[2][0]);
printf("%d,%d,%d,%d\n",a[1] +1, *(a+1) +1, *(a[1] +1), *( *(a+1) +
1));}
```

(2) 指向多维数组的指针变量　把二维数组 a 分解为一维数组 a [0]，a [1]，a [2] 之后，设 p 为指向二维数组的指针变量。可定义为：

int(*p)[4]

它表示 p 是 1 个指针变量，它指向包含 4 个元素的一维数组。若指向第一个一维数组 a [0]，其值等于 a，a [0]，或 &a [0] [0] 等。而 p+i 则指向一维数组 a [i]。从前面的分析可得出 *(p+i) +j 是二维数组 i 行 j 列的元素的地址，而 *(*(p+i) +j) 则是 i 行 j 列元素的值。

二维数组指针变量说明的一般形式为：

类型说明符　(* 指针变量名) [长度]

其中，“类型说明符”为所指数组的数据类型。“ * ”表示其后的变量是指针类型。“长度”表示二维数组分解为多个一维数组时，一维数组的长度，也就是二维数组的列数。应注意“（＊指针变量名）”两边的括号不可少，如缺少括号则表示是指针数组（本章后面介绍），意义就完全不同了。例：

```
main( ){
    int a[3][4] ={0,1,2,3,4,5,6,7,8,9,10,11};
    int( * p)[4];
    int i, j;
    p = a;
    for( i =0; i <3; i + + )
{for( j =0; j <4; j + + ) printf( "%2d   ", *( *(p + i) + j));
printf( " \ n"); }
}
```

8.4 字符串的指针和指向字符串的指针变量

8.4.1 字符串的表示形式

在 C 语言中，可以用两种方法访问 1 个字符串。

（1）用字符数组存放 1 个字符串

char string[ ] = "I love China! ";

（2）用字符串指针指向 1 个字符串

char ＊string = "I love China! ";

字符串指针变量的定义说明与指向字符变量的指针变量说明是相同的。只能按对指针变量的赋值不同来区别。对指向字符变量的指针变量应赋予该字符变量的地址。

如：

char c，＊p = &c;

表示 p 是 1 个指向字符变量 c 的指针变量。

而：

char ＊s = "C Language";

则表示 s 是 1 个指向字符串的指针变量。把字符串的首地址赋予 s。

上例中，首先定义 string 是 1 个字符指针变量，然后把字符串的首地址赋予 string（应写出整个字符串，以便编译系统把该串装入连续的一块内存单元），并把首地址送入 string。程序中的：

char ＊ps = "C Language";

等效于：

char ＊ps;

ps = "C Language";

以下为字符串操作的几个典型例子：

（1）输出字符串中 n 个字符后的所有字符

```
main( ){
```

```
    char *ps = "this is a book";
    int n = 10;
    ps = ps + n;
    printf("%s\n", ps);
}
```

运行结果为：

book

在程序中对 ps 初始化时，即把字符串首地址赋予 ps，当 ps = ps + 10 之后，ps 指向字符“b”，因此输出为"book"。

(2) 在输入的字符串中查找有无‘k’字符

```
main(){
    char st[20], *ps;
    int i;
    printf("input a string:\n");
    ps = st;
    scanf("%s", ps);
    for(i = 0; ps[i] != '\0'; i++)
      if(ps[i] == 'k'){
        printf("there is a "k" in the string\n");
        break;
      }
    if(ps[i] == '\0') printf("There is no 'k' in the string\n");
}
```

(3) 用指针变量代替格式串

```
main(){
    static int a[3][4] = {0,1,2,3,4,5,6,7,8,9,10,11};
    char *PF;
    PF = "%d, %d, %d, %d, %d\n";
    printf(PF, a, *a, a[0], &a[0], &a[0][0]);
    printf(PF, a+1, *(a+1), a[1], &a[1], &a[1][0]);
    printf(PF, a+2, *(a+2), a[2], &a[2], &a[2][0]);
    printf("%d, %d\n", a[1]+1, *(a+1)+1);
    printf("%d, %d\n", *(a[1]+1), *(*(a+1)+1));
}
```

将指针变量指向 1 个格式字符串，用在 printf 函数中，用于输出二维数组的各种地址表示的值，是程序中常用的方法。

(4) 要求把 1 个字符串的内容复制到另 1 个字符串中，并且不能使用 strcpy 函数

```
cpystr(char *pss, char *pds)
```

```
{while((*pds=*pss)!='\0')
{pds++;pss++;}
}
main(){
   char *pa="CHINA",b[10],*pb;
   pb=b;
   cpystr(pa,pb);
   printf("string a=%s\nstring b=%s\n",pa,pb);
}
```

本例是把字符串指针作为函数参数的使用。函数 cprstr 的形参为两个字符指针变量。pss 指向源字符串，pds 指向目标字符串。

程序完成了两项工作：一是把 pss 指向的源字符串复制到 pds 所指向的目标字符串中，二是判断所复制的字符是否为'\0'，若是则表明源字符串结束，不再循环，否则，pds 和 pss 都加 1，指向下一字符。在主函数中，以指针变量 pa，pb 为实参，分别取得确定值后调用 cprstr 函数。由于采用的指针变量 pa 和 pss，pb 和 pds 均指向同一字符串，因此在主函数和 cprstr 函数中均可使用这些字符串。也可以把 cprstr 函数简化为以下形式：

```
cprstr(char *pss,char *pds)
{while((*pds++=*pss++)!='\0');}
```

即把指针的移动和赋值合并在 1 个语句中。进一步分析还可发现'\0'的 ASCII 码为 0，对于 while 语句只看表达式的值为非 0 就循环，为 0 则结束循环，因此也可省去“!='\0'”这一判断部分，而写为以下形式：

```
cprstr(char *pss,char *pds)
{while(*pdss++=*pss++);}
```

表达式的意义可解释为：源字符向目标字符赋值，移动指针，若所赋值为非 0 则循环，否则结束循环。这样使程序更加简洁。

8.4.2 使用字符串指针变量与字符数组的区别

虽然用字符指针变量和字符数组都能实现字符串的存储和处理，但二者是有区别的，不能混为一谈。

（1）存储内容不同　字符指针变量中存储的是字符串的首地址，而字符数组中存储的是字符串本身（数组的每个元素存放 1 个字符）。

（2）赋值方式不同　对于字符指针变量，可采用下面的赋值语句赋值：

```
char *pointer;
pointer ="This is a book.";
```

而对于字符数组，虽然可以在定义时初始化，但不能用赋值语句整体赋值，下面的用法是非法的：

```
char  char_array[20];
char_array ="This is a book"   /*非法用法*/
```

（3）指针变量的值是可以改变的，字符指针变量也不例外，而数组名代表数组的起始地址是 1 个常量，是不能被改变的。

例如：char　*a ="I love China！";

a =a +7;

printf("% s"a);

指针变量 a 的值可以变化，输出字符串从当前所指向的单元开始输出各个字符，直到'\0'为止，即输出“I love China!”而数组名虽然代表地址，但它的值是不能改变的，下面是错误的：

char　str[ ] ="I love china! ";

str =str +7;　　　/*不能给常量赋值*/

printf("% s", str);

(4) 字符数组在定义时，系统会分配确定的地址，而字符指针变量，在没有赋以 1 个地址值，它并未具体指向哪 1 个字符数据。如：

char str[10];

scanf("% s", str);

是可以的，而常有人用下面的方法：

char *a;

scanf("% s", a);

虽然一般也能编译运行，但这种方法是危险的，因为编译时，a 的地址是 1 个不可预料的值，因此在 scanf 函数中要求将 1 个字符串输入到 a 的值（地址）开始的一段内存单元中，如果 a 指向了已存放指令或数据的内存段，这就破坏了程序甚至造成严重后果。应当这样：

char *a, str [10];

a = str;

scanf("% s", a);

先使 a 有确定的值，也就是使 a 指向 1 个数组的开头，然后输入字符串到该地址开始的若干单元中。

(5) 指针变量指向 1 个格式字符串，可以用它代替 printf 函数中的格式字符如：

char *format;

format = "a = % d, b = % f \ n";

printf(format, a, b);

它相当于 printf("a = % d, b = % f \ n", a, b)；因此，只要改变指针变量 format 所指向的字符串就可以改变输入输出格式，这种 printf 函数称为可变格式输出函数。

也可以用字符数组如：

char format[ ] = "a = % d, b = % f \ n";

printf(format, a, b);

但由于不能采用赋值语句对数组整体赋值的形式，如：

char format[ ];

format = "a = % d, b = % f \ n";

而只能对字符数组的各元素逐个赋值。

从以上几点可以看出字符串指针变量与字符数组在使用时的区别，同时也可看出使用指针变量更加方便。

8.5 函数指针变量

在 C 语言中，1 个函数总是占用一段连续的内存区，而函数名就是该函数所占内存区的首地址。可以把函数的这个首地址（或称入口地址）赋予 1 个指针变量，使该指针变量指向该函数，然后通过指针变量就可以找到并调用这个函数，把这种指向函数的指针变量称为函数指针变量。

函数指针变量定义的一般形式为：

类型说明符 （*指针变量名）（ ）；

其中：类型说明符表示被指函数的返回值的类型。（* 指针变量名）表示“*”后面的变量是定义的指针变量。最后的空括号表示指针变量所指的是 1 个函数。

例如：

int （*pf）（ ）；

表示 pf 是 1 个指向函数入口的指针变量，该函数的返回值（函数值）是整型。

例 8.8 本例用来说明用指针形式实现对函数调用的方法。

```
int max(int a, int b){
  if(a > b) return a;
  else return b;
}
main( ){
  int max(int a, int b);
  int ( *pmax)( );
  int x, y, z;
  pmax = max;
  printf("input two numbers: \ n");
  scanf("% d% d", &x, &y);
  z = ( *pmax)(x, y);
  printf("maxmum = % d", z);
}
```

从上述程序可以看出用，函数指针变量形式调用函数的步骤如下：

（1）先定义函数指针变量，如后一程序中第九行 int （*pmax）（ ）；定义 pmax 为函数指针变量。

（2）把被调函数的入口地址（函数名）赋予该函数指针变量，如程序中第十一行 pmax = max；

（3）用函数指针变量形式调用函数，如程序第 14 行 z = （*pmax）（x，y）；

（4）调用函数的一般形式为：

（*指针变量名）（实参表）

使用函数指针变量还应注意以下两点：

（1）函数指针变量不能进行算术运算，这是与数组指针变量不同的。数组指针变量加减1个整数可使指针移动指向后面或前面的数组元素，而函数指针的移动是毫无意义的。

（2）函数调用中"(*指针变量名)"的两边的括号不可少，其中的 * 不应该理解为求值运算，在此处它只是一种表示符号。

8.6 指针型函数

前面我们介绍过，所谓函数类型是指函数返回值的类型。在C语言中允许1个函数的返回值是1个指针（即地址），这种返回指针值的函数称为指针型函数。

定义指针型函数的一般形式为：

```
类型说明符 *函数名（形参表）
{
……              /*函数体*/
}
```

其中：函数名之前加了“*”号表明这是1个指针型函数，即返回值是1个指针。类型说明符表示了返回的指针值所指向的数据类型。

例8.9 本程序是通过指针函数，输入1个1~7之间的整数，输出对应的星期名。

```
main( ){
  int i;
  char *day_ name(int n);
  printf("input Day No: \ n");
  scanf("% d", &i);
  if(i<0) exit(1);
  printf("Day No: %2d - - >%s \ n", i, day_ name(i));
}
char *day_ name(int n){
  static char *name[ ] ={"Illegal day",
                  "Monday",
                  "Tuesday",
                  "Wednesday",
                  "Thursday",
                  "Friday",
                  "Saturday",
                  "Sunday"};
  return((n<1| |n>7)? name[0] : name[n]);
}
```

本例中定义了1个指针型函数 day_ name，它的返回值指向1个字符串。该函数中定义了 1 个静态指针数组 name。name 数组初始化赋值为八个字符串，分别表示各个星期名及出错提示。形参 n 表示与星期名所对应的整数。在主函数中，把输入的整数 i 作为实参，在 printf 语句中调用 day_ name 函数并把 i 值传送给形参 n。day_ name 函数中的 return 语句包含 1 个条件表达式，n 值若大于 7 或小于 1 则把 name［0］指针返回主函数输出出错提示字符串 "Illegal day"。否则返回主函数输出对应的星期名。主函数中的第七行是个条件语句，其语义是，如输入为负数（i<0）则中止程序运行退出程序。exit 是 1 个库函数，exit（1）表示发生错误后退出程序，exit（0）表示正常退出。

应该特别注意的是函数指针变量和指针型函数这两者在写法和意义上的区别。如 int（*p）（）和 int *p（）是两个完全不同的量。

int（*p）（）是 1 个变量说明，说明 p 是 1 个指向函数入口的指针变量，该函数的返回值是整型量，（*p）的两边的括号不能少。

int *p（）则不是变量说明而是函数说明，说明 p 是 1 个指针型函数，其返回值是 1 个指向整型量的指针，*p 两边没有括号。作为函数说明，在括号内最好写入形式参数，这样便于与变量说明区别。

对于指针型函数定义，int *p（）只是函数头部分，一般还应该有函数体部分。

8.7 指针数组和指向指针的指针

8.7.1 指针数组的概念

1 个数组的元素值为指针则是指针数组。指针数组是一组有序的指针的集合。指针数组的所有元素都必须是具有相同存储类型和指向相同数据类型的指针变量。

指针数组说明的一般形式为：

类型说明符 *数组名［数组长度］

其中：类型说明符为指针值所指向的变量的类型。

例如：

int *pa［3］

表示 pa 是 1 个指针数组，它有 3 个数组元素，每个元素值都是 1 个指针，指向整型变量。

例 8.10 通常可用 1 个指针数组来指向 1 个二维数组。指针数组中的每个元素被赋予二维数组每一行的首地址，因此，也可理解为指向 1 个一维数组。

```
main( ){
int a[3][3] ={1,2,3,4,5,6,7,8,9};
int *pa[3] ={a[0],a[1],a[2]};
int *p = a[0];
  int i;
  for(i =0;i <3;i + +)
    printf("%d,%d,%d\n",a[i][2 -i],*a[i],*( *(a +i) +i));
  for(i =0;i <3;i + +)
```

```
    printf("%d,%d,%d\n", *pa[i], p[i], *(p+i));
}
```

本例程序中，pa是1个指针数组，3个元素分别指向二维数组a的各行。然后用循环语句输出指定的数组元素。其中 *a［i］表示i行0列元素值；*（*（a+i）+i）表示i行i列的元素值；*pa［i］表示i行0列元素值；由于p与a［0］相同，故p［i］表示0行i列的值；*（p+i）表示0行i列的值。读者可仔细领会元素值的各种不同的表示方法。

指针数组也常用来表示一组字符串，这时指针数组的每个元素被赋予1个字符串的首地址。指向字符串的指针数组的初始化更为简单。例如在例10.10中即采用指针数组来表示一组字符串。

应该注意指针数组和二维数组指针变量的区别。这两者虽然都可用来表示二维数组，但是其表示方法和意义是不同的。

例如：

int（*p）［3］；

表示p是1个指向二维数组的指针变量，该二维数组的列数为3。

int *p［3］

表示p是1个指针数组，有3个下标变量p［0］，p［1］，p［2］均为指针变量。

二维数组指针变量是单个的变量，其定义的一般形式中“（*指针变量名）”两边的括号不可少。而指针数组类型表示的是多个指针（一组有序指针）在一般形式中“*指针数组名”两边不能有括号。

例8.11 指针数组作指针型函数的参数。

```
main(){
  static char *name[]={"Illegal day",
                       "Monday",
                       "Tuesday",
                       "Wednesday",
                       "Thursday",
                       "Friday",
                       "Saturday",
                       "Sunday"};
  char *ps;
  int i;
  char *day_name(char *name[],int n);
  printf("input Day No:\n");
  scanf("%d",&i);
  if(i<0)exit(1);
  ps=day_name(name,i);
  printf("Day No:%2d-->%s\n",i,ps);
}
```

```
char *day_name(char *name[], int n)
{
  char *pp1, *pp2;
  pp1 = *name;
  pp2 = *(name + n);
  return((n<1 || n>7)? pp1: pp2);
}
```

在本例主函数中，定义了 1 个指针数组 name，并对 name 作了初始化赋值。其每个元素都指向 1 个字符串。然后又以 name 作为实参调用指针型函数 day_ name，在调用时把数组名 name 赋予形参变量 name，输入的整数 i 作为第二个实参赋予形参 n。在 day_ name 函数中定义了两个指针变量 pp1 和 pp2，pp1 被赋予 name［0］的值（即 * name），pp2 被赋予 name［n］的值即 *（name + n）。由条件表达式决定返回 pp1 或 pp2 指针给主函数中的指针变量 ps。最后输出 i 和 ps 的值。

例 8.12 输入 5 个国名并按字母顺序排列后输出。

```
#include"string.h"
main(){
  void sort(char *name[], int n);
  void print(char *name[], int n);
  static char *name[] ={"CHINA", "AMERICA", "AUSTRALIA",
                        "FRANCE", "GERMAN"};
  int n =5;
  sort(name, n);
  print(name, n);
}
void sort(char *name[], int n){
  char *pt;
  int i, j, k;
  for(i =0; i<n-1; i++){
      k =i;
      for(j =i+1; j<n; j++)
         if(strcmp(name[k], name[j]) >0) k =j;
      if(k!=i){
         pt =name[i];
         name[i] =name[k];
         name[k] =pt;
      }
  }
}
void print(char *name[], int n){
```

```
    int i;
    for( i = 0; i < n; i + + ) printf( "% s \ n", name[ i] ) ;
}
```

在以前的例子中采用了普通的排序方法，逐个比较之后交换字符串的位置。交换字符串的物理位置是通过字符串复制函数完成的。反复的交换将使程序执行的速度很慢，同时由于各字符串（国名）的长度不同，又增加了存储管理的负担。用指针数组能很好地解决这些问题。把所有的字符串存放在1个数组中，把这些字符数组的首地址放在1个指针数组中，当需要交换两个字符串时，只须交换指针数组相应两元素的内容（地址）即可，而不必交换字符串本身。

本程序定义了两个函数，1个名为sort完成排序，其形参为指针数组name，即为待排序的各字符串数组的指针。形参n为字符串的个数。另1个函数名为print，用于排序后字符串的输出，其形参与sort的形参相同。主函数main中，定义了指针数组name并作了初始化赋值。然后分别调用sort函数和print函数完成排序和输出。值得说明的是在sort函数中，对两个字符串比较，采用了strcmp函数，strcmp函数允许参与比较的字符串以指针方式出现。name［k］和name［j］均为指针，因此是合法的。字符串比较后需要交换时，只交换指针数组元素的值，而不交换具体的字符串，这样将大大减少时间的开销，提高了运行效率。

8.7.2 指向指针的指针

如果1个指针变量存放的又是另1个指针变量的地址，则称这个指针变量为指向指针的指针变量。

在前面已经介绍过，通过指针访问变量称为间接访问。由于指针变量直接指向变量，所以称为“单级间址”。而如果通过指向指针的指针变量来访问变量则构成“二级间址”。

指向指针型数据的指针变量定义如下：

```
char * * p;
```

p前面有两个*号，相当于*（*p）。显然*p是指针变量的定义形式，如果没有最前面的*，那就是定义了1个指向字符数据的指针变量。现在它前面又有1个*号，表示指针变量p是指向1个字符指针型变量的。*p就是p所指向的另1个指针变量。

从图8.7可以看到，name是1个指针数组，它的每1个元素是1个指针型数据，其值为地址。Name是1个数据，它的每1个元素都有相应的地址。数组名name代表该指针数组的首地址。name+1是mane［i］的地址。name+1就是指向指针型数据的指针（地址）。还可以设置1个指针变量p，使它指向指针数组元素。p就是指向指针型数据的指针变量。

如果有：

```
p = name + 2;
printf( “% o \ n”, * p) ;
printf( “% s \ n”, * p) ;
```

则第一个printf函数语句输出name［2］的值（它是1个地址），第二个printf函数语句以字符串形式（%s）输出字符串“Great Wall”。

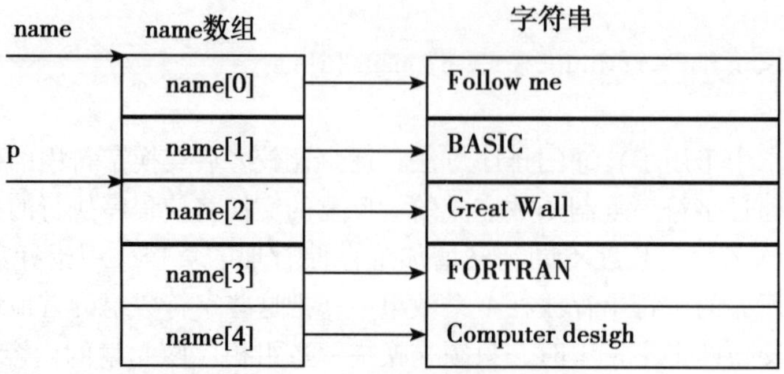

图 8.7 指针与指针变量

例 8.13 使用指向指针的指针。

```
main( )
{char *name[ ] ={"Follow me", "BASIC", "Great Wall", "FORTRAN", "Computer desighn"};
char **p;
int i;
for( i =0; i <5; i++)
  {p = name +i;
  printf("%s\n", *p);
  }
}
```

例 8.14 1 个指针数组的元素指向数据的简单例子。

```
main( )
{static int a[5] ={1,3,5,7,9};
 int *num[5] ={&a[0],&a[1],&a[2],&a[3],&a[4]};
 int **p, i;
 p = num;
 for( i =0; i <5; i++)
   {printf("%d\t", **p); p++;}
}
```

8.7.3 main 函数的参数

前面介绍的 main 函数都是不带参数的。因此，main 后的括号都是空括号。实际上，main 函数可以带参数，这个参数可以认为是 main 函数的形式参数。C 语言规定 main 函数的参数只能有两个，习惯上这两个参数写为 argc 和 argv。因此，main 函数的函数头可写为：

main (argc, argv)

C 语言还规定 argc（第一个形参）必须是整型变量，argv（第二个形参）必须是指向字符串的指针数组。加上形参说明后，main 函数的函数头应写为：

main(int argc,char *argv[ ])

由于 main 函数不能被其他函数调用，因此，不可能在程序内部取得实际值。那么，在何处把实参值赋予 main 函数的形参呢？实际上，main 函数的参数值是从操作系统命令行上获得的。当我们要运行 1 个可执行文件时，在 DOS 提示符下键入文件名，再输入实际参数即可把这些实参传送到 main 的形参中去。

DOS 提示符下命令行的一般形式为：

C：\ >可执行文件名　参数　参数……；

但是应该特别注意的是，main 的两个形参和命令行中的参数在位置上不是一一对应的。因为 main 的形参只有两个，而命令行中的参数个数原则上未加限制。argc 参数表示了命令行中参数的个数（注意：文件名本身也算 1 个参数），argc 的值是在输入命令行时由系统按实际参数的个数自动赋予的。

例如有命令行为：

C：\ >E24　BASIC　foxpro　FORTRAN

由于文件名 E24 本身也算 1 个参数，所以共有 4 个参数，因此，argc 取得的值为 4。argv 参数是字符串指针数组，其各元素值为命令行中各字符串（参数均按字符串处理）的首地址。指针数组的长度即为参数个数。数组元素初值由系统自动赋予。其表示如图 8.8 所示：

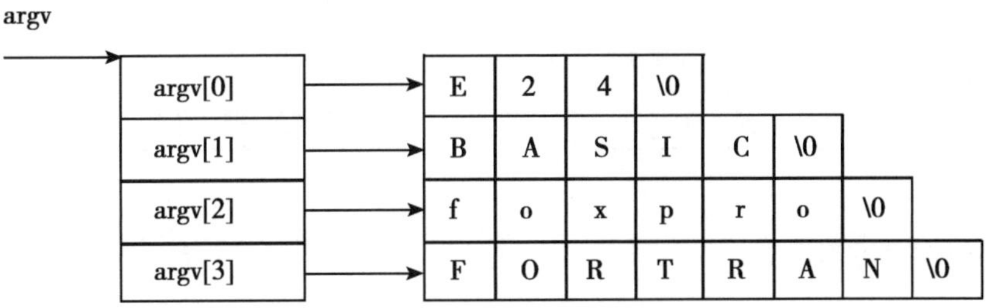

图 8.8　指针数组及其元素初值

例 8.15

```
main( int argc, char  * argv) {
   while( argc - - >1)
      printf( "%s \ n", * + + argv) ;
}
```

本例是显示命令行中输入的参数。如果上例的可执行文件名为 e24. exe，存放在 A 驱动器的盘内。因此输入的命令行为：

C：\ >a：e24 BASIC foxpro FORTRAN

则运行结果为：

BASIC

foxpro

FORTRAN

该行共有 4 个参数，执行 main 时，argc 的初值即为 4。argv 的 4 个元素分为 4 个字符串的首地址。执行 while 语句，每循环一次 argv 值减 1，当 argv 等于 1 时停止循环，共循环 3 次，因此共可输出 3 个参数。在 printf 函数中，由于打印项 * + + argv 是先加 1 再打印，故第一次打印的是 argv [1] 所指的字符串 BASIC。第二、三次循环分别打印后两个字符串。而参数 e24 是文件名，不必输出。

8.8 小结

8.8.1 有关指针的数据类型的小结

表 8.1 指针与指针运算小结

定义	含义
int i;	定义整型变量 i
int *p	p 为指向整型数据的指针变量
int a [n];	定义整型数组 a，它有 n 个元素
int *p [n];	定义指针数组 p，它由 n 个指向整型数据的指针元素组成
int (*p) [n];	p 为指向含 n 个元素的一维数组的指针变量
int f ( );	f 为带回整型函数值的函数
int *p ( );	p 为带回 1 个指针的函数，该指针指向整型数据
int (*p) ( );	p 为指向函数的指针，该函数返回 1 个整型值
int **p;	p 是 1 个指针变量，它指向 1 个指向整型数据的指针变量

8.8.2 指针运算的小结

现把全部指针运算列出如下：

(1) 指针变量加（减）1 个整数　例如：p++、p--、p+i、p-i、p+=i、p-=i

1 个指针变量加（减）1 个整数并不是简单地将原值加（减）1 个整数，而是将该指针变量的原值（是 1 个地址）和它指向的变量所占用的内存单元字节数加（减）。

(2) 指针变量赋值　将 1 个变量的地址赋给 1 个指针变量。

p=&a;　　　　（将变量 a 的地址赋给 p）

p=array;　　　（将数组 array 的首地址赋给 p）

p=&array [i];（将数组 array 第 i 个元素的地址赋给 p）

p=max;　　　　（max 为已定义的函数，将 max 的入口地址赋给 p）

p1=p2;　　　　（p1 和 p2 都是指针变量，将 p2 的值赋给 p1）

注意：不能如下：

p=1000;

(3) 指针变量可以有空值，即该指针变量不指向任何变量　p=NULL;

(4) 两个指针变量可以相减　如果两个指针变量指向同 1 个数组的元素，则两个指针变量值之差是两个指针之间的元素个数。

(5) 两个指针变量比较　如果两个指针变量指向同 1 个数组的元素，则两个指针变量可以进行比较。指向前面的元素的指针变量“小于”指向后面的元素的指针变量（表

8.2)。

表 8.2　指针变量赋值和引用

指针	指针变量定义	赋值	引用
单变量 &i	int ＊p = i;	p = &i, ＊p = i; 指针变量 = 变量地址	①&i, ＊p,②& ＊p = &I;③ ＊&i = I; ④(＊p) + + = i + +;
数组名 a (常数指针)	一维数组 int(＊p)(n);	p = a,p = &a[0]; 指针变量 = 数组名 或第一元素地址;	①下标法:a[i] ②指针法:＊(a + i)或＊(p + i)是 p + i 或 a + i 所指向的数组元素;此时 a + i 和 p + i 是 a[i]的地址 ③指针变量可以使本身的值改变, + + 或 - - 运算指针变量可以使指针变量向前或向后移动,但不能用于数组名,数组名是常量 p + + 指向下 1 个元素; ＊p + + 或 - - 先得到 p 的值,再 p + 或 - 1 的到 p; ＊(p + +)与＊(+ + p); (＊p) + + 表示 p 所指元素的加一
	二维数组 int(＊p) [m][n];	a,a[0],&a[0][0] &(a + i),a[i] + j,p + i	①下标法:a[i][j] ②列指针法:＊(a[i] + j) ③行指针法:＊(＊(a + i) + j) a[i][j] = ＊(a[i] + j) = ＊(＊(a + i) + j) = p[i][j] = ＊(p[i] + j) = ＊(＊(p + i) + j)
函数名 fun (函数名地址)	int ＊p( ); p = fun;	指针变量 = 函数名;	(＊p)代表函数名,p + n 与 p + + 、p - - 无意义。 调用:(＊指针变量)(实参列表) 调用 1 个函数过程中执行所指定函数,增强处理问题的灵活性
字符串 首地址	char str[ ] = {"chars"}; char ＊p = "chars";		①指针变量的值可以改变,而数名的值不变 ②指针变量可用下标形式指向字符串的字符＊(p + i) ③不能采用赋值语句对数组整体赋值形式,如:a =“ahcd”是错误的

习　　题

一、选择题

1. 若已有定义：int x, ＊pb; 则以下正确的赋值表达式是

A. pb = &x　　B. pb = x　　C. ＊pb = &x　　D. ＊pb = ＊x

2. 以下程序的输出结果是

A. 不定值　　B. 0　　C. －1　　D. 1

#include "stdio. h"　main( ){printf("%d \ n", NULL);}

3. 以下程序的输出结果是

A. 5, 2, 3　　B. －5, －12, －7　C. －5, －12, －17　　D. 5, －2, －7

void sub(int x, int y, int ＊z){ ＊z = y－x;}

main( ) { int a, b, c; sub(10, 5, &a) ; sub(7, a, &b) ; sub(a, b, &c) ;
printf("%d, %d, %d \ n", a, b, c) ; }

4. 以下程序的输出结果是

A. 4　　B. 6　　C. 8　　D. 10

main( ) { int k = 2, m = 4, n = 6; int ＊pk = &k, ＊p m = &m, ＊p;
＊(p = &n) = ＊p k＊(＊pm) ; printf("%d \ n", n) ; }

5. 以下程序的输出结果是

A. 23　　B. 24　　C. 25　　D. 26

void prtv(int ＊x) { printf("%d \ n", + + ＊x) ; }　main( ) { int a = 25; prtv(&a) ; }

6. 以下程序的输出结果是

A. 运行时出错　　B. 100　　C. a 的地址　　D. b 的地址

main( ) { int ＊＊k, ＊a, b = 100; a = &b; k = &a; printf("%d \ n", ＊＊k) ; }

7. 以下程序的输出结果是

A. 4，3　　B. 2，3　　C. 3，4　　D. 3，2

void fun(float ＊a, fl; oat ＊b) { float w; ＊a = ＊a + ＊a; w = ＊a; ＊a = ＊b; ＊b = w; }
main( ) { float x = 2. 0, y = 3. 0; float ＊px = &x, ＊py = &y; fun(px, py) ;
printf("%2. of, %2. of \ n", x, y) ; }

8. 若已定义：int a[ ] = {0,1,2,3,4,5,6,7,8,9} , ＊p = a,i;其中，0≤i≤9，则对 a 数组元素的引用不正确的是

A. a［p－a］　　B. ＊（&a［i］）　　C. p［i］　　D. ＊（＊a + i））

9. 以下程序段给数组所有元素输入数据，应在下划线填入的是

A. a + （i + +）　　B. &a［i + 1］　　C. a + i　　D. &a［+ + i］

main( ) { int a[10] , i = 0; while(i < 10) scanf("%d", ____) ; . . . . . }

10. 以下程序段的输出结果是

A. 3　　B. 4　　C. 1　　D. 2

main( ) { int a[10] = { 1, 2, 3, 4, 5, 6, 7, 8, 9, 10} , ＊p = a; printf("%d \ n", ＊(p + 2)) ; }

11. 以下程序段的输出结果是

A. 17　　B. 18　　C. 19　　D. 20

main( ) { int a[ ] = { 2, 4, 6, 8, 10} , y = 1, x, ＊p; p = &a[1] ;
for(x = 0; x < 3; x + +) y + = ＊(p + x) ; printf("%d \ n", y) ; }

12. 以下程序中若第一个 printf 语句输出的是：194，则第二个 printf 语句的输出结果是

A. 212　　B. 204　　C. 1a4　　D. 1a6

main( ) { int a[ ] = { 1, 2, 3, 4, 5, 6, 7, 8, 9, 0} , ＊p; p = a;
printf("%x \ n", p) ; printf("%x \ n", p + 9) ; }

13. 以下程序段的输出结果是

A. 0987654321　　B. 4321098765　　C. 5678901234　　D. 0987651234

fun(int ＊s, int n1, int n2) { int i, j, t; i = n1; j = n2;
While(i < j) { t = ＊(s + i) ; ＊(s + i) = ＊(s + j) ; ＊(s + j) = t; i + + ; j － － ; } }

main( ){int a[10] ={1,2,3,4,5,6,7,8,9,0},i, ＊p=a;

fun(p,0,3);fun(p,4,9);fun(p,0,9);

for(i=0;i<10;i+ +)printf("%d", ＊(a+i));}

14. 以下程序段的输出结果是

A. 4 4　　B. 2 2　　C. 2 4　　D. 4 6

main( ){int a[5] ={2,4,6,8,10};, ＊p, ＊＊k; p=a; k=&p;

printf("%d,", ＊(p+ +));printf("%d \ n", ＊＊K);}

15. 若有定义和语句：int c [4][5], (＊cp)[5]; cp= c; 则对C数组元素的引用正确的是

A. cp+1　　B. ＊ (cp+3)　　C. ＊ (cp+1) +3　　D. ＊ (＊cp+2)

16. 若有如下定义：

A. a [4][3]　　B. p [0][0]　　C. prt [2][2]　　D. (＊(p+1))[1]

int a[4][3] ={1,2,3,4,5,6,7,8,9,10,11,12},(＊prt)[3]=a,＊p[4],i;

for(i=0;i<4;i+ +)p[i] =a[i];则不能够正确表示a数组元素的表达式是

17. 以下程序段的输出结果是

A. 23　　B. 26　　C. 33　　D. 36

main( ){int aa[3][3] ={{2},{4},{6},i, ＊p=&aa[0][0];

for(i= 0;i<2;i+ +){if(i= 0)aa[i][i+1] = ＊p+1;else + +p;printf("%d," ＊p);}
printf(" \ n");}

18. 以下程序段的输出结果是

A. 60　　B. 68　　C. 99　　D. 108

main( ){int a[3][4] ={1,3,5,7,9,11,13,15,17,19,21,23};int(＊p)[4] =a,i,j,k=0;

for(i=0;i<3;i+ +)

for(j=0;j<2;j+ +)k+ = ＊(＊(p+i) +j);

printf("%d \ n",k);}

19. 若有定义语句 int (＊p) [m]; 其中的标识符p是

A. m个指向整型变量的指针　　C. 1个指向具有m个整型元素的一维数组指针

B. 指向m个整型变量的函数指针　　D. 具有m个指针元素的一维数组，每个元素都只能指向整形量

20. 以下能正确进行字符串赋值、赋初值的语句组是

A. char s[5] ={'a','e','i','o','u'};　　B. char ＊s;s="good!";

C. char s[5] ="good!"　　D. char s[5];s="good";

21. 以下程序段的输出结果是

A. 68　　B. 0　　C. 字符D的地址　　D. 不确定的值

Char str[ ] ="ABCD", ＊p=str;printf("%d \ n", ＊(p+4););

22. 当运行以下程序的输入 OpEN THE DOOR <CR> (此处 <CR> 代表回车则输出结果是

A. opENtHEdOOR　　B. open the door　　C. OpEN TH E DOOR　　D. Open The Door

```
#include "stdio. h" char fun( char  * c)
{ if( * c < = 'Z'&& * > = 'A') * c - = 'A' - 'a'; return  * c; }
main( ) { char s[ 81] ,  * p = s; gets( s) ; while(  * p) {  * p = fun( p) ; putchar(  * p) ; p + + ; }
putchar( ' \ n') ; }
```

23. 以下程序段的输出结果是

A. GFEDCBA　　B. AGADAGA　　C. AGAAGAG　　D. GAGGAGA

```
#include "stdio. h" #include "string. h"
void fun( char  * w, int m) { char s,  * p1,  * p2; p1  = w; p2 = w + m - 1;
while( p1 < p2) { s =  * p1 + + ;  * p1 =  * p2 - - ;  * p2 = s; } }
main( ) { char a[  ] = "ABCDEfG"; fun( a, strlen( a) ) ; puts( a) ; }
```

24. 以下程序段的输出结果是

A.	B.	C.	D.
ABCD	A	D	ABCD
BCD	B	C	ABC
CD	C	B	AB
D	D	A	A

```
main( ) { char s[ ] = "ABCD",  * p; for( p = s; p < s +4; p + + ) printf( "% s \  n", p) ; }
```

25. 设有如下定义 char * aa ［2］ = ｛"abcd", "ABCD"｝;

则以下说法正确的是

A. aa 数组元素的值分别是:"abcd"和"ABCD"

B. aa 是指针变量，它指向含有两个数组元素的字符型一维数组

C. aa 数组的两个元素分别存放的是含有四个字符的一维数组的首地址

D. aa 数组的两个元素中各自存放了字符"a"和"A"的地址

26. 以下程序段的输出结果是

A. 6385　　B. 69825　　C. 63825　　D. 693825

```
main( ) { char ch[ 2] [ 5] = { "6937", "8254"} , (  * p) [ 5] ; int i, j, s = 0; p = ch;
for( i = 0; i < 2; i + + )
for( j = 0; p[ i] [ j] > ' \ 0'&&p[ i] [ j]  < = '9'; j + = 2) s = 10  * s + p[ i] [ j]  - '0';
printf( "% d \ n", s) ; }
```

27. 以下程序段的输出结果是

A. ABCDEfGHiJKL　　B. ABCD　　C. ABCDEfGHiJKLmNOp　　D. AEim

```
main( ) { char  * alpha[ 6] = { "ABCD", "EfGH", "iJKL", "mNOp", "QRsT", "UvWX"} ;
char  *  * p; int i; p = alpha; for( i = 0; i < 4; i + + ) printf( "% s", p[ i] ) ; printf( " \  n") ; }
```

28. 库函数 strcpy 用以复制字符串，若有以下定义和语句

char str1[ ] = "string", str2[8] , * str3, * str4 = " string"; 则对库函数 strcpy 的不正确调用是

A. strcpy （str1,"HELLO1"）;　　B. strcpy （str2,"HELLO2"）;

C. strcpy （str3,"HELLO3"）;　　D. strcpy （str4,"HELLO4"）;

二、填空题

1. 以下程序段的输出结果是________________。

```
#include "stdio. h"
main( ){char b[ ] ="ABCDEfG", * chp =&b[7];
While( - -chp >&b[0]) putchar( * chp); putchar( '\ n'); }
```

2. 以下程序段的输出结果是________________。

```
#include "stdio. h"
void fun( char * a1, char * a2, int n)
{int k; for( k =0; k <n; k + +) a2[ k] =( a1[ k] - 'A' -3 +26) %26 + 'A';
a2[ n] = '\ 0'; }
main( ){char s1[5] ="ABCD", s2[5]; fun( s1, s2, 4); puts( s2); }
```

3. 以下程序段的输出结果是________________。

```
main( ){char * p[ ] ={"BOOL", "OpK", "H", "sp"}; int i;
for( i =3; i > =0; i - -, i - -) printf( "%c", * p[ i];
printf( " \ n"); }
```

4. 当运行以下程序时从键盘输入字符串 qwerty 和 abcd，则程序的输出结果是________________。

```
#include "string. h" #include "stdio. h"
strle( char a[ ], char b[ ]){int num =0, n =0; while( * ( a +num) ! = '\ 0') num + +;
while( b[ n]){ * ( a +num) =b[ n]; num + +; n + +; }return( num); )}
main( ){char str1[81], str2[81], * p1 =str1, * p2 =str2; gets( p1); gets( p2); printf( "%d \
n", strle( p1, p2)); }
```

5. 以下程序段的输出结果是________________。

```
char s[20] ="goodgood! ", * sp =s; sp =sp +2; sp ="to"; puts( s);
```

6. 以下程序段的输出结果是________________。

```
main( ){int a[] ={2,4,6}, * prt =& a[0], x =8, y, z;
for( y =0; y <3; y + +) z =( * ( prt +y) <x) ? * ( prt +y) : x;
printf( "%d \ n", z); }
```

7. 以下程序段的输出结果是________________。

```
#define N 5
fun( char * s, char a, int n){int j; * s =a; j =n; while( a <s[ j]) j - -; return j; }
main( ){char s[ N +1]; int k; for( k =1; k < =N; k + +) s[ k] ='A' +k +1;
printf( "%d \ n", fun( s, 'E', N)); }
```

8. 以下程序的输出结果是________________。

```
void sub( float x, float * y, float * z){ * y = * y -1. 0; * z = * z +x; }
main( ){float a =2. 5, b =9. 0, * pa, * pb; pa =&a; pb =&b;
sub( b -a, pa, pa); printf( "%f \ n", a); }
```

第九章　结构体

前面章节中，我们学习了系统预定义的标准数据类型（如整型、实型、字符型），也学习了一种构造数据类型——数组。数组是相同类型数据的有序集合。而在实际应用中，为了表示1个有机的整体，往往要把相互联系的不同类型的数据组合到一起，这样一组相互关联的数据如果用简单变量存储，难以反映出它们之间的逻辑联系，也不利于程序的编写和阅读。所以我们要用一种新的数据类型来解决问题，这种新的数据类型就是结构体类型。C语言没有提供这种现成的数据类型，但它允许用户自己指定这种数据结构，C语言中的结构体（structure）类型，就是将不同类型的数据组织在一起，来表示一种较复杂的数据关系的数据集合。如，我们要表示1个班学生的信息，有学号，姓名，性别，考试成绩这些项目，由于表示这些信息需要不同数据类型，因此，应定义结构体类型，来表示数据间的联系，如表9.1：

表9.1　定义结构体类型

no	name	sex	score
1 000	zhaoli	M	90

9.1　结构体及结构体变量

9.1.1　结构体类型声明

C语言中的结构体类型，相当于其他高级语言中的“记录”。

(1) 声明结构体类型的一般形式

struct 结构体名

{成员表列}；

struct是声明结构体类型的关键字，不能省略。

成员表列由若干个成员组成，每个成员都是该结构的1个组成部分，成员名的命名应符合标识符的命名规则。成员形式为：

类型说明符　成员名；

如下格式所示：

```
struct  结构体类型名            /* struct 是结构体类型关键字 */
{
数据类型   成员名1;
数据类型   成员名2;
……         ……
```

```
数据类型　成员名 n;
};                          /* 此行分号不能少！ */
```

例如：

```
struct stu
{
  int no;
  char name [20];
  char sex;
  float score;
};
```

在这个结构体定义中，结构体名为 stu，该结构体由 4 个成员组成，第一个成员为 no，整型变量；第二个成员为 name，字符数组；第三个成员为 sex，字符变量；第四个成员为 score，实型变量。应注意在括号后的分号是不可少的。结构体定义之后，即可进行变量说明。凡说明为结构体 stu 的变量都由上述 4 个成员组成。由此可见，结构体是一种复杂的数据类型，是数目固定，类型不同的若干有序变量的集合。

“结构体”这个词是根据英文单词 structure 译出的。有些 C 语言书把 structure 直译为“结构”。作者借鉴多种 C 语言版本，认为译成“结构”容易与一般含义上的“结构”相混（例如：数据结构，选择结构等），因此，在本书中，我们一律用“结构体”一词来表达“structure”一词的含义。但要注意，如果其他 C 语言书中描述了“结构”类型，那即为我们所说的“结构体”类型。

（2）说明

①“结构体类型名”和“数据项”的命名规则，与变量名相同。

②数据类型相同的数据项，既可逐个、逐行分别定义，也可合并成一行定义。

例如：如果定义 1 个日期结构体类型，可写成如下形式：

```
struct
{int  year, month, day;
};
```

③结构体类型中的数据项，既可以是基本数据类型，也允许是另 1 个已经定义的结构体类型（需定义结构体变量之后应用）。

④声明结构体类型，只相当于声明了系统已有的基本类型，如 int，float 等，并不开辟内存空间。

9.1.2　结构体变量定义

定义 1 个结构体类型，它只相当于建立了 1 个结构体模型，实际还无具体的数据，系统也不分配内存单元。只有定义了结构体变量之后，系统才分配内存空间。用户自己定义的结构体类型，与系统定义的标准类型（int、char 等）用法相同，可用来定义结构体变量。

（1）结构体变量的定义

①直接定义法——在定义结构体类型的同时，定义结构体变量

格式如下：

```
struct  [结构体类型名]
{ ……
} 结构体变量表;
```

例如：定义 1 个反映学生基本情况的结构体变量，用以存储学生的相关信息。

```
struct stu
{
  int no;
  char name [20];
  char sex;
  float score;
} student1;
```

②间接定义法——先定义结构体类型、再定义结构体变量

格式如下：

```
struct  <结构体类型名>
{ ……
};
struct 结构体类型名  结构体变量表;
```

例如：结构体变量 student1 的定义可以改为如下形式：

```
struct stu
{
  int no;
  char name [20];
  char sex;
  float score;
};
struct  stu  student1; /* stu 是结构体类型名，student1 是结构体变量名 */
```

（2）说明

①结构体类型与结构体变量是两个不同的概念，其区别如同 int 类型与 int 型变量的区别一样。

②结构体中的成员，可以单独使用，它的作用与地位相当于普通变量，引用方法见下节。

③结构体类型中的数据项，既可以是基本数据类型，也允许是另 1 个已经定义的结构体类型，如表 9.2。

表 9.2　数据项

no	name	sex	score	birthday		
				year	month	day

```
如 struct  date          /* 日期结构体类型：由年、月、日 3 项组成 */
{
   int year;
   int month;
   int day;
};
struct  stu2 /* 学生信息结构体类型：由学号、姓名、性别、成绩和生日共 5 项组成 */
{
   int no;
   char name [20];
   char sex;
   float score;
   struct date birthday;
} student2;
```

本例中的结构体类型 stu2，其数据项“birthday”就是 1 个已经定义的结构体类型 date。结构体变量 student 拥有结构体类型的全部成员，其中 birthday 成员是 1 个结构体类型，它又由 3 个成员构成。如表 9.2 所示。

④结构体类型中的成员名，可以与程序中的变量同名，它们代表不同的对象，互不干扰。

⑤在用直接定义法时，结构体类型名可以省略，但间接定义法定义结构体变量时，必须同时指定结构体类型名。

⑥结构体变量分配的内存空间为各成员所占字节的总和。如上述 student1 变量所分配内存空间为 29 字节（no（4），name（20），sex（1），float（4）），而变量 student2 所分配内存空间为 41 字节（no（4），name（20），sex（1），float（4），birthday（12）），其中，运行环境为 visual c + +6.0）。

9.1.3　结构体变量的引用

对于结构体变量，要通过成员运算符“.”，来访问其成员。

引用格式为：

结构体变量．成员

例如：结构体变量 student1 中的 no 成员，用 student1. no 表示；结构体变量 student1 中的 name 成员用 student1. name 表示等等。

如果某成员本身又是 1 个结构体类型，则只能通过多级的分量运算，对最低一级的成员进行引用。

此时的引用格式扩展为：

结构体变量．成员．子成员……最低一级子成员

例如：引用结构体变量 student2 中的 birthday 成员 year，month，day 分别为：

Student2. birthday. year

Student2. birthday. month

Student2. birthday. day

说明：

（1）对最低一级成员，可像同类型的普通变量一样，进行相应的各种运算，如：

Student. score = student，score + 10；

student 2. no + + ；

（2）既可引用结构体变量成员的地址，也可引用结构体变量的地址，例如：

&student1. name ，&student1 。

（3）不能将 1 个结构体变量作为 1 个整体进行输入和输出。例如：已定义 student1 为结构体变量，不能这样引用：

scanf（"% d, % s, % c, % f"，&student1）；

printf（"% d, % s, % c, % f \ n"，student1）；

9.1.4 结构体变量的赋值

（1）结构体变量初始化

结构体变量初始化的格式，与一维数组相似，格式如下：

结构体变量 = {初值表}

不同的是，如果某成员本身又是结构体类型，则该成员的初值为 1 个初值表。

注意：初值的数据类型，应与结构体变量中相应成员所要求的一致，否则会出错。

例 9.1 利用结构体类型 struct stu2，定义 1 个结构体变量 student2，用于存储和显示 1 个学生的基本情况。

```
struct date
{
   int year;
   int month;
   int day;
};
struct  stu2
{int no;
char name [20];
char sex;
float score;
struct date birthday;
};
struct  stu2  student2 = {102,"张三",'M',89.0,{1985,1,20}};
main ( )
{ printf ("No: %d \ n", student2. no);
printf ("Name: %s \ n", student2. name);
printf ("Sex: %c \ n", student2. sex);
printf ("Score: %f. 2 \ n", student2. score);
```

```
printf ("Birthday: %d-%d-%d\n", student2.birthday.year,
student2.birthday.month, student2.birthday.day);
}
```

程序运行结果：

```
No: 102
Name: 张三
Sex: M
Score: 89.00
Birthday: 1985-1-20
```

（2）结构体变量的赋值运算　对于相同类型的结构体变量，可以进行赋值运算。赋值的方式，是将赋值号右边结构体变量各成员的值，依次赋给赋值号左边变量相对应的成员，如：

```
#include <stdio.h>
#include <string.h>
struct stu
{
  char name [9];
  char sex;
  float score [2];
};
main ( )
{
  struct stu  m, c = {"Qian",'f', 95.0, 92.0};
  m = c;
  printf ("%s,%c,%2.0f,%2.0f\n", m.name, m.sex, m.score [0], m.score [1]);
  printf ("%s,%c,%2.0f,%2.0f\n", c.name, c.sex, c.score [0], c.score [1]);
}
```

程序运行结果：

```
Qian, f, 95, 92
Qian, f, 95, 92
```

注意：和数组类似，不可先定义变量，再整体赋值的方式赋值，如下程序段所示：

```
struct  stu2
{
  int no;
  char name [20];
  char sex;
  float score;
  struct date birthday;
} student2;
```

student2 = {102,"张三",'M',89.0,{1985,1,20}};

这种方式会出现编译错误。

9.2 结构体数组

由上节可知，1 个结构体变量可以存放 1 个学生的相关数据。如果需要存放多名学生的数据，需定义多个结构体变量，显然应该使用结构体数组。结构体数组中的每 1 个元素，都是结构体类型数据，均包含结构体类型的所有成员。

与结构体变量的定义相似，结构体数组的定义也分直接定义和间接定义两种方法，只需说明为数组即可。

与普通数组一样，结构体数组也可在定义时进行初始化。初始化的格式为：

结构体数组 [n] = {{初值表 1}，{初值表 2}，…，{初值表 n}}

例 9.2 利用结构体类型 struct stu2，定义 1 个结构体数组 student，用于存储和显示 3 个学生的基本情况。

```
#include <stdio.h>
struct  date
{
   int year;
   int month;
   int day;
};
struct  stu2
{
   int no;
   char name [10];
   char sex;
   float score;
   struct date birthday;
} student [3];
struct  stu2  student[3] ={{102, "张三", 'M', 89.0, {1980, 9, 20}},
                           {105, "李四", 'M", 78.5, {1980, 8, 15}},
                           {112, "王五", 'F', 93.0, {1980, 3, 10}}  };
main ( )   /*主函数 main ( ) */
{
   int i;
   printf (" No.     Name        Sex  Score    Birthday \n"); /*打印表头：*/
   for (i=0; i<3; i++)              /*输出 3 个学生的基本情况*/
   {
     printf ("%-7d", student [i] .no);
```

```
        printf ("%-10s", student [i] .name);
        printf ("%-5c", student [i] .sex);
        printf ("%-7.2s", student [i] .score);
        printf ("%d-%d-%d\n", student [i] .birthday.year,
        student [i] .birthday.month, student [i] .birthday.day);
    }
}
```

程序运行结果：

```
No.   Name         Sex   Score     Birthday
102     张三        M      89.00      1980-9-20
105     李四        M      78.50      1980-8-15
112     王五        F     93.00      1980-3-10
```

例 9.3　对候选人得票的统计程序，设有 3 个候选人，每次输入 1 个得票的候选人的名字，要求最后输出各人得票结果。

分析：本程序需要计每个候选人的得票数，因候选人为字符型数据，而统计得票为整型数据，因此，需定义结构体类型。

```
#include <stdio.h>
#include <string.h>
struct person
{
  char name [20];
  int count;

}
leader [3] ={"Li", 0,"Zhang", 0,"Zhao", 0};
main ( )
{
  int i, j, n;
  char leader_name [20];
  scanf ("%d", &n);
  for (i=0; i<n; i++)
  {scanf ("%s", leader_name);
  for (j=0; j<3; j++)
  if (strcmp (leader_name, leader [j] .name) ==0) leader [j] .count++;
}
printf ("\n");
for (i=0; i<3; i++)
  printf ("%5s:%d\n", leader [i] .name, leader [i] .count);
}
```

运行情况如下：

8

Li

Li

Zhao

Zhang

Zhao

Li

Li

Zhang

输出结果：

Li：4

Zhang：2

Zhao：2

程序定义 1 个全局的结构体数组 leader，它有 3 个元素，每 1 个元素包含两个成员，name（姓名）和 count（得票）。在定义数组时使之初始化，使 3 位候选人的票数都先置零。

在主函数中定义字符数组 leader_ name，它代表被选人的姓名，在 n 次循环中每次先输入 1 个被选人的具体人名，然后把它与 3 位候选人姓名相比，看它和哪一名候选人的名字相同。注意 leader_ name 是和 leader [j] . name 相比，leader [j] 是数组 leader 的第 j 个元素，它包含两个成员，leader_ name 应该和 leader 数组第 j 个元素的 name 成员相比。若 j 为某一值时，输入的姓名与 leader [j] . name 相等，就执行 leader [j] . count + +，由于成员运算符“.”优先级高于“ + +”，因此，相当于（leader [j] . count） + + ，使 leader [j] 的成员 count 的值加 1，在输入统计结束后，将 3 人的名字和得票数输出。

思考题：是否可以把 1 个结构体数组用赋值号直接赋给另 1 个结构体数组？

9.3 指向结构体类型数据的指针

结构体变量在内存中的起始地址称为结构体变量的指针。我们可以设 1 个指针变量，用来指向 1 个结构体变量，此时该指针变量的值是结构体变量的起始地址。指针变量也可以用来指向结构体数组中的元素及结构体数组。

9.3.1 指向结构体变量的指针

（1）定义方式　与结构体变量的定义相似，只须定义成指针形式即可。如：

```
struct  stud
{
  int no;
  char name [20];
}  *p;
```

例 9.4　使用指向结构体变量的指针来访问结构体变量的各个成员。

```
#include <stdio.h>
struct  date
{
  int year;
  int month;
  int day;
};
struct  stu2
{
  int no;
  char name [20];
  char sex;
  float score;
  struct date birthday;
};
struct  stu2  student = {102," 张三",'M', 78.5, {1980, 9, 20}};
main ( )
{
  struct  stu2  *p = &student;
  printf (" No:   %d\n", p->no);
  printf (" Name: %s\n", p->name);
  printf (" Sex: %c\n", p->sex);
  printf (" Score: %.1f\n", p->score);
  printf (" Birthday: %d-%d-%d\n", p->birthday.year,
  p->birthday.month, p->birthday.day);
}
```

程序运行结果如下：

```
No:   102
Name: 张三
Sex: M
Score: 78.5
Birthday: 1980-9-20
```

（2）三种表示结构体成员的方法　通过指向结构体变量的指针来访问结构体变量的成员，与直接使用结构体变量的效果一样。一般地说，如果指针变量已指向结构体变量，则以下三种形式等价：

①结构体变量．成员名；

②指针变量名->成员 /*->称为指向运算符*/；

③（*指针变量名）．成员　/*指针变量名外面的括号不能省！*/。

注意：在格式（1）中，分量运算符左侧的运算对象，只能是结构体变量；而在格式（2）中，指向运算符左侧的运算对象，只能是指向结构体变量（或结构体数组）的指针变量，否则都出错。

思考题：如果要求从键盘上输入结构体变量 student 的各成员数据，如何修改程序？注意，在输入字符串之后紧接着输入字符时，应用 scanf（"%s"，p->name）；getchar()；scanf（"%c"，&p->sex）；或 gets（p->name）；scanf（"%c"，&p->sex）；。

有关++问题：

p->n　　得到 p 指向的结构体变量中的成员 n 的值。

p->n++　　得到 p 指向的结构体变量中的成员 n 的值，用完该值后使它加 1。

++p->n　　得到 p 指向的结构体变量中的成员 n 的值加 1，然后再使用它。

9.3.2 指向结构体数组的指针

例 9.5 使用指向结构体数组的指针来访问结构体数组。

```
#include" stdio.h"
/*定义并初始化1个外部结构体数组 student */
struct  date
{
  int year;
  int month;
  int day;
};
struct  stu2
{
  int no;
  char name [20];
  char sex;
  float score;
  struct date birthday;
};
struct  stu2  student [3]  =  {{102,"张三",'M', 78.5, {1980, 5, 20}},
                               {105,"李四",'M', 90.5, {1980, 8, 15}},
                               {112,"王五",'F', 98.0, {1980, 3, 10}} };
main ( )
{
  int i;
  struct  stu2  *p = student;
  printf ("No     Name              Sex  Score      Birthday \n");
for (i =0; i<3; i++, p++)
{
```

```
    printf ("%-7d", p->no);
    printf ("%-15s", p->name);
    printf ("%-5c", p->sex);
    printf (" %-8.1f", p->score);
    printf (" %d-%d-%d\n", p->birthday.year,
    p->birthday.month, p->birthday.day);
    }
}
```

运行结果如下：

No	Name	Sex	Score	Birthday
102	张三	M	78.5	1980-5-20
105	李四	M	90.5	1980-8-15
112	王五	F	98.0	1980-3-10

注意：

如果指针变量 p 已指向某结构体数组，则 p+1 指向结构体数组的下 1 个元素，而不是当前元素的下 1 个成员。

另外，如果指针变量 p 已经指向 1 个结构体变量（或结构体数组），就不能再使之指向结构体变量（或结构体数组元素）的某一成员。

9.4　结构体与函数

函数是 C 语言重要的不可缺少的组成成分，前面我们介绍了多种类型的数据作函数参数的方法。现在，给大家介绍和结构体有关的函数使用方法。将 1 个结构体变量的值传递给另 1 个函数，有 3 种方法，用结构体变量的成员作函数的实参，用结构体变量作函数的实参，用指向结构体变量（或数组）的指针作实参，将结构体变量（或数组）的地址传给形参。

用结构体变量的成员作函数的实参，函数传递的方式是根据实参中结构中成员的类型而定，传递方法同前述章节。用结构体变量作函数的实参时，函数的传递方式是“值传递”方式，将结构体变量所占的内存单元的内容全部顺序传递给形参，形参也必须是相同类型的结构体变量。用指向结构体变量（或数组）的指针作实参，采用的是“址传递”方式，将结构体变量（或数组）的地址传递给形参，形参必须是指针类形式。

9.4.1　结构体变量的成员作函数的实参

注意：由于可能在多个函数中定义结构体类型的数据，一般应将对结构体类型的声明放在函数的外部，程序中预处理命令的后面。

例 9.6　有 1 个结构体变量 stu，内含学生姓名、性别和两门课程的成绩。编写一输出函数，用传递结构体成员的方法输出变量中所有成员。

```
#include <stdio.h>
#include <string.h>
```

```
struct stu
{
  char name [9];
  char sex;
  float score [2];
};
void print (char *p1, char c, float *p2)
{
  printf ("%s,%c,%2.0f,%2.0f\n", p1, c, *p2, * (p2+1));
}
main ( )
{
  struct stu  c = {" Qian",'f', 95.0, 92.0};
  print (c.name, c.sex, c.score);
}
```

程序运行结果：

Qian，f，95，92

9.4.2 用结构体变量作函数参数

例 9.7 编写一函数，观察函数的实参为结构体变量时，形参的改变对实参是否有影响？

设有 1 个结构体变量 stu，内含学生姓名、性别和两门课程的成绩。

```
#include  <stdio.h>
#include  <string.h>
struct stu
{
  char name[9];
  char sex;
  float score[2];
};
void print(struct stu  a)
{
  struct stu  b={"Zhao",'m',85.0,90.0};
  int i;
  strcpy(a.name, b.name);
  a.sex=b.sex;
  for(i=0;i<2;i++)   a.score[i]=b.score[i];
  printf("%s, %c, %2.0f, %2.0f\n", a.name, a.sex, a.score[0], a.score[1]);
```

```
}
main( )
{
   struct stu   c = { "Qian", 'f', 95. 0, 92. 0};
   print( c) ;
   printf( "% s, % c, %2. 0f, %2. 0f\n", c. name, c. sex, c. score[0], c. score[1]) ;
}
```

程序运行结果：

Zhao, m, 85, 90

Qian, f, 95, 92

9.4.3　用指向结构体数据的指针作函数的参数

例 9.8　将上题改用指向结构体变量的指针作函数的实参。

```
#include   < stdio. h >
#include   < string. h >
struct stu
{
   char name[9];
   char sex;
   float score[2];
};
void print( struct stu    * a)
{
   struct stu   b = { "Zhao" , 'm', 85. 0, 90. 0} ;
   int i;
   strcpy( a- > name, b. name) ;
   a- > sex = b. sex;
   for( i = 0; i < 2; i + + )    a- > score[ i] = b. score[ i] ;
   printf( "% s, % c, %2. 0f, %2. 0f\n", a- > name, a- > sex, a- > score[0], a- > score[1]) ;
}
main( )
{
   struct stu   c = { "Qian", 'f', 95. 0, 92. 0};
   print( &c) ;
   printf( "% s, % c, %2. 0f, %2. 0f\n", c. name, c. sex, c. score[0], c. score[1]) ;
}
```

程序运行结果：

Zhao, m, 85, 90

Zhao, m, 85, 90

程序分析：

print 函数中的形参 a 被定义为指向 struct student 类型数据的指针变量。注意在调用 print 函数时，用结构体变量 c 的起始地址 &c 作实参。在调用函数时将该地址传送给形参 a（a 是指针变量）。这样 a 就指向 c。在 print 函数中输出 a 所指向的结构体变量的各个成员值，它们也就是 c 的成员值。

说明：

用结构体变量作函数的实参时，由于采用“值传递”的方式，在函数调用期间形参也必须开辟内存单元。这种传递方式在时间和空间上开销都比较大，如果结构体规模大时，开销也是相当可观的。而用指向结构体变量的指针作函数的实参时，由于采用“址传递”方式，不再另开辟内存单元，因此，如果同一问题，能用指针的方式解决时，尽量采用指针。

9.5 动态存储分配

在数组一章中，曾介绍过数组的长度是预先定义好的，在整个程序运行期间其长度固定不变。C 语言中不允许动态数组类型，用变量表示长度，对数组的大小作动态说明，这是错误的。

例如：

```
int n;
scanf("%d", &n);
int a [n];
```

但是在实际的编程中，往往会发生这种情况，即所需的内存空间取决于实际输入的数据，而输入数据的多少是无法预先确定的。例如要处理 1 个班学生的信息，有的班只有 20 人，有的班有 100 人，定义数组时，我们只能定义足够大的空间，以便能放下任何班中的学生，而这又造成了内存的极大浪费。对于这种问题，用数组的办法很难解决。为了解决上述问题，C 语言提供了一些内存管理函数，这些内存管理函数可以按需要动态地分配内存空间，也可把不再使用的空间回收待用，为有效地利用内存资源提供了手段。

常用的内存管理函数有以下 3 个。

1. 分配内存空间函数（malloc）

调用形式：

(类型说明符 *) malloc (size)

功能：在内存的动态存储区中分配一块长度为“size”字节的连续区域。如果分配成功，函数的返回值为该区域的首地址，如果不成功，则返回空指针（NULL）。

“类型说明符”表示把该区域用于何种数据类型。

(类型说明符 *) 表示把返回值强制转换为该类型指针。malloc 函数的原型为

void * malloc (unsigned int size)，其返回值是个无类型的指针。

“size”是 1 个无符号数。

例如：pc = (char *) malloc (100);

表示分配 100 个字节的内存空间，并强制转换为字符数组类型，函数的返回值为指向

该字符数组的指针，把该指针赋予指针变量 pc。

2. 分配内存空间函数（calloc）

calloc 也用于分配内存空间。

调用形式：

（类型说明符 * ） calloc （n，size）

功能：在内存动态存储区中分配 n 块长度为“size”字节的连续区域。函数的返回值为该区域的首地址。

（类型说明符 * ）用于强制类型转换。

calloc 函数与 malloc 函数的区别仅在于一次可以分配 n 块“size”大小的内存区域。

例如：ps = （struct stu * ） calloc （2，sizeof （struct stu））；

其中的 sizeof （struct stu）是求 stu 的结构长度。因此该语句的意思是：按 stu 的长度分配两块连续区域，强制转换为 stu 类型，并把其首地址赋予指针变量 ps。

3. 释放内存空间函数（free）

调用形式：

free（void　* p）；

功能：释放 p 所指向的一块内存空间，p 是 1 个任意类型的指针变量，它指向被释放区域的首地址。被释放区应是由 malloc 或 calloc 函数所分配的区域。

例 9.9　分配一块内存区域，输入 1 个学生数据。

```
main ( )
{
struct stu
{
   int num;
   char  * name;
   char sex;
   float score;
}    * ps;
ps = ( struct stu * ) malloc( sizeof( struct stu) ) ;
ps- > num = 102;
ps- > name = "Zhang ping";
ps- > sex = 'M';
ps- >  score = 62. 5;
printf( "Number = % d \ nName = % s \ n", ps- > num, ps- > name) ;
printf( "Sex = % c \ nScore = % f \ n", ps- > sex, ps- > score) ;
free( ps) ;
}
```

程序运行结果：

Number = 102

Name = Zhang ping

Sex = M

Score = 62. 500000

本例中，声明了结构类型 stu，定义了 stu 类型指针变量 ps。然后分配一块 stu 大内存区，并把首地址赋予 ps，使 ps 指向该区域。再以 ps 为指向结构的指针变量对各成员赋值，并用 printf 输出各成员值。最后用 free 函数释放 ps 指向的内存空间。整个程序包含了申请内存空间、使用内存空间、释放内存空间 3 个步骤，实现存储空间的动态分配。

9.6 链表处理——结构体指针的应用

9.6.1 链表概述

用数组存放数据时，必须事先定义固定的长度（即元素个数）。比如，有的班级有 100 人，而有的班级只有 30 人，如果要用同 1 个数组先后存放不同班级的学生数据，则必须定义长度为 100 的数组。如果事先难以确定 1 个班的最多人数，则必须把数组定得足够大，以便能存放任何班级的学生数据，显然这将会浪费内存。链表则没有这种缺点，它根据需要开辟内存单元。图 9. 1 表示最简单的一种链表（单向链表）的结构。

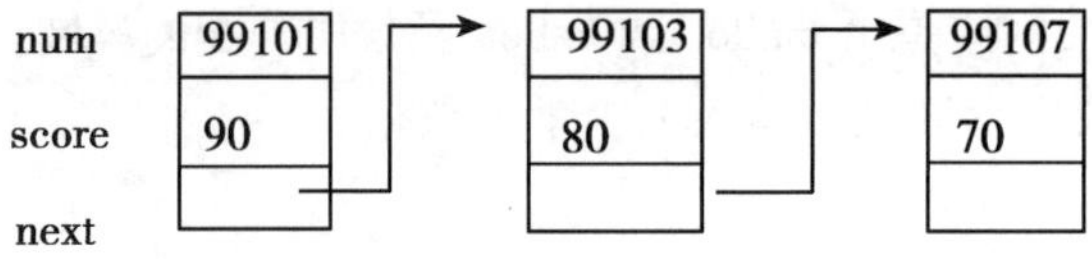

图 9. 1　链表结构

链表是一种常见的重要的数据结构，它根据需要动态地进行内存单元的分配。

链表的组成：

头指针：存放 1 个地址，该地址指向 1 个元素 。

结点：链表中每 1 个元素称为结点，结点包括两部分：用户需要的实际数据和链接节点的指针。

表尾：它的地址部分存 1 个 NULL（空地址），表示链表到此结束。

说明链表中各元素在内存中可以不是连续存放的。要找某一元素，必须先找到上 1 个元素，根据它提供的下一元素地址才能找到下 1 个元素。如果不提供“头指针”（head），则 1 个链表都无法访问。链表如同一条铁链一样，一环扣一环。中间是不能断开的。打个通俗的比方：幼儿园的老师带领孩子出来散步。老师牵着第一个小孩的手，第一个小孩的另一只手牵着第二个孩子……这就是 1 个“链”，最后 1 个孩子有一只手空着，他是“链尾”。要找这个队伍，必须先找到老师，然后顺序找到每 1 个孩子。

可以看到，这种链表的数据结构，必须利用指针变量才能实现，即 1 个结点中应包含 1 个指针变量，用它存放下一结点的地址。

前面介绍了结构体变量。用它作链表中的结点是最合适的。1 个结构体变量包含若干成员，这些成员可以是数值类型、字符类型、数组类型，也可以是指针类型。我们用这个指针类型成员来存放下一个结点的地址。例如，可以设计这样 1 个结构体类型：

```
struct student   /*定义结构体数据类型*/
```

```
{
  int num;
  float score;
  struct student  * next ;};
```

其中成员 num 和 score 用来存放结点中的有用数据（用户需要用到的数据），next 是指针类型的成员，它指向 struct student 类型数据（这就是 next 所在的结构体类型）。

注意：上面只是定义了 1 个 struct student 类型，并未实际分配存储空间。只有定义了变量才分配内存单元。

9.6.2　简单链表

例 9.10　建立 1 个如图 9.1 所示的简单链表，它由 3 个学生数据的结点组成。输出各结点中的数据。

```
#include  <stdio.h>
#define NULL 0
struct student                        /* 定义结构体数据型类 */
{
  int num;
  float score;
  struct student  * next;            /* 结构体成中含有一结构指针 */
};
main ( )
{
  struct student a, b, c, * head, * p; /* 定义结构体变量及指针 */
  a. num =99101; a. score =90;      /* 对结点的 num 和 score 成员赋值 */
  b. num =99103; b. score =80;
  c. num =99107; c. score =70;
  head = &a;                  /* 将结点 a 的起始地址赋给头指针 head */
  a. next = &b;               /* 将结点 b 的起始地址赋给 a 结点的 next 成员 */
  b. next = &c;               /* 将结点 c 的起始地址赋给 b 结点的 next 成员 */
  c. next = NULL;             /* c 结点的 next 成员不存放其他结点地址 */
  p = head;                   /* 使 p 指针指向 a 结点 */
  do
     {
       printf ("%d %5.1f\n", p->num, p->score); /* 输出 p 指向的结点的数据 */
       p = p->next;                           /* 使 p 指向下一结点 */
     } while (p! =NULL);                      /* 输出完 c 结点后 p 的值为 NULL  */
}
```

运行结果：

99101 90.0

99103 80.0

99107 70.0

程序分析：

开始时使 head 指向 a 结点，a. next 指向 b 结点，b. next 指向 c 结点，这就构成链表关系。“c. next = NULL”的作用是使 c. next 不指向任何有用的存储单元。在输出链表时要借助 p，先使 p 指向 a 结点，然后输出 a 结点中的数据，“p = p- > next”是为输出下 1 个结点作准备。p- > next 的值是 b 结点的地址，因此，执行“p = p- > next”后 p 就指向 b 结点，所以在下一次循环时输出的是 b 结点中的数据。

本例中的所有结点都是在程序中定义的，不是临时开辟内存单元的，也不能用完后释放，这种链表称为“静态链表”。而建立链表，一般都建立动态链表。所谓“动态链表”，是指在程序执行过程中从无到有地建立起 1 个链表，即 1 个 1 个地开辟结点和输入各结点数据，并建立起前后相链的关系。

9.6.3 建立动态链表

例 9.11 写 1 个函数，建立有 3 名学生数据的单向动态链表。

算法的实现：

(1) 我们约定学号不会为零，如果输入的学号为 0，则表示建立链表的过程完成，该结点不应连接到链表中。

(2) 如果输入的 p1 = p2- > num 不等于 0，则输入的是第一个结点（A）数据（n = 1），令 head = p1，即把 p1 的值赋给 head，也就是使 head 也指向新开辟的结点 {malloc (LEN)} p1 所指向的新开辟的结点就成为链表中第一个结点。

(3) 再开辟另 1 个结点（B）并使 p1 指向，接着输入该结点的数据，p2- > 结构体指针成员 = p1，后 p2 = p1。

(4) 再开辟 1 个结点（C）并使 p1 指向它，并输入该结点的数据，接着输入该结点的数据，p2- > 结构体指针成员 = p1，后 p2 = p1。

(5) 再开辟 1 个新结点（D），并使 p1 指向它，输入该结点的数据，接着输入该结点的数据由于 p1- > num 的值为 0，不再执行循环，p2- > 结构体指针成员 = p1，此新结点不应被连接到链表中。

(6) 释放新结点

建立链表的函数如下：

```
#include <stdio.h>
#include <malloc.h>
#define NULL 0                        /* 令 NULL 代表 0，用它表示“空地址” */
#define LEN sizeof (struct student) /* LEN 代表 struct student 类型数据的长度 */
struct student
{
  int  num;
  float score;
  struct student *next;
```

```
};
int n; /* n 为全局变量，本文件模块中各函数均可使用它 */
struct student *creat (void)        /* 定义函数。带回 1 个指向链表头的指针 */
{
  struct student *head;
  struct student *p1, *p2;
  n=0;
  p1=p2=(struct student *) malloc (LEN); /* 开辟 1 个新单元 */
  scanf ("%d,%f", &p1->num, &p1->score);
  head=NULL;
  while (p1->num! =0)
  {
    n=n+1; if (n==1) head=p1; else p2->next=p1;
    p2=p1; p1=(struct student *) malloc (LEN);
    scanf("%d, %f", &p1->num, &p1->score);
  }
  p2->next=NULL;
  free (p1);
  return (head);
}
```

函数首部在括号内写 void，表示本函数没有形参，不需要进行数据传递。

可以在 main 函数中调用 creat 函数：

```
void main ( )
{ ……
creat ( ); /* 调用 creat 函数后建立了 1 个单向动态链表 */
……
}
```

调用 creat 函数后，函数的值是所建立的链表的第一个结点的地址（请查看 return 语句）。

注意：

(1) 第四行为#define 命令行，令 NULL 代表 0，用它表示“空地址”。第三行令 LEN 代表 struct student 类型数据的长度，sizeof 是“求字节数运算符”。

(2) 第十二行定义 1 个 creat 函数，它是指针类型，即此函数带回 1 个指针值，它指向 1 个 struct student 类型数据。实际上此 creat 函数带回 1 个链表起始地址。

(3) malloc (LEN) 的作用是开辟 1 个长度为 LEN 的内存区，LEN 已定义为 sizeof (struct student)，即结构体 struct student 的长度。malloc 带回的是不指向任何类型数据的指针 (void *)。而 p1、p2 是指向 struct student 类型数据的指针变量，因此，必须用强制类型转换的方法使指针的基类型改变为 struct student 类型，在 malloc (LEN) 之前加了“(struct student *)”，它的作用是使 malloc 返回的指针转换为指向 struct studcnt 类型数据的指针。注意“*”号不可省略，否则变成转换成 struct studcnt 类型了，而不是指针类 型了。

(4) 最后一行 return 后面的参数是 head (head 已定义为指针变量，指向 struct student 类型数据)。因此，函数返回的是 head 的值，也就是链表的头地址。

(5) n 是结点个数。

(6) 这个算法的思路是 p1 指向新开辟的结点，p2 指向链表中最后 1 个结点，把 p1 所指的结点连接在 p2 所指的结点后面，用" p2->next = p1" 来实现。

我们对建立链表过程做了比较详细的介绍，同学如果对建立链表的过程比较清楚的话，对下面介绍的删除和插入过程也就比较容易理解了。

9.6.4 输出链表

建立链表之后，需要将链表中的数据输出。链表的优点就在于找到链表头指针后，其后的结点就可依次找到，因此，首先要知道链表第一个结点的地址，即 head 的值。然后设 1 个指针变量 p，先指向第一个结点，输出 p 所指的结点，然后使 p 后移 1 个结点，再输出，直到链表的尾结点。

例 9.12 编写 1 个输出链表的函数 print。

```
void print (struct student *head)
{
  struct student *p;
  printf (" \nNow, These %d records are: \n", n);
  p = head;
  if (head! =NULL)
  do
    {printf ("%d %5.1f\n", p->num, p->score);
    p = p->next;
    } while (p! =NULL);
}
```

说明 p->结点各元素的代表意义。

可以在 main 函数中调用 creat 函数和 print 函数：

```
main ( )
{
  struct student *head;
  head = creat ( );
  print (head);
}
```

9.6.5 对链表的删除操作

从 1 个动态链表中删去 1 个结点，是指把它从链表中分离开来，只要撤销原来的链接关系即可。为了节约内存空间，一般撤销原来链接后，并释放内存空间。

例 9.13　写一函数以删除动态链表中指定的结点。

解题思路：

（1）从 p 指向的第一个结点开始，检查该结点中的 num 值是否等于输入的要求删除的那个学号。如果相等就将该结点删除，如不相等，就将 p 后移 1 个结点，再如此进行下去，直到遇到表尾为止。

（2）可以设两个指针变量 p1 和 p2，先使 p1 指向第一个结点。

（3）如果要删除的不是第一个结点，则使 p1 后移指向下 1 个结点（将 p1->next 赋给 p1），在此之前应将 p1 的值赋给 p2，使 p2 指向刚才检查过的那个结点。

注意：

要删的是第一个结点（p1 的值等于 head 的值），则应将 p1->next 赋给 head。这时 head 指向原来的第二个结点。第一个结点虽然仍存在，但它已与链表脱离，因为链表中没有 1 个结点或头指针指向它。虽然 p1 还指向它，它仍指向第二个结点，但无济于事，现在链表的第一个结点是原来的第二个结点，原来第一个结点已“丢失”，即不再是链表中的一部分了。

如果要删除的不是第一个结点，则将 p1->next 赋给 p2->next。p2->next 原来指向 p1 指向的结点，现在 p2->next 改为指向 p1->next 所指向的结点。p1 所指向的结点不再是链表的一部分。

删除掉结点本质上是撤销链接，之后我们应释放内存空间 free（p1）。

还需要考虑链表是空表（无结点）和链表中找不到要删除的结点的情况。

删除结点的函数 del：

```
struct student *del (struct student *head, int num)
{
  struct student *p1, *p2;
  if (head==NULL)
     {printf ("\nlist null!\n"); goto end;}
  p1=head;
  while(num!=p1->num&&p1->next!=NULL)/*p1不是删除的结点,后面还有结点*/
     {p2=p1; p1=p1->next;}                 /*p1 后移 1 个结点*/
  if (num==p1->num)                        /*找到其删除的结点*/
     {  if (p1==head) head=p1->next; /*p1 是第一个结点*/
        else p2->next=p1->next;           /*p1 不是第一个结点*/
        free (p1);                          /*释放 p1 所指向的内存单元*/
        printf("delete:%d\n",num); n=n-1;/*输出删除的学号,并将人数减 1*/
     }
  else    printf ("%d not been found!\n", num); /*找不到结点*/
  end:
  return (head);
}
```

9.6.6 对链表的插入操作

对链表的插入是指将 1 个结点插入到 1 个已有的链表中。为了能做到正确插入，必须解决两个问题：

(1) 怎样找到插入的位置；

(2) 怎样实现插入。

解题思路：

(1) 先用指针变量 p0 指向待插入的结点，p1 指向第一个结点。

(2) 将 p0->num 与 p1->num 相比较，如果 p0->num > p1->num，则待插入的结点不应插在 p1 所指的结点之前。此时将 p1 后移，并使 p2 指向刚才 p1 所指的结点。

(3) 再将 p1->num 与 p0->num 比，如果仍然是 p0->num 大，则应使 p1 继续后移，直到 p0->p1->num 为止。这时将 p0 所指的结点插到 p1 所指结点之前。但是如果 p1 所指的已是表尾结点，则 p1 就不应后移了。如果 p0->num 比所有结点的 num 都大，则应将 p0 所指的结点插到链表末尾。

(4) 如果插入的位置既不在第一个结点之前，又不在表尾结点之后，则将 p0 的值赋给 p2->next，使 p2->next 指向待插入的结点，然后将 p1 的值赋给 p0->next，使得 p0->next 指向 p1 指向的变量。

例 9.14 插入结点的函数 insert 如下。

```
struct student *insert (struct student *head, struct student *stud)
{
    struct student *p0, *p1, *p2;
    p1 = head;                /* 使 p1 指向第一个结点 */
    p0 = stud;                /* 使 p0 指向要插入的结点 */
    if (head == NULL)         /* 原来的链表是空表 */
        {head = p0; p0->next = NULL;}
    else
    {while ((p0->num > p1->num) && (p1->next != NULL)) /* 当前指针处学号小于插入学号并且当前指针处元素不是最后一条记录 */
          {  p2 = p1;                 /* 使 p2 指向刚才 p1 指向的结点 */
          p1 = p1->next;} /* p1 后移 1 个结点 */
        if (p0->num <= p1->num)
          {
          if (head == p1) head = p0;          /* 插入到原来第一个结点之前 */
          else p2->next = p0;                 /* 插入到 p2 指向的结点之后 */
          p0->next = p1;}
        else
          {p1->next = p0; p0->next = NULL;}      /* 插入到最后结点之后 */
        n = n + 1;                               /* 结点数加 1 */
        return (head);
```

```
    }
}
```

函数参数是 head 和 Stud。stud 也是 1 个指针变量，从实参传来待插入结点的地址给 stud 语句" p0 = stud;" 的作用是使 p0 指向待插入的结点。函数类型是指针类型，函数值是链表起始地址 head。

9.6.7　对链表的综合操作

将以上建立、输出、删除、插入的函数组织在 1 个程序中，即将例 9.14 中的 4 个函数顺序排列，用 main 函数作为主调函数。如下例：

```
void main ( )
{
  struct student *head, stu;
  int del_ num;
  printf (" intput records: \ n") ;
  head = creat ( );                          /* 建立链表，返回头指针 */
  print (head);                            /* 输出全部结点 */
  printf (" \ n intput the deleted number: \ n");
  scanf ("%d", &del_ num) ;                  /* 输入删除的学号 */
  head = del (head, del_ num);
  print (head);
  printf (" \ n intput the inserted number: \ n");
  scanf ("%d,%f", &stu. num, &stu. score) ; /* 输入插入的结点 */
  head = insert (head, &stu);
  print (head);
}
```

此程序运行结果是正确的。它只删除 1 个结点，插入 1 个结点。但如果想再插入 1 个结点，重复写上程序最后四行，共插入两个结点，运行结果却是错误的。

```
Input records:    （建立链表）
99101, 90↙
99103, 80↙
99105, 70↙
99109, 99↙
  0, 0↙
Now, these 4 records are:
99101   90.0
99103   80.0
99105   70.0
99109   99.0
intput the deleted number : 99105（删除）
```

```
delere: 99105 ↙
Now, these 3 records are:
99101   90.0
99103   80.0
99109   99.0
input the inserted record (插入第一个结点)
99107, 77 ↙
Now, these 4 records are:
99101   90.0
99103   80.0
99107   77.0
99109   99.0
```

我们修改 main 函数，使之能删除多个结点（直到输入要删的学号为0），能插入多个结点（直到输入要插入的学号为0）。

```
main ( )
{
  struct student *head, *stu;
  int del_ num;
  printf ("input records: \ n");
  head = creat ( );
  print (head);
  printf(" \ ninput the deleted number:");
  scanf ("%d", &del_ num);
  while (del_ num! =0)          /*改进，当输入删除的学号为"0"时退出 */
    {head = del (head, del_ num);
    print (head);
    printf (" input the deleted number:");
    scanf ("%d", &del_ num);
    }
  printf(" \ ninput the inserted record:");
  stu = (struct student *) malloc (LEN);   /*改进，开辟一内存空间*/
  scanf ("%d,%f", &stu->num, &stu->score);
  while (stu->num! =0)          /*改进，当输入插入的学号为"0"时退出 */
    {  head = insert (head, stu);
       print (head);
       printf("input the inserted record:");
       stu = (struct student *) malloc (LEN);
       scanf ("%d,%f", &stu->num, &stu->score);
    }
```

}

stu 定义为指针变量，在需要插入时先用 malloc 函数开辟 1 个内存区，将其起始地址经强制类型转换后赋给 stu，然后输入此结构体变量中各成员的值。对不同的插入对象，stu 的值是不同的，每次指向 1 个新的 struct student 变量。在调用 insert 函数时，实参为 head 和 stu，将已建立的链表起始地址传给 insert 函数的形参，将 stu（即新开辟的单元的地址）传给形参 stud，返回的函数值是经过插入之后的链表的头指针（地址）。而修改 main（）前，stu 是 1 个有固定地址的结构体变量。第一次把 stu 结点插入到链表中，第二次若再用它来插入第二个结点，就把第一次结点的数据冲掉了，实际上并没有开辟两个结点。为了解决这个问题，必须在每插入 1 个结点时新开辟 1 个内存区。

运行结果：

```
Input records:      (建立链表)
  99101, 90↙
  99103, 80↙
  99105, 70↙
  99109, 99↙
  0, 0↙
Now, these 4 records are:
  99101   90.0
  99103   80.0
  99105   70.0
  99109   99.0
intput the deleted number : 99105 (删除)
delere: 99105↙
Now, these 3 records are:
99101   90.0
99103   80.0
99109   99.0
intput the deleted number 103 (删除)
%d not been found!
intput the deleted number 99103 (删除)
delete: 99103↙
Now, these 2 records are
99101   90.0
99109   99.0
intput the deleted number: 0
input the inserted record (插入第一个结点)
99104, 99↙
Now, these 3 records are
99101   90.0
```

99104　99.0

99109　99.0

input the inserted record（插入第二个结点）

99110，88↙

Now，these 4 records are

99101　90.0

99104　99.0

99109　99.0

99110　88.0

input the inserted record

0，0↙

结构体和指针的应用领域很宽广，除了单向链表之外，还有环形链表和双向链表。此外还有队列、树、栈、图等数据结构。有关这些问题的算法可以学习“数据结构”课程，在此不作详述。

9.7　共用体

1. 概念

使几个不同的变量占用同一段内存空间的结构称为“共用体”结构。例如可以把 1 个整型变量、1 个实型变量、1 个字符型变量、1 个指针变量放在同一地址开始的内存中。虽然这些变量占用内存空间的大小并不相同，但都是从同一地址开始存放。这种存储方式采用的是覆盖技术，几个变量相互覆盖，而有效的是最后 1 个赋值的变量。当 1 个共用体被说明时，编译程序自动地产生 1 个变量，其长度为共用体中最大的变量长度。

2. 共用体类型的声明——与结构体类型的声明类似

union　共用类型名

{成员列表;};

其中 union 是声明共用体的关键字，不可省略。共用类型名及成员列表的规则同结构体。如：

```
union  data
{
  int i;
  char ch;
  float f;
};
```

3. 共用体变量的定义——与结构体变量的定义类似

(1) 直接定义——定义类型的同时定义变量

union　[共用类型名]

{成员列表;} 变量名表列;

例如：

```
union  [data]
{
  int i;
  char ch;
  float f;
}  un1, un2, un3;
```

共用变量占用的内存空间，等于最长成员的长度，而不是各成员长度之和。如，共用变量 un1、un2 和 un3，在 Visual c + +6.0 环境中，占用的内存空间均为 4 字节（不是 2 + 1 +4 =7 字节）。

（2）间接定义——先定义类型，再定义变量

union　共用类型名

{成员列表;};

union 共用类型名 变量名表列;

例如：定义 data 共用类型变量 un1，un2，un3 的语句如下：

```
union  [data]
{
  int i;
  char ch;
  float f;
};
union  data  un1, un2, un3;
```

4. 共用体变量的引用——只能逐个引用共用变量的成员

定义了共用体变量后，才可以引用变量。但要注意，共用体不能整体引用，只能引用其成员。

访问共用体变量各成员的格式为：共用体变量名．成员名。

例如，访问共用变量 un1 各成员的格式为：un1. i、un1. ch、un1. f。

特点：

（1）系统采用覆盖技术，实现共用体变量各成员的内存共享，所以在某一时刻，存放的和起作用的是最后一次存入的成员值，存入新成员后，原来成员自动失效，不起作用。

例如：执行 un1. i =1，un1. ch =' c'，un1. f =3. 14 后，un1. f 才是有效的成员。

（2）由于所有成员共享同一内存空间，故共用体变量与其各成员的地址相同。

例如：&un1 = &un1. i = &un1. ch = &un1. f。

（3）不能对共用体变量进行初始化（注意：结构体变量可以）；也不能将共用体变量作为函数参数，以及使函数返回 1 个共用体类型数据，但可以使用指向共用体变量的指针。

（4）共用体类型可以出现在结构体类型定义中，反之亦然。

例如：

```
struct
{
```

```
int age;
char *addr;
union { int i; char *ch; } x;
} y [10];
```

若要访问结构变量 y［1］中共用体 x 的成员 i，可以写成：y［1］. x. i;

若要访问结构变量 y［2］中共用体 x 的字符串指针 ch 的第一个字符可写成：　＊y［2］. x. ch;

若写成"y[2]. x. ＊ch; "是错误的。

5. 结构体和共用体的区别

（1）结构体和共用体都是由多个不同的数据类型成员组成，但在任何同一时刻，共用体中只存放了 1 个被选中的成员，而结构体的所有成员都存在。

（2）对于共用体的不同成员赋值，将会对其他成员重写，原来成员的值就不存在了，而对于结构的不同成员赋值是互不影响的。

下面举 1 个例子来加对深共用体的理解。

例 9.15　给共用体的 1 个成员赋值，输出其他成员的值。

```
#include <stdio.h>
main ( )
{
  union
  {                          /* 定义 1 个共用体 */
    int i;
    struct {                 /* 在共用体中定义 1 个结构 */
    char first;
    char second; } sort;
  } number;
  number. i =0x4161;         /* 共用体成员赋值 */
  printf ("%c%c\n", number. sort. second, number. sort. first);
  number. sort. first = 'a';    /* 共用体中结构成员赋值 */
  number. sort. second = 'b';
  printf ("%x\n", number. i);
}
```

输出结果为：

Aa

6261

从上例结果可以看出：当给 i 赋值后，其低八位也就是 first 和 second 的值；当给 first 和 second 赋字符后，这两个字符的 ASCII 码也将作为 i 的低八位和高八位。

9.8　枚举型

如果1个变量只有几种可能的值，则可以定义该变量为枚举类型变量。所谓“枚举”类型，是指将变量的值一一列举出来，变量的值只限于列举出来的值的范围内。

1. 枚举类型的定义

enum　枚举类型名　{取值表}；

“enum”是声明枚举类型的关键字，不能省略。“枚举类型名”指声明的新的枚举类型的名字，命名规则依据标识符命名规则。“取值表”指定义的该种枚举类型变量所有可能取值。

例如：enum weekdays {Sun，Mon，Tue，Wed，Thu，Fri，Sat}；

表明定义了1个枚举类型weekday，该种类型变量的取值只能是Sun、Mon、Tue、Wed、Thu、Fri、Sat其中之一。

其中，Sun，Mon，Tue，Wed，Thu，Fri，Sat称为枚举元素或枚举常量。它们是用户定义的标识符。这些标识符并不自动代表什么含义。究竟它能代表什么含义完全由程序编写者决定，并在程序中作相应处理。例如Sun可代表“星期日”，但需要程序中赋予此含义，否则，它亦可代表其他含义。

2. 枚举变量的定义——与结构体变量类似

（1）间接定义

例如：

enum　weekdays {Sun，Mon，Tue，Wed，Thu，Fri，Sat}；

enum　weekdays　workday；

（2）直接定义

例如：

enum　[weekdays]

{Sun，Mon，Tue，Wed，Thu，Fri，Sat} workday；

3. 说明

（1）枚举变量、枚举元素（枚举常量）的命名规则同一般标识符。

（2）枚举型仅适应于取值有限的数据。

例如：根据现行的历法规定，1周7天，1年12个月。

（3）取值表中的值称为枚举元素，其含义由程序解释，它们是常量而不是变量，不能对其赋值。例如：Sun = 3；是错误的。

（4）枚举元素作为常量是有值的——定义时的顺序号（从0开始），所以枚举元素可以进行比较，比较规则是：序号大者为大。

例如：上例中的Sun = 0、Mon = 1、……、Sat = 6，所以Mon > Sun、Sat最大。

（5）枚举元素的值也是可以人为改变的：在定义时由程序指定，对于没指定部分，在前一指定值后顺序加1。

例如：如果enum weekdays {Sun = 7，Mon = 1，Tue，Wed，Thu，Fri，Sat}；则Sun = 7，Mon = 1，从Tue = 2开始，依次增1。

（6）1 个整型数据不能直接赋值 1 个枚举变量。

（7）枚举类型变量所占内存空间和基本整型变量相同，如可以用以下语句测试 。printf （"%-10d \ n"，sizeof （workday））；

例 9.16 1 个工作周中包含 7 天，假设某人在 1 个工作周中需要任选 3 天值班，问可能的选法有多少？

```
#include  < stdio. h >
main( )
{ enum weekdays{ Sun = 7, Mon = 1, Tue, Wed, Thu, Fri, Sat} ;
enum weekdays i, j, k;
int n = 0, num, teach;
for( i = Mon; i < = Sun; i + + )
      for( j = Mon; j < = Sun; j + + )
         if( i! = j)
            { for( k = Mon; k < = Sun; k + + )
            if( ( i! = k) &&( j! = k) )
                  { printf( "% -10d", + + n) ;
                   for( num = 1; num < = 3; num + + )
                   { switch( num)
                           { case 1: teach = i;  break;
                             case 2: teach = j;  break;
                             case 3: teach = k;  break; }
                  switch( teach)
                           { case Mon: printf( "% -10s", "Mon") ; break;
                             case Tue: printf( "% -10s", "Tue") ; break;
                             case Wed: printf( "% -10s", "Wed") ; break;
                             case Thu: printf( "% -10s", "Thu") ; break;
                             case Fri: printf( "% -10s", "Fri") ; break;
                             case Sat: printf( "% -10s", "Sat") ; break;
                             case Sun: printf( "% -10s", "Sun") ; break; }


                  }
                  printf( " \ n") ;
                  }
         }
}
```

运行结果：

```
1      Mon       Tue       Wed
2      Mon       Tue       Thu
3      Mon       Tue       Fri
```

```
…
208    Sun        Sat        Wed
209    Sun        Sat        Thu
210    Mon        Sat        Fri
```

9.9　用户自定义类型

除可直接使用 C 提供的标准类型名（如 int、char、float、double、int 等）和自定义的类型（结构体、共用体、枚举类型）外，还可使用 typedef 声明已有类型的别名。该别名与标准类型名一样，可用来定义相应的变量。下面介绍 typedef 的几种声明方法。

1. *声明变量名别名*

typedef 类型名　标识符;

在此，“类型名”必须是此语句之前已有定义的类型标识符或系统已定义的标准类型。“标识符”表示类型名的新名称。typedef 的语句的作用仅仅是用“标识符”来代表已存在的“类型名”，并未产生新的数据类型，也没有使原有类型失效。如：

```
typedef int INTEGER;
typedef float REAL;
```

指定可用 INTEGER 代替 int、REAL 代替 float，如果有以上声明，下面两行等价：

```
int i, j; float m, n, *p2;
INTEGER i, j, *p1; REAL m, n, *p2;
```

2. *声明数组类型别名*

```
typedef int SCORE [10]; /*声明 SCORE 为整型数组*/
typedef char NAME [10]; /*声明 NAME 为字符型数组*/
SCORE a, b, *p1; /*a、b 为整型数组*/
NAME c, d; /*c、d 为整型数组*/
```

与下面两行等价：

```
int a [10], b [10], *p1 [10];
char c [10], d [10];
```

3. *声明结构体类型别名*

```
typedef struct /*声明 RECORD 为结构体类型*/
{
  char name [10];
  int num;
  int age;
} RECORD;
RECORD a, b;
```

与下面等价：

```
struct /*定义结构体类型*/
{
```

char name [10];

int num;

int age;

} a, b;

4. 声明指针类型别名

typedef int * POINT;

POINT p1, p2, p [10];

与下面等价:

int * p1, * p2, (* p) [10]

总的说来，定义已有类型别名的方法如下:

(1) 按定义变量的方法，写出定义体 (int a;)。

(2) 将变量名换成别名 (int NUM;)。

(3) 在定义体最前面加上 typedef (typedef int NUM)。

(4) 用别名去定义变量 (NUM a, b;) 。

如给实型 float 定义 1 个别名 REAL。

(5) 按定义实型变量的方法，写出定义体: float f;

(6) 将变量名换成别名: float REAL;

(7) 在定义体最前面加上 typedef: typedef float REAL;

(8) 用别名去定义变量 REAL a, b;

给如下所示的结构体类型 struct date 定义 1 个别名 DATE。

struct date

{int year, month, day;

};

说明:

(1) 按定义结构体变量的方法，写出定义体: struct date {……} d;

(2) 将变量名换成别名: struct date {……} DATE;

(3) 在定义体最前面加上 typedef: typedef struct date {……} DATE;

(4) 用别名去定义变量 DATE a, b;

(5) 习惯上把用 typedef 声明的类型名用大写字母表示，以便与系统提供的标准类型标识符相区别，并便于阅读程序;

(6) 用 typedef 可以声明各种类型名，但不能用来定义变量;

(7) 用 typedef 只是对已存在的类型增加 1 个类型别名，而没有创造新的类型。就如同人一样，除学名外，可以再取 1 个小名 (或雅号)，但并不能创造出另 1 个人来;

(8) typedef 与#define 有相似之处，但二者是不同的: 前者是由编译器在编译时处理的; 后者是由编译预处理器在编译预处理时处理的，而且只能作简单的字符串替换;

(9) 使用 typedef 有利于程序的通用与移植。

习　　题

一、选择题

1. 根据以下定义，能输出字母 m 的语句是

A. printf("%c\n", class[3].name);　　B. printf("%c\n", class[3].name[1]);

C. printf("%c\n", class[2].name[1]);　　D. printf("%c\n", class[2].name[0]);

```
struct person {char name[9]; int age ;};
struct person class[10] = {"John", 17, "paul", 19, "mary", 18, "Adam", 16,};
```

2. 以下程序的输出结果是

A. 0　　B. 1　　C. 3　　D. 6

```
main( ){struct cmplx{int x; int y;} cnum[2] = {1,3,2,7};
printf("%d\n", cnum[0].y/ cnum[0].x * cnum[1].x);}
```

3. 若有以下说明和语句，则值为 6 的表达式是

A. p++->n　　B. p->n++　　C. (*p).n++　　D. ++p->n

```
struct st {int n;struct st *next; } a[3], *p;
a[0].n =5;a[0].next = &a[1];
a[1].n =7;a[1].next = &a[2];
a[2].n =9;
a[0].next = '\0';p = &a[0];
```

4. 已知字符 0 的 ASCII 代码值的十进制数是 48，且数组的第 0 个元素在低位，以下程序的输出结果是

A. 39　　B. 9　　C. 38　　D. 8

```
main( ){ union {int i[2]; long k; char c[4];} r, *s = &r;
s->i[0] =0x39; s->i[1] =0x38; printf("%x\n", s->c[0]);}
```

5. 以下程序的输出结果是

A. 32　　B. 16　　C. 8　　D. 24

```
typedef union { long x[2]; int y[4]; char z[8];}mytype; mytype them;
main( ) {printf("%d\n", sizeof(them));}
```

6. 以下程序的输出结果是

A.	B.	C.	D.
10	50	51	60
20	60	60	70
20	21	11	31

```
struct st {int x ; int *y ; } *p; int dt[4] = {10,20,30,40};
struct st aa[4] = {50, &dt[0], 60, &dt[0], 60, &dt[0], 60, &dt[0],};
main( ){ p = aa; printf("%d\n", ++p->x);
printf("%d\n", (++p)->x);
printf("%d\n", ++(*p->y)); }
```

7. 以下程序的输出结果是

A. 25　　B. 30　　C. 18　　D. 8

```
typedef union{ long i; int k[5]; char c; } DATE
struct date { int cat; DATE cow; double dog; } too;  DATE max;
main( ) { printf("%d\n", sizeof( struct date ) + sizeof( max) ); }
```

二、编程题

1. 编写 input（）和 output（）函数，输入、输出 5 个学生的数据记录，学生记录包含学号（char num［6］），姓名（char name［8］），4 门课成绩（int score［4］）。

2. 给出 4 名学生信息，信息包含姓名，年龄，找到年龄最大的人，并输出。

3. 运行例 9. 11 ~9. 14 关于链表的创建、删除、插入和修改题目。

4. 已知篮子里有 5 种水果，苹果、香蕉、橘子、梨、桃子各一个，某人只能取 5 种水果的 3 种，问可能的选法有多少？

第十章　位运算

前面介绍的各种运算都是以字节作为最基本位进行的。但在很多系统程序中常要求在位（bit）一级进行运算或处理。C 语言提供了位运算的功能，这使得 C 语言也能像汇编语言一样用来编写系统程序。

10.1　位运算符

C 语言提供了 6 种位运算符：

&	按位与
|	按位或
^	按位异或
~	取反
< <	左移
> >	右移

10.1.1　按位与运算

按位与运算符"&" 是双目运算符。其功能是参与运算的两数各对应的二进位桉位求与。只有对应的两个二进位均为 1 时，结果位才为 1，否则为 0。参与运算的数以补码形式出现。

例如：9&5 可写为如下算式：

00001001　　　（9 的二进制补码）

&00000101　　　（5 的二进制补码）

00000001　　　（1 的二进制补码）

可见 9&5 = 1。

按位与运算通常用来对某些位清 0 或保留某些位。例如把 a 的高八位清 0，保留低八位，可作 a&255 运算（255 的二进制数为 0000000011111111）。

例 10.1

```
main ( ) {
    int a =9, b =5, c;
    c = a&b;
    printf( "a = %d \ nb = %d \ nc = %d \ n", a, b, c);
}
```

10.1.2 按位或运算

按位或运算符“|”是双目运算符。其功能是参与运算的两数各对应的二进位按位求或。只要对应的两个二进位有1个为1时，结果位就为1。参与运算的两个数均以补码出现。

例如：9|5 可写算式如下：

00001001

|00000101

00001101　　　　（十进制为13）

可见9|5=13。

例10.2

```
main ( ) {
    int a=9, b=5, c;
    c=a|b;
    printf("a=%d\nb=%d\nc=%d\n", a, b, c);
}
```

10.1.3 按位异或运算

按位异或运算符“^”是双目运算符。其功能是参与运算的两数各对应的二进位桉位求异或，当两对应的二进位相异时，结果为1。参与运算的两个数仍以补码出现。

例如：9^5 可写成算式如下：

00001001

^00000101

00001100　　　　（十进制为12）

可见9^5=12。

例10.3

```
main ( ) {
    int a=9;
    a=a^5;
    printf("a=%d\n", a);
}
```

10.1.4 求反运算

求反运算符~为单目运算符，具有右结合性。其功能是对参与运算的数的各二进位按位求反。

例如：~9 的运算为：

~（0000000000001001）结果为：1111111111110110

10.1.5　左移运算

左移运算符“＜＜”是双目运算符。其功能把“＜＜”左边的运算数的各二进位全部左移若干位，由“＜＜”右边的数指定移动的位数，高位丢弃，低位补0。

例如：

a＜＜4

指把a的各二进位向左移动4位。如a=00000011（十进制3），左移4位后为00110000（十进制48）。

10.1.6　右移运算

右移运算符“＞＞”是双目运算符。其功能是把“＞＞”左边的运算数的各二进位全部右移若干位，“＞＞”右边的数指定移动的位数。

例如：

设　a=15，

a＞＞2

表示把000001111右移为00000011（十进制3）。

应该说明的是，对于有符号数，在右移时，符号位将随同移动。当为正数时，最高位补0，而为负数时，符号位为1，最高位是补0或是补1取决于编译系统的规定。Turbo C和很多系统规定为补1。

例10.4

```
main ( ) {
    unsigned a, b;
    printf( "input a number: ");
    scanf( "% d", &a);
    b = a > >5;
    b = b&15;
    printf( "a = % d \ tb = % d \ n", a, b);
}
```

请再看一例！

例10.5

```
main ( ) {
    char a = 'a', b = 'b';
    int p, c, d;
    p = a;
    p = (p< <8) | b;
    d = p&0xff;
    c = (p&0xff00) > >8;
    printf( "a = % d \ nb = % d \ nc = % d \ nd = % d \ n", a, b, c, d);
}
```

10.2 位域（位段）

有些信息在存储时，并不需要占用 1 个完整的字节，而只需占几个或 1 个二进制位。例如在存放 1 个开关量时，只有 0 和 1 两种状态，用一位二进位即可。为了节省存储空间，并使处理简便，C 语言又提供了一种数据结构，称为“位域”或“位段”。

所谓“位域”是把 1 个字节中的二进位划分为几个不同的区域，并说明每个区域的位数。每个域有 1 个域名，允许在程序中按域名进行操作。这样就可以把几个不同的对象用 1 个字节的二进制位域来表示。

1. 位域的定义和位域变量的说明

位域定义与结构定义相仿，其形式为：

struct 位域结构名

{ 位域列表 }；

其中位域列表的形式为：

类型说明符 位域名：位域长度

例如：

```
struct bs
   {
    int a：8；
    int b：2；
    int c：6；
 }；
```

位域变量的说明与结构变量说明的方式相同。可采用先定义后说明、同时定义说明或者直接说明这三种方式。

例如：

```
struct bs
   {
    int a：8；
    int b：2；
    int c：6；
 } data；
```

说明：data 为 bs 变量，共占两个字节。其中位域 a 占 8 位，位域 b 占 2 位，位域 c 占 6 位。

对于位域的定义尚有以下几点说明：

(1) 1 个位域必须存储在同 1 个字节中，不能跨两个字节。如 1 个字节所剩空间不够存放另一位域时，应从下一单元起存放该位域。也可以有意使某位域从下一单元开始。

例如：

```
struct bs
   {
```

```
    unsigned a：4
    unsigned ：0          /＊空域＊/
    unsigned b：4         /＊从下一单元开始存放＊/
    unsigned c：4
}
```

在这个位域定义中，a 占第一字节的 4 位，后 4 位填 0 表示不使用，b 从第二字节开始，占用 4 位，c 占用 4 位。

(2) 由于位域不允许跨两个字节，因此，位域的长度不能大于 1 个字节的长度，也就是说不能超过 8 位二进位。

(3) 位域可以无位域名，这时它只用来作填充或调整位置。无名的位域是不能使用的。例如：

```
struct k
 {
   int a：1
   int  ：2            /＊该 2 位不能使用＊/
   int b：3
   int c：2
 }；
```

从以上分析可以看出，位域在本质上就是一种结构类型，不过其成员是按二进位分配的。

2. 位域的使用

位域的使用和结构成员的使用相同，其一般形式为：

位域变量名 · 位域名

位域允许用各种格式输出。

例 10.6

```
main ( ) {
    struct bs
    {
      unsigned a：1；
      unsigned b：3；
      unsigned c：4；
    } bit， ＊pbit；
    bit. a =1；
    bit. b =7；
    bit. c =15；
    printf( "% d, % d, % d \ n", bit. a, bit. b, bit. c)；
    pbit = &bit；
    pbit- > a =0；
    pbit- > b& =3；
```

```
    pbit->c|=1;
    printf("%d,%d,%d\n",pbit->a,pbit->b,pbit->c);
}
```

上例程序中定义了位域结构 bs，3 个位域为 a，b，c。说明了 bs 类型的变量 bit 和指向 bs 类型的指针变量 pbit。这表示位域也是可以使用指针的。程序的九、十、十一 3 行分别给 3 个位域赋值（应注意赋值不能超过该位域的允许范围）。程序第十二行以整型量格式输出 3 个域的内容。第十三行把位域变量 bit 的地址送给指针变量 pbit。第十四行用指针方式给位域 a 重新赋值，赋为 0。第十五行使用了复合的位运算符"&=", 该行相当于:

pbit->b=pbit->b&3

位域 b 中原有值为7，与3 作按位与运算的结果为3（111&011=011，十进制值为3）。同样，程序第十六行中使用了复合位运算符"|="，相当于:

pbit->c=pbit->c|1

其结果为 15。程序第十七行用指针方式输出了这 3 个域的值。

第十一章　文　　件

11.1　C 文件概述

所谓“文件”是指一组相关数据的有序集合。这个数据集有 1 个名称，叫做文件名。实际上在前面的各章中我们已经多次使用了文件，例如源程序文件、目标文件、可执行文件、库文件（头文件）等。

文件通常是驻留在外部介质（如磁盘等）上的，在使用时才调入内存中来。从不同的角度可对文件作不同的分类。从用户的角度看，文件可分为普通文件和设备文件两种。

普通文件是指驻留在磁盘或其他外部介质上的 1 个有序数据集，可以是源文件、目标文件、可执行程序；也可以是一组待输入处理的原始数据，或者是一组输出的结果。对于源文件、目标文件、可执行程序可以称作程序文件，对输入输出数据可称作数据文件。

设备文件是指与主机相联的各种外部设备，如显示器、打印机、键盘等。在操作系统中，把外部设备也看作是 1 个文件来进行管理，把它们的输入、输出等同于对磁盘文件的读和写。

通常把显示器定义为标准输出文件，一般情况下在屏幕上显示有关信息就是向标准输出文件输出。如前面经常使用的 printf，putchar 函数就是这类输出。

键盘通常被指定标准的输入文件，从键盘上输入就意味着从标准输入文件上输入数据。scanf，getchar 函数就属于这类输入。

从文件编码的方式来看，文件可分为 ASCII 码文件和二进制码文件两种。ASCII 文件也称为文本文件，这种文件在磁盘中存放时每个字符对应 1 个字节，用于存放对应的 ASCII 码。

例如，数 5678 的存储形式为：

ASCII 码：	00110101	00110110	00110111	00111000
	↓	↓	↓	↓
十进制码：	5	6	7	8

共占用 4 个字节。

ASCII 码文件可在屏幕上按字符显示，例如源程序文件就是 ASCII 文件，用 DOS 命令 TYPE 可显示文件的内容。由于是按字符显示，因此，人们能读懂文件内容。

二进制文件是按二进制的编码方式来存放文件的。

例如，数 5678 的存储形式为：

00010110　00101110

只占两个字节。二进制文件虽然也可在屏幕上显示，但其内容无法读懂。C 系统在处理这些文件时，并不区分类型，都看成是字符流，按字节进行处理。

输入输出字符流的开始和结束只由程序控制而不受物理符号（如回车符）的控制。因此，也把这种文件称作“流式文件”。

本章讨论流式文件的打开、关闭、读、写、定位等各种操作。

11.2 文件指针

在 C 语言中用 1 个指针变量指向 1 个文件，这个指针称为文件指针。通过文件指针就可对它所指的文件进行各种操作。

定义说明文件指针的一般形式为：

FILE *指针变量标识符；

其中 FILE 应为大写，它实际上是由系统定义的 1 个结构，该结构中含有文件名、文件状态和文件当前位置等信息。在编写源程序时不必关心 FILE 结构的细节。

例如：

FILE *fp;

表示 fp 是指向 FILE 结构的指针变量，通过 fp 即可找存放某个文件信息的结构变量，然后按结构变量提供的信息找到该文件，实施对文件的操作。习惯上也笼统地把 fp 称为指向 1 个文件的指针。

11.3 文件的打开与关闭

文件在进行读写操作之前要先打开，使用完毕要关闭。所谓打开文件，实际上是建立文件的各种有关信息，并使文件指针指向该文件，以便进行其他操作。关闭文件则断开指针与文件之间的联系，也就禁止再对该文件进行操作。

在 C 语言中，文件操作都是由库函数来完成的。在本章内将介绍主要的文件操作函数。

11.3.1 文件的打开（fopen 函数）

fopen 函数用来打开 1 个文件，其调用的一般形式为：

文件指针名 = fopen（文件名，使用文件方式）；

其中，

“文件指针名”必须是被说明为 FILE 类型的指针变量；

“文件名”是被打开文件的文件名；

“使用文件方式”是指文件的类型和操作要求。

“文件名”是字符串常量或字符串数组。

例如：

```
FILE *fp;
fp = ("file a","r");
```

其意义是在当前目录下打开文件 file a，只允许进行“读”操作，并使 fp 指向该文件。

又如：

```
FILE  * fphzk
fphzk = ("c: \\ hzk16", "rb")
```

其意义是打开 C 驱动器磁盘的根目录下的文件 hzk16，这是 1 个二进制文件，只允许按二进制方式进行读操作。两个反斜线“\\”中的第一个表示转义字符，第二个表示根目录。

使用文件的方式共有 12 种，表 11.1 给出了它们的符号和意义。

表 11.1　使用文件共有 12 种

文件使用方式	意　　义
“rt”	只读打开 1 个文本文件，只允许读数据
“wt”	只写打开或建立 1 个文本文件，只允许写数据
“at”	追加打开 1 个文本文件，并在文件末尾写数据
“rb”	只读打开 1 个二进制文件，只允许读数据
“wb”	只写打开或建立 1 个二进制文件，只允许写数据
“ab”	追加打开 1 个二进制文件，并在文件末尾写数据
“rt +”	读写打开 1 个文本文件，允许读和写
“wt +”	读写打开或建立 1 个文本文件，允许读写
“at +”	读写打开 1 个文本文件，允许读，或在文件末追加数据
“rb +”	读写打开 1 个二进制文件，允许读和写
“wb +”	读写打开或建立 1 个二进制文件，允许读和写
“ab +”	读写打开 1 个二进制文件，允许读，或在文件末追加数据

对于文件使用方式有以下几点说明：

（1）文件使用方式由 r，w，a，t，b，+6 个字符拼成，各字符的含义是：

r（read）：　读
w（write）：　写
a（append）：　追加
t（text）：　文本文件，可省略不写
b（banary）：　二进制文件
+：　读和写

（2）凡用“r”打开 1 个文件时，该文件必须已经存在，且只能从该文件读出。

（3）用“w”打开的文件只能向该文件写入。若打开的文件不存在，则以指定的文件名建立该文件，若打开的文件已经存在，则将该文件删去，重建 1 个新文件。

（4）若要向 1 个已存在的文件追加新的信息，只能用“a”方式打开文件。但此时该文件必须是存在的，否则将会出错。

（5）在打开 1 个文件时，如果出错，fopen 将返回 1 个空指针值 NULL。在程序中可以用这一信息来判别是否完成打开文件的工作，并作相应的处理。因此，常用以下程序段打开文件：

```
(6) if ( (fp = fopen (" c: \ \ hzk16"," rb")) = = NULL)
{
  printf (" \ nerror on open c: \ \ hzk16 file!");
  getch ();
  exit (1);}
```

这段程序的意义是，如果返回的指针为空，表示不能打开 C 盘根目录下的 hzk16 文件，则给出提示信息“error on open c：\ hzk16 file!”，下一行 getch（）的功能是从键盘输入 1 个字符，但不在屏幕上显示。在这里，该行的作用是等待，只有当用户从键盘敲任一键时，程序才继续执行，因此，用户可利用这个等待时间阅读出错提示。敲键后执行 exit（1）退出程序。

（7）把 1 个文本文件读入内存时，要将 ASCII 码转换成二进制码，而把文件以文本方式写入磁盘时，也要把二进制码转换成 ASCII 码，因此，文本文件的读写要花费较多的转换时间。对二进制文件的读写不存在这种转换。

（8）标准输入文件（键盘），标准输出文件（显示器），标准出错输出（出错信息）是由系统打开的，可直接使用。

11.3.2 文件关闭函数（fclose 函数）

文件一旦使用完毕，应用关闭文件函数把文件关闭，以避免文件的数据丢失等错误。

fclose 函数调用的一般形式是：

fclose（文件指针）；

例如：

fclose（fp）；

正常完成关闭文件操作时，fclose 函数返回值为 0。如返回非零值则表示有错误发生。

11.4 文件的顺序读写

对文件的读和写是最常用的文件操作。在 C 语言中提供了多种文件读写的函数：

（1）字符读写函数：fgetc 和 fputc；

（2）字符串读写函数：fgets 和 fputs；

（3）数据块读写函数：freed 和 fwrite；

（4）格式化读写函数：fscanf 和 fprinf。

下面分别予以介绍。使用以上函数都要求包含头文件 stdio. h。

11.4.1 字符读写函数 fgetc 和 fputc

字符读写函数是以字符（字节）为单位的读写函数。每次可从文件读出或向文件写入 1 个字符。

（1）读字符函数 fgetc　fgetc 函数的功能是从指定的文件中读 1 个字符，函数调用的形式为：

字符变量 = fgetc（文件指针）;

例如:

ch = fgetc（fp）;

其意义是从打开的文件 fp 中读取 1 个字符并送入 ch 中。

对于 fgetc 函数的使用有以下几点说明:

①在 fgetc 函数调用中，读取的文件必须是以读或读写方式打开的。

②读取字符的结果也可以不向字符变量赋值，

例如:

fgetc（fp）;

但是读出的字符不能保存。

③在文件内部有 1 个位置指针。用来指向文件的当前读写字节。在文件打开时，该指针总是指向文件的第一个字节。使用 fgetc 函数后，该位置指针将向后移动 1 个字节。因此，可连续多次使用 fgetc 函数，读取多个字符。应注意文件指针和文件内部的位置指针不是一回事。文件指针是指向整个文件的，须在程序中定义说明，只要不重新赋值，文件指针的值是不变的。文件内部的位置指针用以指示文件内部的当前读写位置，每读写一次，该指针均向后移动，它不需在程序中定义说明，而是由系统自动设置的。

例 11.1　读入文件 c1. doc，在屏幕上输出。

```
#include < stdio. h >
main ( )
{
  FILE * fp;
  char ch;
  if( ( fp = fopen( "d: \ \ jrzh \ \ example \ \ c1. txt", "rt") ) = = NULL)
    {
    printf ( "  \ nCannot open file strike any key exit!" ) ;
    getch ( ) ;
    exit (1) ;
    }
  ch = fgetc (fp) ;
  while (ch!  = EOF)
  {
    putchar (ch) ;
    ch = fgetc (fp) ;
  }
  fclose (fp) ;
}
```

本例程序的功能是从文件中逐个读取字符，在屏幕上显示。程序定义了文件指针 fp，以读文本文件方式打开文件“d：\ \ jrzh \ \ example \ \ ex1_ 1. c”，并使 fp 指向该文件。如打开文件出错，给出提示并退出程序。程序第十二行先读出 1 个字符，然后进入循环，只要读出的字符不是文件结束标志（每个文件末有一结束标志 EOF）就把该字符显示在屏幕上，再读入下一字符。每读一次，文件内部的位置指针向后移动 1 个字符，文件结束时，该指针指向 EOF。执行本程序将显示整个文件。

（2）写字符函数 fputc　fputc 函数的功能是把 1 个字符写入指定的文件中，函数调用的形式为：

fputc（字符量，文件指针）;

其中，待写入的字符量可以是字符常量或变量，例如：

fputc（'a'，fp）;

其意义是把字符 a 写入 fp 所指向的文件中。

对于 fputc 函数的使用也要说明几点：

①被写入的文件可以用写、读写、追加方式打开，用写或读写方式打开 1 个已存在的文件时将清除原有的文件内容，写入字符从文件首开始。如需保留原有文件内容，希望写入的字符以文件末开始存放，必须以追加方式打开文件。被写入的文件若不存在，则创建该文件。

②每写入 1 个字符，文件内部位置指针向后移动 1 个字节。

③fputc 函数有 1 个返回值，如写入成功则返回写入的字符，否则返回 1 个 EOF。可用此来判断写入是否成功。

例 11.2　从键盘输入一行字符，写入 1 个文件，再把该文件内容读出显示在屏幕上。

```
#include <stdio.h>
main ( )
{
  FILE *fp;
  char ch;
  if((fp = fopen("d: \\ jrzh \\ example \\ string","wt + ")) = = NULL)
  {
    printf (" Cannot open file strike any key exit!");
    getch ( );
    exit (1);
  }
  printf (" input a string: \n");
  ch = getchar ( );
  while (ch! ='\n')
  {
    fputc (ch, fp);
    ch = getchar ( );
  }
  rewind (fp);
  ch = fgetc (fp);
  while (ch! = EOF)
```

```
    {
        putchar (ch);
        ch = fgetc (fp);
    }
    printf (" \n");
    fclose (fp);
}
```

程序中第六行以读写文本文件方式打开文件 string。程序第十三行从键盘读入 1 个字符后进入循环，当读入字符不为回车符时，则把该字符写入文件之中，然后继续从键盘读入下一字符。每输入 1 个字符，文件内部位置指针向后移动 1 个字节。写入完毕，该指针已指向文件末。如要把文件从头读出，须把指针移向文件头，程序第十九行 rewind 函数用于把 fp 所指文件的内部位置指针移到文件头。第二十至第二十五行用于读出文件中的一行内容。

例 11.3 把命令行参数中的前 1 个文件名标识的文件，复制到后 1 个文件名标识的文件中，如命令行中只有 1 个文件名则把该文件写到标准输出文件（显示器）中。

```
#include <stdio.h>
main (int argc, char *argv [ ])
{
FILE *fp1, *fp2;
char ch;
if (argc = =1)
{
    printf("have not enter file name strike any key exit");
    getch ( );
    exit (0);
}
 if((fp1 =fopen(argv[1],"rt")) = =NULL)
 {
    printf("Cannot open %s\n",argv[1]);
    getch ( );
    exit (1);
 }
 if (argc = =2) fp2 =stdout;
 else if ( (fp2 =fopen (argv [2]," wt+")) = =NULL)
 {
    printf (" Cannot open %s\n", argv [1]);
    getch ();
    exit (1);
 }
```

```
  while ( (ch = fgetc (fp1))! = EOF)
   fputc (ch, fp2);
  fclose (fp1);
  fclose (fp2);
}
```

本程序为带参的 main 函数。程序中定义了两个文件指针 fp1 和 fp2，分别指向命令行参数中给出的文件。如命令行参数中没有给出文件名，则给出提示信息。程序第十八行表示如果只给出 1 个文件名，则使 fp2 指向标准输出文件（即显示器）。程序第二十五行至第二十八行用循环语句逐个读出文件 1 中的字符再送到文件 2 中。再次运行时，给出了 1 个文件名，故输出给标准输出文件 stdout，即在显示器上显示文件内容。第三次运行，给出了两个文件名，因此，把 string 中的内容读出，写入到 OK 之中。可用 DOS 命令 type 显示 OK 的内容。

11.4.2 字符串读写函数 fgets 和 fputs

（1）读字符串函数 fgets　函数的功能是从指定的文件中读 1 个字符串到字符数组中，函数调用的形式为：

fgets（字符数组名，n，文件指针）；

其中的 n 是 1 个正整数。表示从文件中读出的字符串不超过 n-1 个字符。在读入的最后 1 个字符后加上串结束标志‘\0’。

例如：

fgets（str，n，fp）；

的意义是从 fp 所指的文件中读出 n-1 个字符送入字符数组 str 中。

例 11.4　从 string 文件中读入 1 个含 10 个字符的字符串。

```
#include <stdio.h>
main ( )
{
  FILE *fp;
  char str [11];
  if ( (fp = fopen (" d: \\ jrzh \\ example \\ string"," rt")) = = NULL)
  {
    printf (" \nCannot open file strike any key exit!");
    getch ( );
    exit (1);
  }
  fgets (str, 11, fp);
  printf (" \n%s \n", str);
  fclose (fp);
}
```

本例定义了 1 个字符数组 str 共 11 个字节，在以读文本文件方式打开文件 string 后，从中读出10个字符送入str数组，在数组最后1个单元内将加上‘\0’，然后在屏幕上显示输出str数组。输出的10个字符正是例11.1程序的前10个字符。

对fgets函数有两点说明：

①在读出n-1个字符之前，如遇到了换行符或EOF，则读出结束。

②fgets函数也有返回值，其返回值是字符数组的首地址。

（2）写字符串函数fputs　fputs函数的功能是向指定的文件写入1个字符串，其调用形式为：

fputs（字符串，文件指针）；

其中字符串可以是字符串常量，也可以是字符数组名，或指针变量，例如：

fputs（“abcd”，fp）；

其意义是把字符串“abcd”写入fp所指的文件之中。

例11.5　在例11.2中建立的文件string中追加1个字符串。

```
#include <stdio.h>
main ( )
{
  FILE *fp;
  char ch, st[20];
  if((fp=fopen("string","at+"))==NULL)
  {
    printf (" Cannot open file strike any key exit!");
    getch ();
    exit (1);
  }
  printf("input a string:\n");
  scanf("%s",st);
  fputs (st, fp);
  rewind (fp);
  ch=fgetc (fp);
  while (ch!=EOF)
  {
    putchar (ch);
    ch=fgetc (fp);
  }
  printf("\n");
  fclose (fp);
}
```

本例要求在string文件末加写字符串，因此，在程序第六行以追加读写文本文件的方式打开文件string。然后输入字符串，并用fputs函数把该串写入文件string。在程序第十五行用rewind函数把文件内部位置指针移到文件首。再进入循环逐个显示当前文件中的全部内容。

11.4.3 数据块读写函数 fread 和 fwrite

C 语言还提供了用于整块数据的读写函数。可用来读写一组数据，如 1 个数组元素，1 个结构变量的值等。

读数据块函数调用的一般形式为：

fread（buffer，size，count，fp）；

写数据块函数调用的一般形式为：

fwrite（buffer，size，count，fp）；

其中：

buffer 是 1 个指针，在 fread 函数中，它表示存放输入数据的首地址。在 fwrite 函数中，它表示存放输出数据的首地址。

size　　表示数据块的字节数。

count　　表示要读写的数据块块数。

fp　　表示文件指针。

例如：

fread（fa，4，5，fp）；

其意义是从 fp 所指的文件中，每次读 4 个字节（1 个实数）送入实数组 fa 中，连续读 5 次，即读 5 个实数到 fa 中。

例 11.6 从键盘输入两个学生数据，写入 1 个文件中，再读出这两个学生的数据显示在屏幕上。

```
#include <stdio.h>
struct stu
{
  char name [10];
  int num;
  int age;
  char addr [15];
} boya [2], boyb [2], *pp, *qq;
main ( )
{
  FILE *fp;
  char ch;
  int i;
  pp = boya;
  qq = boyb;
  if((fp = fopen("d:\\jrzh\\example\\stu_list","wb+")) == NULL)
  {
    printf("Cannot open file strike any key exit!");
```

```
    getch ( );
    exit (1);
  }
  printf ("  \ ninput data \ n");
  for (i =0; i<2; i + +, pp + +)
  scanf( "% s% d% d% s", pp- > name, &pp- > num, &pp- > age, pp- > addr);
  pp = boya;
  fwrite (pp, sizeof (struct stu), 2, fp);
  rewind (fp);
  fread (qq, sizeof (struct stu), 2, fp);
  printf( " \ n \ nname \ tnumber age addr \ n");
  for (i =0; i<2; i + +, qq + +)
  printf( "% s \ t% 5d% 7d % s \ n", qq- > name, qq- > num, qq- > age, qq- > addr);
  fclose (fp);
}
```

本例程序定义了 1 个结构 stu，说明了两个结构数组 boya 和 boyb 以及两个结构指针变量 pp 和 qq。pp 指向 boya，qq 指向 boyb。程序第十六行以读写方式打开二进制文件“stu _ list”，输入两个学生数据之后，写入该文件中，然后把文件内部位置指针移到文件首，读出两块学生数据后，在屏幕上显示。

11. 4. 4　格式化读写函数 fscanf 和 fprintf

fscanf 函数，fprintf 函数与前面使用的 scanf 和 printf 函数的功能相似，都是格式化读写函数。两者的区别在于 fscanf 函数和 fprintf 函数的读写对象不是键盘和显示器，而是磁盘文件。

这两个函数的调用格式为：

fscanf（文件指针，格式字符串，输入表列）；

fprintf（文件指针，格式字符串，输出表列）；

例如：

```
fscanf( fp, "% d% s", &i, s);
fprintf( fp, "% d% c", j, ch);
```

用 fscanf 和 fprintf 函数也可以完成例 10. 6 的问题。修改后的程序如例 10. 7 所示。

例 11. 7　用 fscanf 和 fprintf 函数成例 10. 6 的问题。

```
#include < stdio. h >
struct stu
{
  char name [10];
  int num;
  int age;
  char addr [15];
```

```
} boya [2], boyb [2], *pp, *qq;
main ( )
{
  FILE *fp;
  char ch;
  int i;
  pp = boya;
  qq = boyb;
  if((fp = fopen("stu_ list", "wb +")) = = NULL)
  {
    printf (" Cannot open file strike any key exit!");
    getch ( );
    exit (1);
  }
  printf (" \ ninput data \ n");
  for (i =0; i<2; i+ +, pp+ +)
    scanf("%s%d%d%s", pp- > name, &pp- > num, &pp- > age, pp- > addr);
  pp = boya;
  for (i =0; i<2; i+ +, pp+ +)

fprintf(fp, "%s %d %d %s \ n", pp- > name, pp- > num, pp- > age, pp- > addr);
  rewind (fp);
  for (i =0; i<2; i+ +, qq+ +)
    fscanf(fp, "%s %d %d %s \ n", qq- > name, &qq- > num, &qq- > age, qq- > addr);
  printf(" \ n \ nname \ tnumber age addr \ n");
  qq = boyb;
  for (i =0; i<2; i+ +, qq+ +)
    printf("%s \ t%5d   %7d   %s \ n", qq- > name, qq- > num, qq- > age,
          qq- > addr);
  fclose (fp);
}
```

与例 11.6 相比，本程序中 fscanf 和 fprintf 函数每次只能读写 1 个结构数组元素，因此，采用了循环语句来读写全部数组元素。还要注意指针变量 pp，qq 由于循环改变了它们的值，因此在程序的第二十五和第三十二行分别对它们重新赋予了数组的首地址。

11.5 文件的随机读写

前面介绍的对文件的读写方式都是顺序读写，即读写文件只能从头开始，顺序读写各个数据。但在实际问题中常要求只读写文件中某一指定的部分。为了解决这个问题可移动文件内部的位置指针到需要读写的位置，再进行读写，这种读写称为随机读写。

实现随机读写的关键是要按要求移动位置指针，这称为文件的定位。

11.5.1　文件定位

移动文件内部位置指针的函数主要有两个，即 rewind 函数和 fseek 函数。

rewind 函数前面已多次使用过，其调用形式为：

rewind（文件指针）;

它的功能是把文件内部的位置指针移到文件首。

下面主要介绍 fseek 函数。

fseek 函数用来移动文件内部位置指针，其调用形式为：

fseek（文件指针，位移量，起始点）;

其中：

“文件指针”指向被移动的文件。

“位移量”表示移动的字节数，要求位移量是 long 型数据，以便在文件长度大于 64KB 时不会出错。当用常量表示位移量时，要求加后缀“L”。

“起始点”表示从何处开始计算位移量，规定的起始点有三种：文件首，当前位置和文件尾。

其表示方法如表 11.2 所示。

表 11.2　文件定位

起始点	表示符号	数字表示
文件首	SEEK_ SET	0
当前位置	SEEK_ CUR	1
文件末尾	SEEK_ END	2

例如：

fseek（fp，100L，0）;

其意义是把位置指针移到离文件首 100 个字节处。

还要说明的是 fseek 函数一般用于二进制文件。在文本文件中由于要进行转换，故往往计算的位置会出现错误。

11.5.2　文件的随机读写

在移动位置指针之后，即可用前面介绍的任一种读写函数进行读写。由于一般是读写 1 个数据据块，因此常用 fread 和 fwrite 函数。

下面用例题来说明文件的随机读写。

例 11.8　在学生文件 stu_ list 中读出第二个学生的数据。

```
#include < stdio. h >
struct stu
{
```

```
    char name [10];
    int num;
    int age;
    char addr [15];
} boy, *qq;
main ( )
{
    FILE *fp;
    char ch;
    int i =1;
    qq = &boy;
    if( (fp = fopen( "stu_ list", "rb") ) = = NULL)
    {
        printf( "Cannot open file strike any key exit! ");
        getch ( );
        exit (1);
    }
    rewind (fp);
    fseek (fp, i*sizeof (struct stu), 0);
    fread (qq, sizeof (struct stu), 1, fp);
    printf( "\ n\ nname\ tnumber age addr\ n");
    printf( "%s\ t%5d   %7d         %s\ n", qq- >name, qq- >num, qq- >age,
        qq- >addr);
}
```

文件 stu_ list 已由例 11.6 的程序建立，本程序用随机读出的方法读出第二个学生的数据。程序中定义 boy 为 stu 类型变量，qq 为指向 boy 的指针。以读二进制文件方式打开文件，程序第二十二行移动文件位置指针。其中的 i 值为 1，表示从文件头开始，移动 1 个 stu 类型的长度，然后再读出的数据即为第二个学生的数据。

11.6 文件检测函数

C 语言中常用的文件检测函数有以下几个。

11.6.1 文件结束检测函数 feof 函数

调用格式：

feof (文件指针);

功能：判断文件是否处于文件结束位置，如文件结束，则返回值为 1，否则为 0。

11.6.2 读写文件出错检测函数

ferror 函数调用格式：

ferror（文件指针）；

功能：检查文件在用各种输入输出函数进行读写时是否出错。如 ferror 返回值为 0 表示未出错，否则表示有错。

11.6.3 文件出错标志和文件结束标志置 0 函数

clearerr 函数调用格式：

clearerr（文件指针）；

功能：本函数用于清除出错标志和文件结束标志，使它们为 0 值。

11.7 C 库文件

C 系统提供了丰富的系统文件，称为库文件，C 的库文件分为两类，一类是扩展名为" .h" 的文件，称为头文件，在前面的包含命令中我们已多次使用过。在" .h" 文件中包含了常量定义、类型定义、宏定义、函数原型以及各种编译选择设置等信息。另一类是函数库，包括了各种函数的目标代码，供用户在程序中调用。通常在程序中调用 1 个库函数时，要在调用之前包含该函数原型所在的" .h" 文件。

下面给出 Turbo C 的全部" .h" 文件。

Turbo C 头文件：

- ■ ALLOC. H　　说明内存管理函数（分配、释放等）。
- ■ ASSERT. H　　定义 assert 调试宏。
- ■ BIOS. H　　说明调用 IBM—PC ROM BIOS 子程序的各个函数。
- ■ CONIO. H　　说明调用 DOS 控制台 I/O 子程序的各个函数。
- ■ CTYPE. H　　包含有关字符分类及转换的名类信息（如 isalpha 和 toascii 等）。
- ■ DIR. H　　包含有关目录和路径的结构、宏定义和函数。
- ■ DOS. H　　定义和说明 MSDOS 和 8086 调用的一些常量和函数。
- ■ ERRON. H　　定义错误代码的助记符。
- ■ FCNTL. H　　定义在与 open 库子程序连接时的符号常量。
- ■ FLOAT. H　　包含有关浮点运算的一些参数和函数。
- ■ GRAPHICS. H　　说明有关图形功能的各个函数，图形错误代码的常量定义，正对不同驱动程序的各种颜色值，及函数用到的一些特殊结构。
- ■ IO. H　　包含低级 I/O 子程序的结构和说明。
- ■ LIMIT. H　　包含各环境参数、编译时间限制、数的范围等信息。
- ■ MATH. H　　说明数学运算函数，还定了 HUGE VAL 宏，说明了 matherr 和 matherr 子程序用到的特殊结构。
- ■ MEM. H　　说明一些内存操作函数（其中大多数也在 STRING. H 中说明）。
- ■ PROCESS. H　　说明进程管理的各个函数，spawn… 和 EXEC… 函数的结构说明。

■ SETJMP. H　　定义 longjmp 和 setjmp 函数用到的 jmp buf 类型，说明这两个函数。

■ SHARE. H　　定义文件共享函数的参数。

■ STDARG. H　　定义读函数参数表的宏。(如 vprintf，Vscarf 函数)。

■ STDDEF. H　　定义一些公共数据类型和宏。

■ STDIO. H　　定义 Kernighan 和 Ritchie 在 Unix System V 中定义的标准和扩展的类型和宏。还定义标准 I/O 预定义流：stdin，stdout 和 stderr，说明 I/O 流子程序。

■ STDLIB. H　　说明一些常用的子程序：转换子程序、搜索/ 排序子程序等。

■ STRING. H　　说明一些串操作和内存操作函数。

■ SYS \ STAT. H　定义在打开和创建文件时用到的一些符号常量。

■ SYS \ TYPES. H　说明 ftime 函数和 timeb 结构。

■ TIME. H　　定义时间转换子程序 asctime、localtime 和 gmtime 的结构，ctime、difftime、gmtime、localtime 和 stime 用到的类型，并提供这些函数的原型。

■ VALUE. H　　定义一些重要常量，包括依赖于机器硬件的和为与 Unix System V 相兼容而说明的一些常量，包括浮点和双精度值的范围。

习　题

1. 从键盘输入一些字符，逐个把它们送到磁盘上去，直到输入 1 个#为止。

2. 从键盘输入 1 个字符串，将小写字母全部转换成大写字母，然后输出到 1 个磁盘文件“test”中保存。输入的字符串以！结束。

3. 有两个磁盘文件 A 和 B，各存放一行字母，要求把这两个文件中的信息合并（按字母顺序排列），输出到 1 个新文件 C 中。

4. 有 5 个学生，每个学生有 3 门课的成绩，从键盘输入以上数据（包括学生号，姓名，3 门课成绩），计算出平均成绩，将原有的数据和计算出的平均分数存放在磁盘文件"stud" 中。

第十二章　编程中的常见错误与预防

本章将把编写 C 语言程序时常见的错误进行分析归类。一般可以把这些常见错误分成语法错误、程序设计错误、潜在错误及编译配合错误。下面就分别加以介绍。

12.1　语法错误

一般来讲，常见错误都是语法性错误。这些错误都是书写 C 语句时，容易违反的 C 语言语法规则错误。往往在最容易的地方，也最容易出错。例如：

（1）遗漏分号或分号放错地方；

（2）遗漏花括号或多放了花括号；

（3）在关系测试中误用了赋值号；

（4）忘记对变量进行说明或引用不当；

（5）程序中的注释符号使用不当；

（6）指针使用不当；

（7）变量传递给函数的方法不对；

（8）没有正确说明所使用的参数；

（9）存储模式错误。

以上只是常见的典型错误，还有错误的重新定义函数及因语法错误而产生的时断时续的错误等。有些错误已经讨论过，不再赘述。

12.1.1　在关系测试中误用了赋值号

例如忘记关系测试中的“等于”应该是双等号。

```
for (i=0; i=100; ++i) /*错误语句*/
for (i=0; i==100; ++i) /*正确语句*/
```

在下面的错例 12.1 中，if 语句中的 x=50 应该写成 x==50。错例 12.2 中的 for 语句中，x=<50 是不允许的，必须写成 x<=50。

错例 12.1

```
main ( )
{
int x;    x=0;
while (x<=100) {
++x;
if (x=50)
printf ("x=50");
```

```
}
}
```

错例 12.2

```
main ( )
{
  int x;     for (x = =0; x = <50;); /*错误语句*/
             printf ("%d\n", x);
}
```

上述问题是 1 个严重的错误，因为大多数的编译程序找不出这种错误。

12.1.2 使用函数时易犯的错误

函数参数说明的位置不对。

错例 12.3 在花括号 { } 里说明函数参数

```
main ( )
{float  I=1.5;
double  square ( );
while (I<256.0)
{
  I=square ( I );
Printf ("%f\n", i);
}
}
/* square 函数定义 */
double   square (x);
{
float  x;
     return (x*x);
}
```

正确的 square 函数定义如下：

```
double  square (x)
float  x;
{
return (x*x);}
```

主函数与调用的函数搭配不对。

错例 12.4 配合错误

```
main ( )
{
  float  i=1.5;
while (i<256.0)
```

```
{i = square ( i ); /* 调用函数 */
printf ("%f\n", i);
}
}
/* square 函数定义 */
double  square (x)
float   x;              /* 变量说明的正确位置 */
{
  return (x * x);
}
```

正确的程序如下：

```
/*   square 函数定义 */
double  square (x)
float   x;              /* 变量说明的正确位置 */
{
  return (x * x);
}
main ( )
{
  float   i = 1.5;
while (i < 256.0)
{i = square ( i );      /* 调用函数 */
printf    ("%f\n", i );
}
}
```

这两个程序只是位置颠倒一下而已。也就是说，要按先写被调用的函数，再写调用它们的函数，就可以不用说明被调用的函数；否则必须说明。

变量传递给函数。

当把 1 个变量传递给函数时，就造出 1 个该变量的副本。切记：为了保持函数之间各个变量的完整性，函数是不接受实际变量的。可以通过把 1 个变量的地址传给 1 个函数的方法，来有意改变该变量原来的值。

1 个常见的错误是按以下的方式使用参数。

错例 12.5

```
main ( )
{
int   x = 7;
square (x);
printf ("\n" the square is "%d", x);
}
```

```
square (x);
int x;
{
  return (x * x);
}
```

在这个例子中，程序员传递 x 的 1 个副本到函数，并且期望在调用函数后，x 能表现新的参数的副本，函数就可以完成所要求的工作，例如上面的程序可以改写成：

```
main ( )
{
int   x = 7;
x = square (x);
printf (" \ n the square is % d", x);
}
square (x);
int  x;
{
  return (x * x);
}
```

对要调用函数的参数进行说明。

假如我们在程序中调用函数 func (x1, x2)，如果不对变量参数 x1 和 x2 加以说明，按照缺省的规则，它们均为 int 类型。在函数调用中一定不要忘记对所有的参数（包括整型变量）加以说明。

正确的对 main ( ) 中的函数加以说明。

假如在 main ( ) 中定义函数并进行如下方式的调用：

```
double  x;
x = func (x);
double   x;
{
  x = x * x;
return (x);
}
```

实际上，return ( ) 函数返回的是 int 类型，原因是未对函数 func ( ) 进行说明。尽管在函数里对变量进行了说明，但按缺省的规则，它是 1 个返回 int 类型值的函数。正确的办法是把函数说明为返回 double 类型的函数。该函数应该为：

```
double  x; {
x = x * x;
return (x);
}
```

现在函数虽然能返回 double 类型的值到 main ( )，但 main ( ) 中的调用方法还有错误。

尽管我们已经对函数作了正确说明，但返回的值还是 int 类型。这是因为在 main（ ）中，未对要调用的函数加以说明。同理，它也按缺省处理，即返回 1 个 int 类型。所以在 main（ ）中还应该进行如下说明：

```
main ( )
{
  double  x, func ( );
……
}
```

这时，main（ ）就可以正确地处理 double 类型了。

综上所述，如果要 1 个函数返回的值不为整型，就必须遵循以下两个规则：

（1）在函数定义中，必须在函数名之前加上数据类型；

（2）在 main（ ）中，函数名必须被说明为相应的数据类型。

还有一种解决的办法是在 main（ ）之前对 func（ ）进行说明，这是因为函数名对程序的其余部分是全程都有效。在作了这种说明之后，main（ ）函数就知道该函数返回的是 double（ ）类型了。

下面我们再举例说明。

错例 12.6

```
main ( )
{
  float  x, y;
scanf ("%f%f", &x, &y);
printf ("%f", mul (x, y));
}
float  mul (float  a, float b)
{
  return (a * b);
}
```

正确的程序如下：

```
main ( )
{
  float  x, y, mul ( );
  scanf ("%f%f", &x, &y);
  printf ("%f", mul (x, y));
}
float  mul (float  a, float  b)
{
  return (a * b);
}
```

存储模式错误将放在设计错误中一起举例说明。

12.2 程序设计错误

由于按语法所写的语句也仍然可能会具有两义性，甚至表达的根本不是想要的意思，这就使程序设计者造出“逻辑错误”，这是比较严重的错误。下面就对因语义理解不正确产生编程错误的典型而常见的情况举例说明如下。

12.2.1 混淆指针与数组

(1) 指针不是数组　C 语言中规定 1 个字符串常数用空字符（‘\0’）作为结束标志，而且代表了内存中的 1 个区域的地址。如果定义 1 个数组容纳字符串，数组开辟了指定长的内存空间，而定义的指针则并不代表它已指向了具体的地址。在用 malloc 函数为指针分配大小时，必须对字符串进行记数，但库函数 strlen 记的字符个数是除去了最后的空字符以后的个数，所以分配的空间应该再加 1。假设字符串为 S，应分给指针空间为

P = malloc (strlen (S)) +1

(2) 不能用数组说明作为参数　C 语言里不能直接把 1 个数组传给 1 个函数。应把数组参数说明转换成对应的指针说明。

在定义

```
char Hello [ ] = "hello";
```

中，把 hello 说明为 1 个字符数组，但把此数组传给 1 个函数

```
printf ("%s\n", hello);
```

中，完全等价于传递它的首字符的地址

```
printf ("%s\n", &hello [0]);
```

在 main 函数中，指针参数所代表的是 1 个数组，所以就产生如下两种等价写法：

```
main ( int  arge , char  * argv [ ])
main ( int  arge , char  * argv)
```

但是要注意，第一个语句中所强调的是 argv 指向 1 个字符指针数组的第一个元素的指针。

要特别注意的是：C 语言能自动把 1 个数组参数说明转换成对应的指针说明，但不能在其他的上下文中自动转换。也就是说，

```
extern  char  * hello;
```

就明显不同于

```
extern  char  hello [ ]
```

这在下面还要讨论。

12.2.2 数组边界与计数

在使用数组时，C 语言的独特设计是：

1 个具有 n 个元素的数组是没有下标为 n 的元素的，它的元素是从 0 到 n-1 进行编号的。

引用最后1个元素n是非法的，但这个并不存在的元素的地址却是可以被用于赋值和比较的，也就是说，可以引用它的地址。

数组范围就是其边界间的差值，即 n - 0 = n。也就是说，排除在外的上边界正好就等于元素的个数。

它是用属于1个范围的第一个元素以及超出这个范围的第一个元素来表达这个范围的。

同样，这些原则也适用于计数。一般讲来，我们在一般的计数规律中，如果求 x≥n 与 x≤m 中有多少个整数时，就用

m - n + 1

求取，而在C语言中，则是用 x≥n 和 x≤m（m2 = m + 1）来求取，即为 m2 - n。

由此可知，在C语言中：

① 1个范围的大小就是其边界间的差值；

② 当此范围是空的时候，两个边界是相等的；

③ 上边界绝对不会小于下边界。

因此，初始化具有n个元素的整数数值 a［n］的正确写法是：

```
for ( i=0; i<n; i++)
a [i] =0;
```

而不能把for语句写成 for (i=0; i<n-1; i++)。

假如我们设计1个程序writebuf，它的变量是1个指向要被写出的第一个字符的指针，调用库函数memory，这个库函数可以一次移入k个字符，它的定义如下：

```
Void  memcpy (char *dest, const char *source, int k);
{
  While (--k> =0)
   *dest++ = *source++;
}
```

当缓冲区装满时，就调用函数prtbuffer，把缓冲区内容写出并将buffer重新置成缓冲区的起始位置。

```
Void writebuf (char *p, int n)
{
  While (n>0) {
           Int k, rem;
          If (bufptr= =&buffer [N])
        Prtbuffer ();
Rem=N- (bufptr-buffer);
K=n>rem? rem: n;
Memcpy (bufptr, p, k);
Bufptr+ =k;
P+ = k
n-=k;
```

```
}
}
```

程序中是用

```
if (buffer = = &buffer [N])
```

而不是用在效果上与它等价的

```
if (buffer > &buffer [N] -1)
```

这就是应用的不对称边界的原则。

下面再举几个使用数组容易犯的典型错误。

错例 12.7 时断时续的错误。

```
main ( )
{
  int x, num [100];
  for (x = 1; x < = 100; + + x)    num [x]  = x;
}
```

该程序中的 for 循环有两个错误:

(1) 没有给数组 num 的第一个元素 num [0] 赋初值;

(2) 超出了数组的尾端, 因为 num [99] 是数组的最后 1 个元素。

for 语句的正确写法应该是:

```
  for (x = 0; x < 100; + + x) num [x]  = x;
```

这种错误会造成程序运行时的时断时续的错误。

错例 12.8 自动型数组变量初始化错误。

```
main ( )
{char   a [5]  = "abcde";
printf ("%s \ n", s);
}
```

但在头文件中说明之后, 则可以赋初值。

内部 auto 和 register 型数组变量也不能进行初始化。

错例 12.9 初始化的方法不对。

```
main ( )
{
static   char a [5];
a = "abcde";      /* 不能向地址常量赋值 */
printf ("%s \ n", a);
}
```

应写成 static char a [5] = "abcde";

错例 12.10 数组越界错误。

```
main ( )
{
static char a [7]  = "goodbye";
```

```
printf ("%s\n", a);
}
```

字符数组最后1个结束标志位是'\0'，a[7]只能放6个字符。

12.2.3　指针使用不当

指针是1个非常有用的工具，许多程序中都用到它。但是，当指针由于偶然的原因封存在1个错误的值时，它就会造成1个最难对付的错误。当你每次用指针进行操作时，可能会读或写某些未知的内存块。在读操作中，错误的指针只是得到一些无用的存储内容。但在写操作中，你很可能将它写入到代码段或数据段。这种错误只是在运行你的程序后，才能被暴露出来，只有到了这一步，才能找出错误的地方。

由于误用指针可能会造成严重的破坏，因此，在使用时一定要慎重考虑，避免出错。下面讨论一些常见的错误。

下面是误用指针的典型例子，它使用了没有初始化的指针。

错例12.11　使用了没有初始化的指针。

```
main ()
{
  int  x, *p1;
x=25;
*p1=x;
}
```

这个程序将值25赋给了1个未知的内存地址。若是1个很大的程序，p1有可能落入1个“致命”区域，从而终止你的程序。避免这类错误的方法是在使用指针前，让它指向1个有效的地址。

错例12.12　此类错误的例子。

```
#include <stdio.h>
main ()
{
char  *a;
gets (a);
printf ("%s\n", a);
}
```

对指针的用法不对。

错例12.13　另1个典型的错误是误解了指针的用法。

```
main ()
{
  int  x, *p1;
  x=25;
p1=x;
printf ( {"%d", *p1);
```

}

这里的 printf（ ）函数在屏幕上显示的不是 x 的值，而是某个未知数。原因是赋值语句

p1 = x;

是错误的。这条语句将值 25 赋给了指针 p1，指针的内容应该是地址，而不是值。正确的方法应该是

p1 = &x;

在使用指针前，必须要弄清指针指向哪里。

错例 12.14 对指针运算理解不对。

```
#include"stdlib. h"
main（ ）
{
  register  int I;
  int ＊s1，＊s2;
if（（s1 =（int）malloc（10＊sizeof（int)))  = =NULL）
{
    printf（"Out of memory \ n"）;
exit（0）;
}
}
s2 = s1;
for（I =0; I <10; I + +）;
＊ s1 + + =I;
/＊求两指针之间的元素个数＊/
printf（"两指针之间的元素个数是: %d \ n"）;
(- - s1- s2  + 1）/sizeof（int）;
free（s1）;
}
```

错误的理解了指针相减的含义，s1-s2 就是两指针指向的地址位置之间的数据个数，不是地址值之差。应改为

printf（"两指针之间的元素个数是: %d \ n"，--s1，-s2 +1）;

错例 12.15 使用无效的指针。

```
#include < stdlib. h >
main（ ）
{
  char  ＊p;
  ＊p =（char ＊）malloc（100）;
  gets（p）;
  printf（p）;
```

```
}
```

这个程序很可能产生毁坏，也可能还会将操作系统一起毁坏。原因是 malloc（）所返回的地址并未赋给指针 p，而是赋给了指针 p 所指的内存位置。这一位置在此情况下是完全未知的。

这个程序还有另外 1 个更为隐蔽的错误。如果内存已经用完了，malloc（）将返回空（NULL）值，这在 C 语言中是 1 个无效的指针。我们应该把对指针有效性的检查加入在程序之中。

下面是 1 个正确而完整的实例。

```
#include < stdlib. h >
main ( )
{
  char   * p;
  p = (char * ) malloc (100);
if (p = = NULL) {
printf ("out of memory \ n");
exit (1);
}
gets (p);
printf (p);
}
```

参数传递

数组作为给参数传递 1 个函数时，实际上传递的是该数组的地址。传递数组变量的名字与使用的指针相同。

错例 12. 16

```
#include < stdio. h >
main ( )
{
  static char s [ ] = "Good Afternoon! ";
  char  * st (char * s, int m, int n );
    printf ("%s", st);
  return 0;
}
char * st (char * s , int m, int n)
{
char str [80];
register int i;
for (i =0; i < n; i + +)
str [i] =s [m + i-1];
str [i] ='\ 0';
```

```
return   str;
}
```

指针函数 st（ ）里面的数组 str 是局部变量，该地址的内存在 st（）返回到主函数之后被释放掉，因而指针 st 接收的内容不对。应改为：

```
static char str [80];
```

串与字符　在 C 语言中，单引号与双引号表示的是两件非常不同的事情。1 个括在双引号里的字符串，还隐含着 1 个指针的表示方法，该指针指向 1 个无名数组的首字符，此无名数组被括在双引号之间的那些字符及 1 个二进制为零的附加字符共同集成。也就是说，语句等价于如下两条语句。

```
Char   How[ ] = {'h', 'o', 'w',  ' ', 'a', 'r', 'e', 'y', 'o', 'u', '\n', '\n'}
Printf (How);
```

12.2.4　存储模式错误

这种存储模式错误很容易发现，问题是如何选择恰当的存储模式。

一般说来，应该选用小型模式，除非有什么理由，说明需要选用其他模式。程序大但数据不多时，选用中型模式，而程序不大但数据量大时，选用紧凑型模式；程序和数据量都大，但数据不超过 64K 时选用大型模式；静态数据超过 64K 时，就不得不选用巨型模式。大型模式和巨型模式的执行速度比其他模式要慢得多。

各种模式的选择都在集成环境中设置。集成环境设有默认模式，如果你的程序对存储模式有特殊要求（需要改变存储模式），千万不要忘记设置正确的存储模式。

不幸的是，即使只有 1 个数据存放在另 1 个段中，你都需要紧凑型而不是小型模式了。这可以用“段跨越”型修饰符解决，这就是 Trubo C 提供的增强功能：far、near 和 huge 3 个修饰符。这 3 个修饰符可以作为指针或函数。当作用于指针时，影响数据的查询方式；作用于函数时，影响函数的调用和返回。

在定义了指针之后，编译时必须选择正确的存储模式。

例如编制如下程序：

```
main ( )
{
   char   * a;
   char   far   * b;
printf ("%d   %d\ n", sizeof (b), sizeof (a));
}
```

我们的目的是想观察用 far 声明的指针 b 和标准方式声明的指针 a 各被分配多少个字节。那么，这个程序必须在小存储模式下编译和运行。它们分别占用 4 个字节和 2 个字节的内存。

上面的声明也可以在同一行中，例如：

```
char   * a , far   * b;
```

错例 12.17　1 个用错 far 指针的例子。

```
main ( )
```

```
{
   char   far    * a;
   a = ( char    far) oxb0000000;
printf （"% d \ n"，  * a）;
}
```

程序是想把单色屏幕显示器缓冲区的首地址赋给远程指针 a。把地址赋给指针必须使用地址强制符。正确的写法是:

```
a = ( char far  * ) oxb0000000;
```

错例 12. 18

```
main （ ）
{
   int far  * a;
a = ( int far  * ) oxb0000000;
 * a = 65;
}
```

这个程序想在屏幕缓冲区的首地址处显示 1 个字母‘A’，但并没有显示出来。因为整型指针返回 1 个两字节的标准整数值。把‘A’写入屏幕缓冲区的第一个字节，同时也把数字‘0’写入了第二个字节。第二个（奇数）字节正是屏幕的属性字节，在这个字节的“0”值将使第一个字符变成看不见的。字符指针正好是存取内存中的 1 个字节的内容，所以要用专门为小存储模式提供的长指针来向内存中写入数据。下面的程序就是利用长指针完成操作的。

```
main （ ）
{
   char far  * a;
a = ( int    far  * ) oxb0000000;
 * a = 65;
}
```

你还可以用下面的程序来验证。

```
#include"stdlib. h"
main( )
{
   char    far     * b;
   int    far     * a;
a = ( int far  * ) 0xb0000000;
b = ( char    far  * ) 0xb0000000;
system( "cls")
printf( "% c \ n \ n \ n", 'A');
printf( "% d \ n% d  \ n",  * a,  * b);
}
```

函数 system（）调用 DOS 的“cls”命令清屏并将光标置于屏幕的左上角。然后调用 printf（）函数在左上角显示 1 个字符 A 和两次回车操作。另 1 个 printf（）函数用以显示 * a 和 * b 的值。它们指向同 1 个地址，但却显示了不同的值。即：

* a = 1875　　* b = 65

65 正好是‘A’的 ASCII 码，而 1875 却是两个字节代表的数。用数学的方法，可以这样解释：

1875% 256 = 65　　/ * 第一个字节 * /

1875/256 = 7　　　/ * 第二个字节 * /

数字 7 就是字符属性值，在正常显示状态下，所用的奇数字节的值都是 7。

第 13 章　C 程序设计实验

实验一　C 程序的运行环境

一、实验目的

1. 了解如何录入、编辑、编译、连接和运行 1 个 C 程序。

2. 通过设计和调试简单的 C 程序，初步了解 C 程序的特点。

二、实验内容

1. 确保所用系统中已安装了 Turbo C

2. 启动 Turbo C

（1）将操作方式转入到 MS-DOS 方式。

（2）设 Turbo C 所在的目录为 C：\tc，则调用 Turbo C 的命令一般为 C：\tc\tc，此时屏幕出现了 Turbo C 的工作环境。

3. 熟悉 Turbo C 集成环境

了解 Turbo C 界面的组成，各菜单命令、各功能键的作用。下面将详细介绍各菜单命令及相应功能键的作用。

（1）File（文件）菜单　按 Alt + F 组合键，或按 F10 键，击活主菜单，然后按“←”或“→”键移动屏幕上的光标到 File 上后，再按回车键，就可以进入 File 菜单。

- Load（加载）。载入 1 个文件到当前编辑环境中，其快捷键为 F3。
- Pick（选择）。将最近装入编辑窗口的 8 个文件列成 1 个表让用户选择，选择后将该程序装入编辑区。其快捷键为 Alt + F3。
- New（新建）。用于新建 1 个程序文件。
- Save（存盘）。用户可将编辑区中的文件存盘。
- Write to（另存为）。可由用户给出文件名将编辑区的文件存盘。
- Directory（目录）。显示目录及目录中文件，可由用户选择。
- Change dir（改变目录）。用户可以改变当前显示的目录。
- OS shell（暂时退出）。暂时退出 Turbo C 到 DOS 提示符下，若想返回到 Turbo C 环境中，只要在 DOS 状态下输入 Exit 然后回车即可。
- Quit（退出）。退出 Turbo C，其快捷键为 Alt + X。

说明：

以上各项可用光标键在菜单中移动到相应位置后，使用回车键选择执行，也可以用每一项的第一个字母直接选择。Turbo C 所有菜单均采用这种方法，以下不再另行说明。

（2）Edit（编辑）菜单　主要用于文本编辑，在编辑过程中，可以借助功能键来帮助编辑。

F1　　　　　显示当前位置的帮助信息

F2	将文件存盘
F3	载入 1 个文件
F4	程序运行到光标所在行
F5	放大/缩小编辑窗口
F6	在编辑窗口与信息窗口间进行切换
F10	击活主菜单
Home	将光标移到所在行首
End	将光标移到所在行尾
Ctrl + Y	删除光标所在的一行
Ctrl + T	删除光标所在的 1 个词
Ctrl + K + B	设置块首
Ctrl + K + K	设置块尾
Ctrl + K + V	移动块
Ctrl + K + C	自制块
Ctrl + K + Y	删除块

（3）Run（运行）菜单

该菜单有以下菜单项：

• Run（运行程序）。运行由 Project /Project name 项指定的文件或当前编辑区的文件。其快捷键为 Ctrl + F9。

• Program rest（程序重启）。其快捷键为 Ctrl + F2。

• Go to cursor（运行到光标处）。其快捷键为 F4。

• Trace into（跟踪进入）。在执行一条调用其他用户定义的子函数的语句时，跟踪执行到该子函数内部。其快捷键为 F7。

• Step over（单步小执行）。执行当前函数的下一条语句，执行时不会跟踪进函数内部。其快捷键为 F8。

• User screen（用户屏幕）。显示程序运行时在屏幕上显示的结果。其快捷键为 Alt + F5。

（4）Compile（编译）菜单

该菜单有以下菜单项：

• Compile to OBJ（编译生成目标文件）。将 1 个 . c 源文件编译生成 . obj 目标文件，同时显示生成的文件名。其快捷键为 Alt + F9。

• Make EXE file（生成可执行文件）。生成 1 个 . exe 文件并显示生成的 . exe 文件名。

• Link EXE file（连接生成可执行文件）。把当前 . obj 文件及库文件连接在一起生成 . exe 文件。

• Build all（建立所有文件）。

• Primary C file（主 C 文件）。

• Get info（获得有关信息）。可以获得包括当前路径、源文件名、源文件字节大小、编译中的错误数目、可用空间等有关信息。

（5）Project（项目）菜单　当源程序被编辑成若干个文件时，通过这个菜单将所有的源程序组成 1 个项目，此后就可以对这个项目进行编译和连接。

- Project name（项目名）。项目名的扩展名为 . prj，例如有 1 个程序分别由 file1. c 和 file2. c 组成，要将这两个文件编译装配成 1 个 file. exe 文件，可以先建立 1 个 file. prj 的项目文件，其内容为：

file1. c

file1. c

以后进行编译时将自动对项目文件规定的两个源文件分别进行编译，然后连接成 file. exe 文件。

- Break make on（中止编译）。
- Auto dependencies（自动依赖）。当开关置为 on 时，编译时检查源文件与对应 . obj 文件的日期和时间；若置为 off 则不进行检查。
- Clear project（清除项目文件）。
- Remove message（删除信息区中的信息）。

（6）Options（选择菜单）

该菜单对初学者来说要谨慎使用，该菜单中有以下菜单项：

- Compiler（编译器）。
- Linker（连接器）。
- Environment（环境）。本菜单项规定是否对某些文件自动存盘以及制表键和屏幕大小的设置，其中：

Edit auto save	是否在 Run 之前，自动存储编辑器中的源文件
Backup file	是否在源文件存盘时产生后备文件（. bak 文件）
Tab size	设置制表键大小，默认为 8

- Directories（路径）。本菜单项规定编译、连接所需文件的路径。
- Arguments（命令行参数）。
- Save options（存储配置）。
- Retrieve Options（装入配置文件）。

（7）Debug（调试）菜单　该菜单主要用于程序调试时的查错。

（8）Break/Watch（断点及监视表达式）　以上只对常用菜单作了简单介绍，如要进一步了解，请参阅有关资料。

4. 编辑及运行 1 个简单的 C 源程序

（1）在编辑区中输入以下程序

```
main ( )        {        printf ("北京 2008 奥运会! ? \ n") ;        }
```

（2）编译连接上述源程序　按功能键 F9，观察编译信息框中的编译信息，如果无出错信息则进入下一步运行目标程序，否则还要返回源程序进行修改，直到编译成功为止。

（3）运行目标程序　按组合键 Ctrl + F9，运行目标程序。

（4）查看运行结果　按组合键 Alt + F5，将切换到用户屏幕，观察分析运行结果。

5. 重新开始编辑和运行另 1 个程序

（1）打开“File”菜单，选择并执行其子菜单中的“New”命令。

（2）在编辑区输入以下程序

```
int  sum (int a, int b)
    {int  c;
    c = a + b;
    return ( c );
}
main ( )
   {int  x, y, z;
   scanf ("%d, %d", &x, &y) ;
   z = sum  (x, y);
   printf ("sum = %d \n", z) ;
}
```

（3）下面我们采用分步执行的方式来运行该程序　在操作过程中，我们要不断地按功能键 F7。当第一次按 F7 键时，“main（ ）”这一行呈深色显示，表示目前程序执行到这里，也就是整个程序执行的开始部分。再按一下 F7 键，光标跟踪到“scanf ("%d, %d", &x, &y);”这一行，当你再按 F7 时，就执行该语句，此时返回到用户屏幕，要求用户输入两个整数值，假如输入“3，5↙”（↙为回车），又返回到编辑环境。接下来可缓慢地按 F7 键，认真观察光标的行踪，直到程序运行结束。光标的行踪表示程序的执行过程。

（4）查看运行结果

按组合键 Alt + F5，用户屏幕上显示以下结果：

sum = 8

通过这次操作，我们应了解 C 程序的执行过程。

6. 人为地制造一些语法错误

（1）将第 5 步中 C 源程序中的语句“int　x，y，z;”改为：

intx，y，z;　　/＊t 与 x 之间没有空隔＊/

（2）按功能键 F9，观察信息区中提供的出错信息，分析出错原因并改正错误。

7. 退出 Turbo C 环境

执行 File 菜单中的 Quit 命令或按组合键 Alt + X，即可退出 Turbo C 环境。

实验二　简单的 C 程序设计

一、实验目的

1. 掌握 C 语言的基本数据类型，熟悉如何定义 1 个整型、字符型和实型变量，以及对它们赋值或初始化的方法。

2. 学会使用 C 语言的算术运算符、赋值运算符等运算符，以及包含这些运算符的表达式。

3. 能正确运用运算符和运算对象构成基本类型的表达式，达到掌握各种不同类型数据间的混合运算规律。

4. 进一步掌握 C 语言简单程序设计的几个步骤。

二、实验内容

1. 输入下面程序段

```
main ( )
{   int  a, b;
    a =65;
    b =66;
    printf ("%d,%d\n", a, b);
    }
```

(1) 运行该程序，分析其运行结果。

(2) 将源程序中语句

a =65;

b =66;

分别换成以下两语句:

a ='A';

b ='B';

再编译运行程序，分析其运行结果，与前一次结果比较，分析有什么不同。

(3) 在原有基础上添加一条语句

printf("%c, %c\n", a, b) ;

再编译运行程序，分析其运行结果。

(4) 将第 (3) 步骤中添加的语句 "printf("%c, %c\n", a, b) ;" 改为:

printf("%c: %d\n", a +32, b +32) ;

再编译运行程序，分析其运行结果。

2. 输入并运行下面的程序

```
main ( )
{   int a, b, c;
        long  L =0x17fff;
        unsigned  u =65535;
        float  f =234. 567;
        a =L;
        b =u;
        c =f;
        printf( "(1) a =%d, b =%d, c =%d\n", a, b, c) ;
        printf( "(2) a =%u, b =%u, c =%u\n", a, b, c) ;
        a = -32768;
        u =a;
        printf( "(3) a =%d, u =%u\n", a, u) ;
        a = -1;
        u =a;
        printf (" (4) a =%d, u =%u\n", a, u);
```

```
}
```

请对照程序和运行结果，分析结果得来的真正原因。

提示：在作赋值运算时，系统首先要将赋值运算符右侧表达式的值转换成与左侧变量相同的类型（在类型不同的情况下），然后再赋予左侧变量。这就要求掌握整型数据在内存中的表示形式。

3. 输入以下程序

```
main ( )
{ int  i =3, j =4, m, n;
  m =i + +;
  n = + +j;
  printf( "(1) i = % d, j = % d \ n", i, j) ;
  printf( "(2) m = % d, n = % d \ n", m, n) ;
  }
```

（1）运行程序，观察 i、j、m 和 n 变量值。

（2）删除“m =i + +; n = + +j;”语句，将最后一行改为：

printf("(2) m = % d, n = % d \ n", i + +, + +j) ;

编译运行程序，观察并分析运行结果。

（3）如果将源程序中语句：

```
m =i + +;
n = + +j;
```

分别改为以下语句：

```
m = + +i;
n =j + +;
```

编译运行程序，观察并分析运行结果。

（4）将程序改为：

```
main ( )
{ int  i =3, j =4;
  printf( "% d, % d, % d, % d \ n", i, j, + +i, j + +) ;
  }
```

编译运行程序，分析其运行结果。

实验三　顺序结构程序设计

一、实验目的

1. 掌握各种类型数据的输入输出方法，能正确运用各种格式符。

2. 掌握 C 语言中顺序结构程序的设计方法，为以后做好准备。

二、实验内容

通过实例熟悉各种格式符的正确使用。

三、实验过程

1. 输入下列程序段

```
#include <stdio.h>
main ( )
{ char c;
c = getchar ( );
putchar (c);
putchar ('\n');
scanf ("%c" , &c);
printf ("%c\n" , c);
printf ("%d\n" , c);
}
```

2. 运行此程序并分析程序运行结果

运行情况如下：

```
aa↙
a
a
97
```

分析：本例使用两种方法从键盘输入 1 个字符，并用两种方法输出该字符。前面已述，getchar ( ) 和 putchar ( ) 只能用于输入和输出 1 个字符，而 printf ( ) 和 scanf ( ) 函数可用于任何类型数据的输入输出。本例还将字符型数据以整型数据的形式输出，这是允许的，此时输出的是字符的 ASCII 值。

3. 重新输入 1 个程序段

```
main ( )
{int a, b;
float x, y;
a = 40; b = 38;
x = 3.4567; y = 0.123456789;
printf("a = %d, b = %d\n" , a, b);
printf("x = %f, y = %f\n" , x, y);
printf("a = %5d, b = %-5d\n" , a, b);
printf("x = %8.2f, y = %-8.2f\n" , x, y);
}
```

4. 运行此程序并分析程序运行结果

运行结果为：

```
a = 40, b = 38
x = 3.456700, y = 0.123457
a = uuu40, b = 38
x = uuuu3.46, y = 0.12
```

分析：(1) 上述四个 printf 函数均按规定的格式输出；

(2) 第二个 printf 函数未指定输出实型数据的精度，按系统默认的小数位数输出 6 位小数；

(3) 第三个 printf 函数按指定长度输出整数；

(4) 最后 1 个 printf 函数按规定的长度输出实型数据，同时按规定的精度输出两位小数；

(5) 注意第三和第四个 printf 函数当位数不足时是左补空格还是右补空格。

5. 编程打印出以下图形

```
*
* * *
* * * * *
* * * * * * *
```

程序清单如下：

```
main ( )
  {printf("%4s\n","*");
   printf ("%5s\n","  * * * *");
   printf ("%6s\n","  * * * * *");
   printf ("%7s\n","  * * * * * * *");
  }
```

其中最后 1 个语句“printf("%7s\n","* * * * * * *");”可改为

printf("%s\n"," * * * * * * *");

运行并注意观察其效果和前面是一样的。

实验四　选择结构程序设计

一、实验目的

1. 学会正确使用关系运算符、逻辑运算符。
2. 熟练掌握 if 语句的用法。
3. 会用 switch 语句处理多分支选择结构的问题。
4. 学习调试程序。

二、实验过程

1. 编一程序求一元二次方程 ax + bx + c = 0 的根，用 if 语句来处理。

(1) 输入预先编写好的源程序

```
  #include <math.h>
  main ( )
{float a, b, c, x1, x2, dise;
  scanf("%f,%f,%f",&a,&b,&c);
  if (fabs (a) <=1e-6)
     printf("is not a quadratic\n");
  else
```

```
    dise = b * b - 4 * a * c;
  if (fabs (dise) <= 1e-6)
    printf("x1 = x2 = %.2f\n", -b/(2 * a));
  else if (dise > 1e * 6)
    {x1 = (-b + sqrt (dise)) / (2 * a);
    x2 = (-b - sqrt (dise)) / (2 * a);
    printf (" x1 = %.2f, x2 = %.2f\n", x1, x2);
    }
else
    {printf (" x1 = %.2f + i%.2f\n", -b/ (2 * a), sqrt (-dise) / (2 * a));
    printf (" x1 = %.2f-i%.2f\n", -b/ (2 * a), sqrt (-dise) / (2 * a));
    }
}
```

(2) 运行该程序

运行后若输入 0.0，4.0，5.0 后回车，则输出结果为：

    is not a quadratic

运行后若输入 2.0，1.0，6.0 后回车，则输出结果为：

    x1 = -0.25 + i1.71
    x2 = -0.25 - i1.71

运行后若输入 1.0，5.0，6.0 后回车，则输出结果为：

    x1 = -2.00，x2 = -3.00

运行后若输入 9.0，6.0，1.0 后回车，则输出结果为：

    x1 = x2 = -0.33

请读者自己输入其他的数值，看看运行结果能否达到要求。

2. 编一程序，要求按考试成绩打印出学生的成绩等级。成绩等级为：

90 ~ 100 分为“A”等，80 ~ 89 分为“B”等，70 ~ 79 分为“C”等，60 ~ 69 分为“D”等，60 分以下为“E”等。

(1) 输入预先编写好的源程序

```
main ( )
{float score;
  char grade;
  int n;
  scanf("%f", &score);
while (score > 100 || score < 0)
{printf("error");
scanf("%f", &score);
}
n = (int) (score/10);
switch (n)
```

```
{case 10:
   case 9 : grade ='A'; break;
   case 8 : grade ='B'; break;
   case 7 : grade ='C'; break;
case 6 : grade ='D'; break;
case 5 :
   case 4 :
   case 3 :
   case 2 :
   case 1 :
   case 0 : grade ='E';
}
printf( "score =%6.2f, grade =%c\n", score, grade) ;
}
```

（2）运行该程序

输入 95 后回车，输出结果为：

score = 95.00, grade = A

输入 61 后回车，输出结果为：

score = 61.00, grade = D

输入 45 后回车，输出结果为：

score = 45.00, grade = E

输入 84 后回车，输出结果为：

score = 84.00, grade = B

输入 100 后回车，输出结果为：

score =100.00, grade = A

输入 76 后回车，输出结果为：

score = 76.00, grade = C

输入 145 后回车，输出结果为：

error

（3）修改上述程序段，使用 if 语句。程序清单如下：

```
main ( )
{float score;
char grade;
scanf( "%f", &score) ;
if( score >100 || score <0) printf( "error") ;
else if (score > =90&&score < =100)
{grade =‘A’ printf( "score =%6.2f, grade =%c\n", score, grade) ; }
else if (score > =80&&score <90)
{grade =‘B’; printf( "score =%6.2f, grade =%c\n", score, grade) ; }
```

```
else if (score > =70&&score <80)
{grade = 'C'; printf("score = %6.2f, grade = %c\n", score, grade);}
else if (score > =60&&score <70)
{grade = 'D'; printf("score = %6.2f, grade = %c\n", score, grade);}
else
{grade = 'E'; printf("score = %6.2f, grade = %c\n", score, grade);} }
```

（4）请读者自行分析修改后的程序运行结果。

实验五　循环结构程序设计

一、实验目的

1. 学会设计循环结构的程序。
2. 通过实验加深对 while 语句、do-while 语句、for 语句的理解。
3. 能根据循环要求选择 while 语句、do-while 语句、for 语句来实现循环。
4. 进一步学习调试程序。

二、实验内容

1. 用 3 种循环实现求 1 到 50 的平方和。
2. 将上述要求修改如下：计算 1 到 50 的平方和，直至平方和大于 3 000时止。
3. 分析 3 种循环的共同点和不同之处。

三、实验过程

1. 用 3 种循环实现求 1 到 50 的平方和

（1）while 循环

```
main ( )
{int n;
long sum =0;
n =1;
while (n< =50)
{sum = sum + n * n;
n + +;
}
printf ("sum = %ld\n", sum);
}
```

（2）do – while 循环

```
main ( )
{int n;
long sum =0;
n =1;
do
    {sum = sum + n * n;
```

```
        n++;
    } while (n<=50)
  printf ("sum=%ld\n", sum);
}
```

（3）for 循环

```
main ( )
{int n;
long sum=0;
for (n=1; n<=50; n++)
      sum=sum+n*n;
  printf ("sum=%ld\n", sum);
}
```

以上 3 个程序段的功能都是用来求 1 +2 +3 +… +50 的和。运行结果也一样，输出结果都为：

sum =42925

2. 计算 1 到 50 的平方和，直至平方和大于 3 000 时止

程序清单如下：

```
main ( )
{int n;
long sum=0;
for (n=1; n<=50; n++)
      sum=sum+n*n;
      if (sum>3000) break;
  }
  printf ("n=%d, sum=%ld\n", n, sum);
}
```

运行结果为：

n =20，sum =3311

请读者自行设计用 while 语句和 do-while 语句实现以上的循环结构。

3. 从上面的实验可看出，while 循环、do-while 循环、for 循环可以用来处理同一问题，一般情况下可以互相代替。但它们在程序执行时还是有区别的，while 循环是先判断条件是否成立，再决定是否要执行循环体，也就是说循环体语句有可能一次也不执行；do-while 循环是先执行一次循环体，再去判断条件是否成立，也就是说，循环体语句至少要执行一次。使用 while 循环和 do-while 循环时，循环变量的初始化操作一般在 while 语句、do-while 语句之前完成，而 for 循环的循环变量的初始化操作可以在 for 语句中完成。

请输入以下两个的程序段：

程序段 1：

```
main ( )
{int n;
```

```
long sum =0;
scanf( "% d", &n);
while (n< =10)
{sum = sum + n;
n+ +;
}
printf( "sum = % ld \ n", sum);
}
```

程序段 2：

```
main ( )
{int n;
long sum =0;
scanf( "% d", &n);
do
{sum = sum + n;
n+ +;
} while (n< =10)
printf( "sum = % ld \ n", sum) ;
}
```

试运行以上两个程序段，若运行时输入 5，我们发现以上两个程序段的结果一样；若运行时输入 11，则我们发现程序段 1 的结果为：sum =0，而程序段 2 的结果为：sum =11。

这就是前面说的 while 语句和 do-while 的不同之处。

请读者自行输入其他数值，看看运行结果有什么变化，然后说明什么情况下程序段 1 和程序段 2 的运行结果一样，什么情况下程序段 1 和程序段 2 的运行结果不一样。

实验六　函数

一、实验目的

1. 掌握定义函数的方法。
2. 掌握函数实参与形参的对应关系，以及“值传递”的方式。
3. 掌握函数的嵌套调用和递归调用的方法。
4. 掌握“项目”菜单管理多个源程序文件的方法。

二、实验内容

1. 程序修改

（1）下面是求两个实数之和的程序。例：若输入 15 和 23 两个数，则应输出 38。请改正程序中的错误，使它能计算出正确的结果。

```
main ( )
{
____________________;        /* error① */
```

```
float a, b, c;
scanf("%f, %f", &a, &b);
c = add (a, b);
printf("sum is %f", c);
}
float add (int x, int y)            /* error② */
{ float z;
z = x + y;
__________;                         /* error③ */
}
```

（2）下面程序的功能是根据整型形参 n 的值计算 t = 1 - 1/（2 * 2） - 1/（3 * 3） - 1/（4 * 4） - …… - 1/（n * n）的值。例如，若 n = 5，则应输出 0.536 389。请改正程序中的错误，使它能计算出正确的结果。

```
#include <stdio.h>
double fun (int n);                 /* error① */
{ double num = 1.0;
  int k, n;                         /* error② */
  for (i = 2; i <= n; i++)
  y -= 1.0/i * i;                   /* error③ */
  return (y);
}
main ( )
{   int m;
clrscr ( );
printf("Please enter a number: ");
scanf("%d", &m);
printf("\nThe result is %f\n", fun(m));
}
```

2. 利用项目管理多个源程序文件

为了使软件更容易维护，程序员通常将程序中的不同模块分别编号不同的源程序文件，如何将这些源程序文件组合在一起构成 1 个完整的程序呢？使用 Turbo C 的项目文件可以实现。

例如，1 个程序由两个文件 file1. c 和 file2. c 构成，两个文件的代码分别为：

```
/* file1. c 文件代码 */
int a [10] = {0};
main ()
{
  int i;
  extern getdata (void); /* 声明将要调用在其他文件中定义的外部函数 */
```

```
    getdata ();
    printf(" Output 10 number: ");
    for (i=0; i<10; i++)
    printf("%4d", a[i]);
}
/*file2.c 文件代码*/
void getdata ()
{ int i;
extern int a [10]; /*声明将要使用外部变量*/
printf ("Please input 10 number: ");
for (i=0; i<10; i++)
scanf ("%d", &a [i]);
}
```

把这两个文件组合成1个完整的程序的步骤如下：

（1）输入并编辑 file1. c 和 file2. c 文件，存储在当前目录下。

（2）在编辑状态下，建立1个项目文件，项目文件取名为 mulfile. prj。项目文件的内容即是组成程序的所有的源程序文件名（又称工程项目），在编辑窗口输入工程项目 file1. c 和 file2. c。若源文件不在当前目录下，应写出文件全名。编辑完毕存盘。这样就完成项目文件的建立。注意：项目文件一定要取扩展名 . prj。

（3）建立了项目文件后，就可以编译运行整个程序。在 Turbo C 主菜单中选择【Project】【Project name】命令并按回车键，出现1个“Project name”对话框，在对话框中输入项目文件名 mulfile. prj，此时命令【Project name】后面会显示出项目文件名 mulfile. prj，表示当前准备编译的是 mulfile. prj 中包括的文件。

（4）按 Ctrl + F9 键，即可编译、连接、运行整个程序。

注意：

（1）由于项目中的文件都属于同1个程序，因此，只允许1个文件包含 main 函数。

（2）项目文件所包含的每个文件都代表1个程序模块，编辑修改程序时，应分别对各源程序进行操作。

3. 程序编制

（1）编一函数判断某数是否为素数。在主函数中调用它，求出从3到100之间的所有素数。

（2）编一函数找出一维数组中的最小值及其下标，最小值用函数返回值带回主调函数，下标可通过全局变量传给主调函数，在主函数中调用该函数进行验证。

实验七　数组

一、目的要求

1. 掌握一维数组和二维数组的定义、赋值和输入输出的方法。

2. 掌握与数组有关的算法（特别是排序算法）。

3. 掌握字符串和字符串函数的使用。

二、实验内容

1. 程序修改题

（1）程序的功能是将字符串 str 中的小写字母都改为对应的大写字母，其他字符不变。例如，输入“aB& cD”，则输出” AB& CD”。请改正程序中的错误，使它能统计出正确的结果。

```
#include <stdio.h>
main ( )
{ int i;
char str [81];
clrscr ( );
printf("\nPlease enter a string: ");
scanf ("%s", str);
for (i=0; str [i]; i++)
if(('a'<=str[i] || (str[i]<='z'))                /* error */
str [i] +=32;                                    /* error */
printf("\nThe result is: %s\n", str);
}
```

（2）程序的功能是输入 N 个学生成绩，然后将平均成绩计算出来。请改正程序中的错误，使它能统计出正确的结果。

```
#include <stdio.h>
#define N 10
main ( )
{ int i, num;
float score [N], sum=0.0, ave;
for (i=0; i<=N; i++)                             /* error */
{ printf("Input score: ");
scanf("%f", score);                              /* error */
sum+=score [i];
}
ave=sum/N;
printf("The average score of the students is%6.2f\n", ave);
}
```

2. 程序编写题

（1）用选择法对 10 个整数排序。10 个整数用 scanf 函数输入。

（2）编写连接两个字符串的程序。

实验八　指针

一、实验目的

1. 理解指针的概念。
2. 掌握指针变量的定义和引用方法。
3. 掌握指针与数组及字符串之间的联系。
4. 掌握指针型参数和返回指针函数的定义和用法。

二、实验内容

1. 分析并运行指针变量的定义和引用演示程序

(1) 输入下列程序

```
main ( )
{
int i =1, *pi;
float u =1.5, *pu;
char x ='a', *px;
pi =&i;
printf("i =%d\n", *pi);
}
```

(2) 运行并分析程序的运行结果

(3) 把程序第六行改为

```
pi =&x;
```

即把字符型变量的地址赋给指向整型变量的指针变量，运行并分析程序的运行结果。

(4) 把程序第六行改为

```
pi =&u;
```

即把实型变量的地址赋给指向整型变量的指针变量，运行并分析程序的运行结果。

(5) 把程序第六行、第七行改为

```
pu =&i;
printf("u =%f\n", *pu);
```

即把整型变量的地址赋值给指向实型变量的指针变量，运行并分析程序的运行结果。

(6) 把程序第六行、第七行改为

```
px =&i;
printf("x =%c\n", *px);
```

即把整型变量的地址赋给指向字符型变量的指针变量，运行并分析程序的运行结果。

以上操作说明：指向某一数据类型的指针变量只能存放该类型变量的地址，不能把其他类型变量的地址存放到该指针变量。

2. 分析并运行指针变量作为函数参数的演示程序

(1) 输入下列程序

```
swap (int *pl, int *p2)
```

```
{
int p;
p = *pl;
*pl = *p2;
*p2 =p;
}
main ( )
{
int *pa, *pb, a=1, b=2;
pa = &a;
pb = &b;
swap (pa, pb);
printf("max = %d, min = %d\n", *pa, *pb);
}
```

(2) 运行并分析程序的运行结果，本例中 swap 函数的功能

(3) 把程序中 swap 函数的函数体改为

```
int *p;
p = p1;
p1 = p2;
p2 = p;
```

运行并分析程序的运行结果。

想想程序是否实现了交换变量 a 与 b 的值的功能?

(4) 把程序中 swap 函数的函数体改为

```
int *p;
*p = *p1;
*p1 = *p2;
*p2 = *p;
```

运行并分析程序的运行结果。

想想程序是否实现了交换变量 a 与 b 的值的功能?

3. 程序改错

(1) 下述 C 程序实现 利用指向字符数组的指针变量，逐个比较两个字符数组 a、b 中所存放字符串的相应字符，若相等则输出该字符。程序中有 4 处错误，请指出并改正它们。

```
#include <stdio.h>
#include <string.h>
main ()
{
char a[ ] = "ABCDEFGH", b[ ] = "abCDefGh";
char *p1, *p2;
```

```
int k;
p1 = &a; p2 = &b; /* error */
for (k = 0; k <= length(a); k++)                /* error */
if (*p1 + k == *p2 + k)                         /* error */
printf ("%c", *p1 + k);                         /* error */
printf("\n");
}
```

（2）下述C程序实现　求已给一维整型数组a中最小数组元素值并输出结果。程序中使用名为findmin的函数定义，其函数首部为

void findmin (int *s, int n , int *k)

其中s是指向数组首地址的指针，n是数组大小，k是指向数组中最小数组元素的指针。通过这一整型指针形参，利用C语言所支持的模拟传地址调用特性，可以间接地获得具有最小数组元素值的数组元素下标。程序中有4处错误，请指出并改正它们。

```
#include <stdio.h>
#define N 10
void findmin (int *s, int n, int *k)
{
int p;
for (p = 0, *k = p; p < n; p++)
if (s [p] < s [*k])
*k = p;
return (*k);
}
main ( )
{
int a [N], i, *k = i;
printf("Enter %d integers: \n", N);
for (i = 0; i < N; i++)
scanf("%d", &a[i]);
findmin (a, N, *k);
printf("Minimum: a[%d] = %d. \n", k, a[k]);
}
```

4. 编程题

下述C程序实现：从键盘输入一批成绩（以百分制计，0～100分，不超过15个，以-1为输入结束标志），统计并输出平均成绩（取两位小数），总人数及成绩高于平均成绩的人数。使用函数定义，并以整型指针变量作为函数参数。请完善程序编码，并调试通过该程序。

```
#include <stdio.h>
#define MAX 15
main ( )
```

```
{
int i, score , n=0;
int sco [MAX], *ps=sco;
float av;
int total =0, higher=0;
float aver (int *pa, int n );
printf( "Enter score(0~100, -1 to stop): ");
scanf( "%d", &score) ;
while (/* 编码 1: 写一表达式, 表示输入未结束且所输入成绩的个数小于 MAX */)
{
sco [n++] =score;
printf( "Enter score(0~100, -1 to stop): ");
scanf( "%d", &score) ;
}
/* 编码2: 写一赋值语句, 调用函数 aver, 计算 n 名学生的平均成绩, 并将函数的返回值赋予 av */
for (i=0; i<n; i++)
{
total++;
if (sco [i] >av)
higher++;
}
printf( "\n") ;
printf( "Total: %2d. \n", total) ;
printf( "Average: %5.2f. \n", av) ;
printf( "Higher: %2d. \n", higher ) ;
}
float aver (int *pa, int n)
{
int i, sum=0;
float av ;
/* 编码 3: 写一循环语句, 利用指针变量 pa 计算 n 名学生的成绩之和, 赋予 sum */
/* 编码4: 写一赋值语句, 计算 n 名学生的平均成绩(带小数), 赋予 av */
return (av);
}
```

将程序补充完整后并运行。

实验九　预处理命令

一、实验目的

1. 掌握无参宏和有参宏定义的使用方法。
2. 掌握包含文件的处理方法。
3. 了解条件编译的作用和实现方法。

二、实验内容

1. 编写程序

定义 1 个带参数的宏，求两个参数中较大者。在主函数中输入两个数据作为调用宏时的实参，输出求出的较大值。

2. 将以下程序段单独存盘，名为“sum. h”。

```
long sumfun (int n)
{ int k;
  long   sum =0L;
  for (k =1; k < =n; k + +)
    sum = sum + k;
  return (sum);
}
```

下面要求编 1 个主函数，输入正整数 n 的值，求 1 至 n 各整数之和并输出该值。在该程序中用#include 命令将 sum. h 文件包含进来。

3. 编写程序，用条件编译方法来实现如下要求：

输入若干个整数，要求计算所有偶数和或所有奇数和。用#define 命令来控制是求偶数和还是求奇数和。若#define DEFINE 1 则求偶数和，若#define DEFINE 0 则求奇数和。

要求用 3 种条件编译格式来分别达到上述要求。

实验十　位运算

一、实验目的

1. 掌握位运算的概念和方法。学会使用位运算操作。
2. 学会通过位运算实现对某些位的操作。
3. 掌握循环移位的操作。

二、实验内容

1. 分析程序的运行结果

下面的程序能实现 6 种运算，即输入两个整数，以及指定进行何种运算，则程序能实现相应的位运算。

程序如下

```
/ * performs bitwise calculations  * /
main ( )
```

```
{
char op [4];
int a , b;
while (1)
{
printf( " \  nenter expression ( example'ff00 &1101') : ") ;
scanf( "%x %s %x", &a, op, &b) ;
printf( " \ n") ;
switch (op [0])
{
case'&': pr_ bin( a) ; printf( "( &) ") ; pr_ bin( b) ;
pline ( ); pr_ bin (a&b); break;
case' | ': pr_ bin( a) ; printf( "( | ) ") ; pr_ bin( b) ;
pline ( ); pr_ bin (a | b); break;
case'^': pr_ bin( a) ; printf( "(^) ") ; pr_ bin( b) ;
pline ( ); pr_ bin (a^b); break;
case' > ': pr_ bin( a) ; pline( ) ; printf( "( > >%d) ", b) ;
pr_ bin (a > >b); break;
case' < ': pr_ bin( a) ; pline( ) ; printf( "( < <%d) ", b) ;
pr_ bin (a< <b); break;
case' ~ ': pr_ bin( b) ; pline( ) ;
printf( "( ~ ) ") ; pr_ bin( ~ b) ; break;
default: printf( "not valid operator. \ n") ;
}
}
}
/ * prints number in hex and binary * /
pr_ bin (int num)
{
int j, bit;
unsigned int mask;
mask =0x8000;
printf( " \ t%04x", num) ;
for (j =0; j <16; j + +)
{
bit = (mask & num) ? 1 : 0;
printf( "%d", bit ) ;
if (j = =7)
printf( "--") ;
```

```
mask > > =1;
}
printf(" \ n");
}
/ * print a line  * /
pline ( )
{
printf("------------------------- \ n");
}
```

(1) 运行程序，运行时从键盘输入：2222 & 3333↙，分析程序的运行结果。

(2) 运行程序，运行时从键盘输入：1111 | 2222↙，分析程序的运行结果。

(3) 运行程序，运行时从键盘输入：1111 ^ 2222↙，分析程序的运行结果。

(4) 运行程序，运行时从键盘输入：eeff < < 2↙，分析程序的运行结果。

(5) 运行程序，运行时从键盘输入：eeff > > 2↙，分析程序的运行结果。

(6) 运行程序，运行时从键盘输入：0000 ~ eeff↙，分析程序的运行结果。

(7) 结束程序。

说明：函数 pr_ bin 意为输出各位的状态。在 main 函数中根据输入的位运算符并调用 pr_ bin 输出结果。对求反运算，在输入“ ~ ”之前，要输入 1 个“多余的运算量” 0000，以便使 scanf 函数能按统一的输入方式处理。程序采用循环多次运行，每次由用户输入运算式子，不再运算时，可强行退出。

2. 编程题

(1) 编写实现将十六进制转换为二进制的程序，并上机调试运行。

(2) 编写实现循环左移 n 位的程序，并上机调试运行。

实验十一　文件

一、目的要求

1. 掌握文件以及缓冲文件系统、文件指针的概念；
2. 学会使用文件打开、关闭、读、写等文件操作函数；
3. 学会用缓冲文件系统对文件进行简单的操作。

二、实验内容

程序修改题

(1) 下面程序的功能是将 1 个磁盘文件中的信息复制到另 1 个磁盘文件中。请改正程序中的错误，使它能正确地运行。

```
#include "stdio. h"
main ( )
{ FILE  * in ,  * out;
char ch, infile [10], outfile [10];
printf("Enter the infile name: \ n");
```

```
scanf( "% s", infile) ;
printf( "Enterthe outfile name: \ n") ;
scanf( "% s", outfile) ;
if ( (in = fopen (infile, "w") ) = = NULL)              /* error */
   { printf( "cannot open infile \ n") ;
     exit (0) ;
   }
if ( (out = fopen (outfile," r") ) = = NULL)             /* error */
   {printf (" cannot open outfile \ n" ) ;
     exit (0) ;
   }
while (feof (in)) fputc (fgetc (in), out) ;               /* error */
fclose (in) ;
fclose (out) ;
}
```

（2）下面程序的功能是将磁盘文件中全部信息送往显示屏上显示。实际上它是 DOS 系统的 type 命令的功能。例如，本程序的文件名以 type1 命名，编译、连接该程序生成 exe 文件后，在 DOS 系统下，输入以下命令行：

C > type1 file2. txt

就显示出文件 file2. txt 的内容，如同用 DOS 命令：C：\ type file2. txt 一样。

请改正程序中的错误，使它能正确地运行。

```
#include <stdio. h >
main (int argc, char argv [ ])                          /* error */
{FILE *fp;
char str [81];
if (fp = fopen( argv[1], "r")) = = NULL)
{ printf( "can't oprn file") ;
  exit (0) ;
}
while (fgets (str, 80, fp)! =0)
  printf( "% s", str) ;
____________;                                   /* error */}
```

附录一　关键字及其用途

关键字	说　明	用途
char	1 个字节长的字符值	数据类型
short	短整数	
int	整数	
unsigned	无符号类型，最高位不作符号位	
long	长整数	
float	单精度实数	
double	双精度实数	
struct	用于定义结构体的关键字	
union	用于定义共用体的关键字	
void	空类型，用它定义的对象不具有任何值	
enum	定义枚举类型的关键字	
signed	有符号类型，最高位作符号位	
const	表明这个量在程序执行过程中不可变	
volatile	表明这个量在程序执行过程中可被隐含地改变	
typedef	用于定义同义数据类型	
auto	自动变量	存储类别
register	寄存器类型	
static	静态变量	
extern	外部变量声明	
break	退出最内层的循环或 switch 语句	流程控制
case	switch 语句中的情况选择	
continue	跳到下一轮循环	
default	switch 语句中其余情况标号	
do	在 do…while 循环中的循环起始标记	
else	if 语句中的另一种选择	
for	带有初值、测试和增量的一种循环	
goto	转移到标号指定的地方	
if	语句的条件执行	
return	返回到调用函数	
switch	从所有列出的动作中作出选择	
while	在 while 和 do…while 循环中语句的条件执行	
sizeof	计算表达式和类型的字节数	运算符

附录二　运算符及其说明

表 1　基本运算类型

运算类型	运算符	说　明
算术	*、/、%（取余） + 、 -	1. int、float 运算结果分别为整数、实数 2. “%”结果的符号与被除数的符号相同
关系	<，<=，>， >= ==、!=	1. C 语言用 0 表示“假”，1 表示“真”，而 1，0 都是整型 2. 在关系运算中，规定关系成立，则其结果为 1，反之为 0
逻辑	! 非 && 与 || 或	1. && 和 || 低于关系运算，! 高与算术运算（特殊） 2. C 编译系统在判断一逻辑变量时以非 0 表示“真”，如 a=5，则! a=0。
赋值	=，st =	1. 赋值符“=”作用是将 1 个数据赋给 1 个变量，如：C=C+1 2. “=”两侧的类型不一致时进行类型转化 3. ‘st=’是复合的赋值运算符；‘st’可以是算术或其他二目运算符，逻辑关系符！除外，注：x st = y 相当于 x=x st y

表 2　特殊运算类型

名称	格式	说　明
自增/自减	i++/i--、 ++i/--I	① 运算规则：进行自加自减运算 ②结合方向：从右至左如-I--应相当于-（i--） ③应用范围：变量而不是常量或表达式
条件（?:）	表达式 1? 表达式 2: 表达式 3	①执行顺序：先求解表达式 1，若其值为非 0（真），则求解表达式 2 且该值为整个条件表达式的值；否则求解表达式 3 的值 ②优先级：高于赋值运算，低于关系和算术运算。　f=（a>b）? a : b ③结合性：自右向左，如：a<b? a : c>d? c : d 相当于 a>b? a :（c>d? c : d）
逗号（,）	表达式 1， 表达式 2	①执行过程：先求解表达式 1，再求解表达式 2 的值且为终值 ②优先级：运算级别最低 ③嵌套：（x=2*8，x*5），x+5 ④应用在函数和 for 循环中
强制转换	（类型名） 表达式	①功能：使表达式的值转化为括号内所指的类型 ②优先级：与其他单目运算具有相同的优先级 ③注意：仅产生所需类型中间变量，并不改变原变量及其原值，如 float x=3.6；i=（int）x ④应用：常作为函数的实际参数传递时用到

附录三　Turbo C 2.0 常用库函数

Turbo C　2.0 提供了 400 多个库函数，本附录仅列出了最基本的一些函数，大家如有需要，请查阅有关手册

一、数学函数

调用数学函数时，要求在源文件中包含头文件"math. h"

函数名	函数原型说明	功能	返回值	说明
abs	Int abs (int x);	求整数 x 的绝对值	计算结果	
acos	double acos (double x);	计算 $\cos^{-1}$ (x) 的值	计算结果	x 在 -1 ~ 1 范围内
asin	double asin (double x);	计算 $\sin^{-1}$ (x) 的值	计算结果	x 在 -1 ~ 1 范围内
atan	double atan (double x);	计算 $\tan^{-1}$ (x) 的值	计算结果	
atan2	double atan2 (double x);	计算 $\tan^{-1}$ (x/y) 的值	计算结果	
函数名	函数原型说明	功能	返回值	说明
cos	double cos (double x);	计算 cos (x) 的值	计算结果	x 的单位为弧度
cosh	double cosh (double x);	计算双曲余弦 cosh (x) 的值	计算结果	
cxp	double cxp (double x);	计算 e^x 的值	计算结果	
fabs	double fabs (double x);	求 x 的绝对值	计算结果	
floor	double floor (double x);	求不大于 x 的双精最大整数		
finod	double finod (double x, double y);	求 x/y 整除后的双精度余数		
frcxp	double frcxp (double val, int * exp);	把双精度数 val 分解尾数 x 和以 2 为底的指数 n，即 val = x * 2^n，n 存放在 exp 所指的变量中	返回尾数 x $0.5 \leqslant x < 1$	
log	double log (double x);	求 ln x	计算结果	
log10	double log10 (double x);	求 $\log_{10}x$	计算结果	
modf	double modf (double val, double * ip);	把双精度数 val 分解成整数部分和小数部分，整数部分存放在 ip 所指的变量中	返回小数部分	
pow	double pow (double x, double y);	计算 x^y 的值	计算结果	
sin	double sin (double x);	计算 sin (x) 的值	计算结果	
sinh	double sinh (double x);	计算 x 的双曲正弦函数 sinh (x) 的值	计算结果	
sqrt	double sqrt (double x);	计算 x 的平方根	计算结果	
tan	double tan (double x);	计算 tan (x)	计算结果	
tanh	double tanh	计算 x 的双曲正切函数 tanh (x) 的值	计算结果	

二、字符函数和字符串函数

调用字符函数时，要求在源文件中包含头文件"ctype. h"；调用字符串函数时，要求在源文件中包含头文件"string. h"

函数名	函数原型说明	功　能	返回值
isalnum	int isalnum（int ch）;	检查 ch 是否为字母或数字	是，返回 1；否则返回 0
isalpha	int isalpha（int ch）;	检查 ch 是否为字母	是，返回 1；否则返回 0
iscntrl	int iscntrl（int ch）;	检查 ch 是否为控制字符	是，返回 1；否则返回 0
函数名	函数原型说明	功能	返回值
isdigit	int isdigit（int ch）;	检查 ch 是否为数字	是，返回 1；否则返回 0
isgraph	int isgraph（int ch）;	检查 ch 是否为（ASCII 码值在 ox21 到 ox7e）的可打印字符（即不包含空格字符）	是，返回 1；否则返回 0
islower	int islower（int ch）;	检查 ch 是否为小写字母	是，返回 1；否则返回 0
isprint	int isprint（int ch）;	检查 ch 是否为字母或数字	是，返回 1；否则返回 0
ispunct	int ispunct（int ch）;	检查 ch 是否为（ASCII 码值在 ox20 到 ox7e）的可打印字符（即包含空格字符）	是，返回 1；否则返回 0
isspace	int isspace（int ch）;	检查 ch 是否为空格、制表或换行字符	是，返回 1；否则返回 0
isupper	int isupper（int ch）;	检查 ch 是否为大写字母	是，返回 1；否则返回 0
isxdigit	int isxdigit（int ch）;	检查 ch 是否为 16 进制数字	是，返回 1；否则返回 0
strcat	char * strcat（char * s1，char * s2）;	把字符串 s2 接到 s1 后面	s1 所指地址
strchr	char * strchr（char * s，int ch）;	在 s 所指字符串中，找出第一次出现字符 ch 的位置	返回找到的字符的地址，找不到返回 NULL
strcmp	char * strcmp（char * s1，char * s2）;	对 s1 和 s2 所指字符串进行比较	s1 < s2，返回负数 s1 = s2，返回 0 s1 > s2，返回正数
strcpy	char * strcpy（char * s1，char * s2）;	把 s2 指向的串复制到 s1 指向的空间	s1 所指地址
strlen	unsigned strlen（char * s）;	求字符串 s 的长度	返回串中字符（不计最后的‘\ 0’）个数
strstr	char * strstr（char * s1，char * s2）;	在 s1 所指字符串中，找到字符串 s2 第一次出现的位置	返回找到的字符串的地址，找不到返回 NULL
tolower	int tolower（int ch）;	把 ch 中的字母转换成小写字母	返回对应的小写字母
toupper	int toupper（int ch）;	把 ch 中的字母转换成大写字母	返回对应的大写字母

三、输入输出函数

函数名	函数原型说明	功　能	返回值
clearerr	void clearer (FILE * fp);	清除与文件指针 fp 有关的出错信息	无
fclose	int fclose (FILE * fp);	关闭 fp 所指的文件，释放文件缓冲区	出错返回非 0，否则返回 0
feof	int feof (FILE * fp);	检查文件是否结束	文件结束返回非 0，否则返回 0
fgetc	int fgetc (FILE * fp);	从 fp 所指的文件中取得下 1 个字符	出错返回 EOF，否则返回所读字符
fgets	char * fgets (char * buf, int n, file * fp);	从 fp 所指的文件中读取 1 个长度为 n - 1 的字符串，将其存入 buf 所指存储区	返回 buf 所指地址，若遇文件结束或出错返回 NULL
fopen	FILE * fopen (char * filename, char * mode);	以 mode 指定的方式打开名为 filename 的文件	成功，返回文件指针（文件信息区的起始地址），否则返回 NULL
fprintf	int fprintf (FILE * fp, char * format, args, …);	把 arg，…的值以 format 指定的格式输出到 fp 所指定的文件中	实际输出的字符数
fputc	int fputc (char ch, FILE * fp);	把 ch 中字符输出到 fp 所指文件	成功返回该字符，否则返回 EOF
fputs	int fputs (char * str, FILE * fp);	把 str 所指字符串输出到 fp 所指文件	成功返回非 0，否则返回 0
fread	int fread (char * pt, unsigned size, unsigned n, FILE * fp);	从 fg 所指文件中读取长度为 size 的 n 个数据项存到 pt 所指文件中	读取的数据项个数
fscanf	int fscanf (FILE * fp, char * format, args, …);	从 fg 所指定的文件中按 format 指定的格式把输入数据存入到 args，…所指的内存中	已输入的数据个数，遇文件的结束或出错返回 0
fseek	int fseek (FILE * fp, long offer, int base);	移动 fp 所指文件的位置指针	成功返回当前位置，否则返回-1
ftell	int ftell (FILE * fp);	求出 fp 所指文件当前的读写位置	读写位置
fwrite	int fwrite (char * pt, unsigned size, unsigned n, FILE * fp);	把 pt 所指向的 n * size 个字节输出到 fp 所指文件中	输出的数据项个数
getc	int getc (FILE * fp);	从 fp 所指文件中读取 1 个字符	返回所读字符，若出错或文件结束返回 EOF
getchar	int getchar (void);	从标准输入设备读取下 1 个字符	返回所读字符，出错或文件结束返回 - 1
printf	int printf (char * format, args, …);	把 args，…的值以 format 指定的格式输出到标准输出设备	输出字符个数
putc	int putc (int ch, FILE * fp);	同 fputc	同 fputc
putcahr	int putcahr (char ch);	把 ch 输出到标准输出设备	返回输出字符，若出错，返回 EOF

续表

函数名	函数原型说明	功 能	返回值
puts	int puts (char * str);	把 str 所指字符串输出到标准设备，将‘\0’转换成回车换行符	返回换行符，若出错，返回 EOF
rename	int rename (char * oldname, char * newname);	把 oldname 所指文件名改为 newname 所指文件名	成功返回 0，出错返回-1
rewind	void rewind (FILE * fg);	将文件位置指针置于文件开头	无
scanf	int scanf (char * format, args, …);	从标准输入设备按 format 指定的格式把输入数据存入到 args, …所指内存	已输入的数据个数，出错返回 0

四、动态分配函数和随机函数

调用动态分配函数和随机函数时，要求在源文件中包含头文件"stdlib. h"

函数名	函数原型说明	功 能	返回值
calloc	void * calloc (unsigned n, unsigned size);	分配 n 个数据项的内存空间，每个数据项的大小为 size 个字节	分配内存单元的起始地址；如不成功，返回 0
free	void free (void p);	释放 p 所指的内存区	无
malloc	void * malloc (unsigned size);	分配 size 个字节的存储空间	分配内存空间的地址；如不成功返回 0
realloc	void * realloc (void * p, unsigned size);	把 p 所指内存区的大小改为 size 个字节	新分配内存空间的地址；如不成功返回 0
rand	int rand (void);	产生 0 到 32767 随机数	返回 1 个随机整数

附录四　常用字符与 ASCII 代码对照表

ASCII 值	字符	控制字符	ASCII 值	字符	ASCII 值	字符	ASCII 值	字符
000	null	NUL	032	(space)	064	@	096	'
001	☺	SOH	033	!	065	A	097	a
002	☻	STX	034	"	066	B	098	b
003	♥	ETX	035	#	067	C	099	c
004	♦	EOT	036	$	068	D	100	d
005	♣	END	037	%	069	E	101	e
006	♠	ACK	038	&	070	F	102	f
007	beep	BEL	039	'	071	G	103	g
008	backspace	BS	040	(	072	H	104	h
009	tab	HT	041	)	073	I	105	i
010	换行	LF	042	*	074	J	106	j
011	♂	VT	043	+	075	K	107	k
012	♀	FF	044	,	076	L	108	l
013	回车	CR	045	-	077	M	109	m
014	♫	SO	046	.	078	N	110	n
015	☼	SI	047	/	079	O	111	o
016	►	DLE	048	0	080	P	112	p
017	◄	DC1	049	1	081	Q	113	q
018	↕	DC2	050	2	082	R	114	r
019	!!	DC3	051	3	083	S	115	s
020	¶	DC4	052	4	084	T	116	t
021	§	NAK	053	5	085	U	117	u
022		SYN	054	6	086	V	118	v
023	↨	ETB	055	7	087	W	119	w
024	↑↑	CAN	056	8	088	X	120	x
025	↓	EM	057	9	089	Y	121	y
026	→	SUB	058	:	090	Z	122	z
027	←	ESC	059	;	091	[	123	{
028	∟	FS	060	<	092	\	124	¦
029		GS	061	=	093	]	125	}
030	▲	RS	062	>	094	^	126	~
031	▼	US	063	?	095	_	127	⌂

续表

ASCII 值	字符	控制字符	ASCII 值	字符	ASCII 值	字符	ASCII 值	字符	ASCII 值	字符
000	null	NUL	128	Ç	160	á	192	└	224	α
001	☺	SOH	129	Ü	161	í	193	┴	225	β
002	☻	STX	130	é	162	ó	194	┬	226	Γ
003	♥	ETX	131	â	163	ú	195	├	227	π
004	♦	EOT	132	α	164	ñ	196	─	228	Σ
005	♣	END	133	α	165	Ñ	197	†	229	σ
006	♠	ACK	134	å	166	a̲	198	╞	230	μ
007	beep	BEL	135	ç	167	o̲	199	╟	231	τ
008	backspace	BS	136	ê	168	¿	200	╚	232	Φ
009	tab	HT	137	ë	169	┌	201	╔	233	θ
010	换行	LF	138	è	170	┐	202	╩	234	Ω
011	♂	VT	139	ï	171	1/2	203	╦	235	δ
012	♀	FF	140	î	172	1/4	204	╠	236	∞
013	回车	CR	141	ì	173	¡	205	═	237	ø
014	♬	SO	142	Ä	174	≪	206	╬	238	ϵ
015	☼	SI	143	Å	175	≫	207	╧	239	∩
016	►	DLE	144	É	176	░	208	╨	240	≡
017	◄	DC1	145	æ	177	▒	209	╤	241	±
018	↕	DC2	146	Æ	178	▓	210	╥	242	⩾
019	!!	DC3	147	ô	179	│	211	╙	243	⩽
020	¶	DC4	148	ö	180	┤	212	╘	244	∫
021	§	NAK	149	ò	181	╡	213	╒	245	!
022		SYN	150	û	182	╢	214	╓	246	÷
023	↨	ETB	151	ù	183	╖	215	╫	247	≈
024	↑↑	CAN	152	ÿ	184	╕	216	╪	248	°
025	↓	EM	153	ö	185	╣	217	┘	249	●
026	→	SUB	154	Ü	186	║	218	┌	250	.
027	←	ESC	155	¢	187	╗	219	█	251	√
028	└	FS	156	£	188	╝	220	▄	252	
029		GS	157	¥	189	╜	221	▌	253	
030	▲	RS	158	P_t	190	╛	222	▐	254	
031	▼	US	159	ƒ	191	┐	223	▀	255	blank 'FF'

参考文献

[1] 谭浩强. C语言程序设计. 北京：清华大学出版社，2000.

[2] 廖雷. C语言程序设计. 第二版. 北京：高等教育出版社，2003.

[3] 林小茶. C语言程序设计. 北京：中国铁道出版社，2004.

[4] 张昕. C语言程序设计. 北京：中国水利水电出版社，2005.

[5] 于帆，赵妮，王中生. 程序设计基础（C语言版）. 北京：清华大学出版社，2006.

[6] 苏仕华. C++程序设计实用教程. 北京：清华大学出版社，2006.

[7] 谌卫军. 计算机语言与程序设计. 北京：清华大学出版社，2007.

[8] 张莉. C/C++程序设计教程. 北京：清华大学出版社，2007.

[9] 李文新，郭炜. 程序设计导引及在线实践. 北京：清华大学出版社，2007.